수능특강

수학영역 기하

KB214014

기획 및 개발

권태완(EBS 교과위원)
김미나(EBS 교과위원)
최희선(EBS 교과위원)

감수

한국교육과정평가원

책임 편집

정현선

📄 정답과 풀이는 EBS*i* 사이트(www.ebs*i*.co.kr)에서 다운로드 받으실 수 있습니다.

교재 내용 문의
교재 및 강의 내용 문의는
EBS*i* 사이트(www.ebs*i*.co.kr)의 학습 Q&A 서비스를
활용하시기 바랍니다.

교재 정오표 공지
발행 이후 발견된 정오 사항을
EBS*i* 사이트 정오표 코너에서 알려 드립니다.
교재 → 교재 자료실 → 교재 정오표

교재 정정 신청
공지된 정오 내용 외에 발견된 정오 사항이 있다면
EBS*i* 사이트를 통해 알려 주세요.
교재 → 교재 정정 신청

한눈에 보는 인하대학교 2025학년도 대학입학전형

수시모집

전형명		모집인원 (명)	전형 방법	수능 최저	비고
학생부 종합	인하미래인재	961	• 1단계 : 서류종합평가 100 • 2단계 : 1단계 70, 면접평가 30 ※1단계 : 3.5배수 내외 (단, 의예과 3배수 내외)	X	정원내
	고른기회	137	• 서류종합평가 100		
	평생학습자	11			
	특성화고 등을 졸업한 재직자	187			정원외
	농어촌학생	135			
	서해5도지역출신자	3			
학생부종합 소계		1,434			
학생부 교과	지역균형	613	• 학생부교과 100	○	정원내
논술	논술우수자	458	• 논술 70, 학생부교과 30 (단, 의예과는 수능최저 적용)	X	정원내
실기/ 실적	실기 우수 자	조형예술학과(인물수채화)	15	• 실기 70, 학생부교과 30	X	정원내
		디자인융합학과	23			
		의류디자인학과(실기)	10			
		연극영화학과(연기)	9			
	체육특기자	26	• 특기실적 80, 학생부 20 (교과 10, 출결 10)		
실기 소계		83			
수시 합계		2,588			

정시모집

전형명		모집인원 (명)	전형 방법	비고
수능	일반	1,058	• 수능 100	정원내
	스포츠과학과	26	• 수능 60, 실기 40	
	체육교육과	12	• 수능 70, 실기 30	
	디자인테크놀로지학과	20	• 수능 70, 실기 30	
	특성화고교졸업자	51	• 수능 100	정원외
수능 소계		1,167		
실기/ 실적	조형예술학과(자유소묘)	12	• 실기 70, 수능 30	정원내
	디자인융합학과	12		
	의류디자인학과(실기)	10		
	연극영화학과(연기)	9		
	연극영화학과(연출)	9		
실기 소계		52		
정시 합계		1,219		

※ 본 대학입학전형 시행계획의 모집인원은 관계 법령 제·개정, 학과 개편 및 정원 조정 등에 따라 변경될 수 있으므로 최종 모집요강을 반드시 확인하시기 바랍니다.
· 본 교재 광고의 수익금은 콘텐츠 품질 개선과 공익사업에 사용됩니다.   · 모두의 요강(mdipsi.com)을 통해 인하대학교의 입시정보를 확인할 수 있습니다.

인하대학교
INHA UNIVERSIT

수능특강

수학영역 기하

이 책의 **차례** Contents

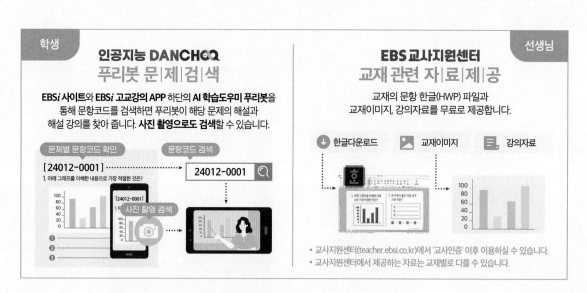

학생

인공지능 DANCHOQ
푸리봇 문|제|검|색

EBS*i* 사이트와 **EBS*i* 고교강의 APP** 하단의 **AI 학습도우미 푸리봇**을 통해 문항코드를 검색하면 푸리봇이 해당 문제의 해설과 해설 강의를 찾아 줍니다. **사진 촬영으로도 검색**할 수 있습니다.

문제별 문항코드 확인

문항코드 검색

[24012-0001]

24012-0001

선생님

EBS 교사지원센터
교재 관련 자|료|제|공

교재의 문항 한글(HWP) 파일과 교재이미지, 강의자료를 무료로 제공합니다.

⬇ 한글다운로드   🖼 교재이미지   📋 강의자료

• 교사지원센터(teacher.ebsi.co.kr)에서 '교사인증' 이후 이용하실 수 있습니다.
• 교사지원센터에서 제공하는 자료는 교재별로 다를 수 있습니다.

이 책의 **구성과 특징** Structure

개념 정리

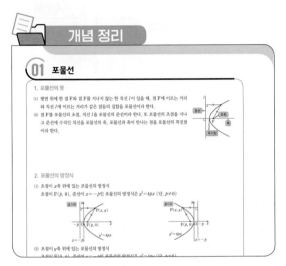

여러 종의 교과서를 통합하여 핵심 개념만을 체계적으로 정리하였고 설명, 참고, 예 를 제시하여 개념에 대한 이해와 적용에 도움이 되게 하였다.

예제 & 유제

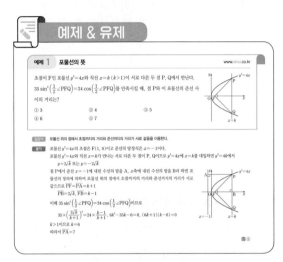

예제는 개념을 적용한 대표 문항으로 문제를 해결하는 데 필요한 주요 개념 및 풀이 전략을 길잡이로 제시하여 풀이 과정의 이해를 돕도록 하였고, 유제는 예제와 유사한 내용의 문제나 일반화된 문제를 제시하여 학습 내용과 문제에 대한 연관성을 익히도록 구성하였다.

Level 1 - Level 2 - Level 3

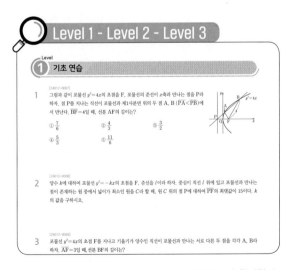

Level 1 기초 연습은 기초 개념을 제대로 숙지했는지 확인할 수 있는 문항을 제시하였으며, Level 2 기본 연습은 기본 응용 문항을, 그리고 Level 3 실력 완성은 수학적 사고력과 문제 해결 능력을 함양할 수 있는 문항을 제시하여 대학수학능력시험 실전에 대비할 수 있도록 구성하였다.

대표 기출 문제

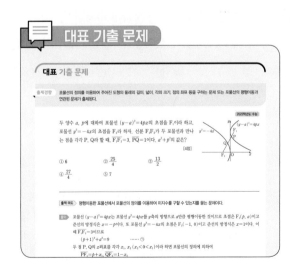

대학수학능력시험과 모의평가 기출 문항으로 구성하였으며 기존 출제 유형을 파악할 수 있도록 출제 경향과 출제 의도를 제시하였다.

01 포물선

1. 포물선의 뜻

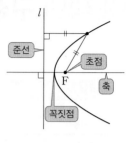

(1) 평면 위에 한 점 F와 점 F를 지나지 않는 한 직선 l이 있을 때, 점 F에 이르는 거리와 직선 l에 이르는 거리가 같은 점들의 집합을 포물선이라 한다.

(2) 점 F를 포물선의 초점, 직선 l을 포물선의 준선이라 한다. 또 포물선의 초점을 지나고 준선에 수직인 직선을 포물선의 축, 포물선과 축이 만나는 점을 포물선의 꼭짓점이라 한다.

2. 포물선의 방정식

(1) 초점이 x축 위에 있는 포물선의 방정식

초점이 $F(p, 0)$, 준선이 $x=-p$인 포물선의 방정식은 $y^2=4px$ (단, $p\neq0$)

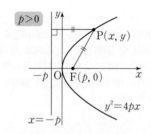
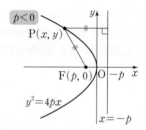

(2) 초점이 y축 위에 있는 포물선의 방정식

초점이 $F(0, p)$, 준선이 $y=-p$인 포물선의 방정식은 $x^2=4py$ (단, $p\neq0$)

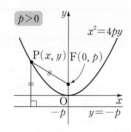
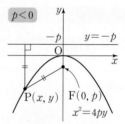

> 설명 0이 아닌 실수 p에 대하여 점 $F(p, 0)$을 초점으로 하고 직선 $x=-p$를 준선으로 하는 포물선의 방정식을 구해 보자.
> 그림과 같이 포물선 위의 점 $P(x, y)$에서 준선에 내린 수선의 발을 H라 하면 점 H의 좌표는 $(-p, y)$이다.
> 포물선의 정의에 의하여 $\overline{PF}=\overline{PH}$이므로
> $$\sqrt{(x-p)^2+y^2}=|x+p|$$
> 이고, 이 식의 양변을 제곱하여 정리하면
> $$y^2=4px$$

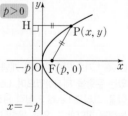

초점이 F인 포물선 $y^2=4x$와 직선 $x=k\ (k>1)$이 서로 다른 두 점 P, Q에서 만난다. $35\sin^2\left(\dfrac{1}{2}\angle\text{PFQ}\right)=24\cos\left(\dfrac{1}{2}\angle\text{PFQ}\right)$를 만족시킬 때, 점 P와 이 포물선의 준선 사이의 거리는?

① 3 　　　② 4 　　　③ 5
④ 6 　　　⑤ 7

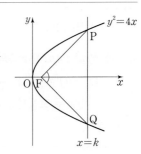

길잡이 포물선 위의 점에서 초점까지의 거리와 준선까지의 거리가 서로 같음을 이용한다.

풀이 포물선 $y^2=4x$의 초점은 $\text{F}(1,\ 0)$이고 준선의 방정식은 $x=-1$이다.
포물선 $y^2=4x$와 직선 $x=k$가 만나는 서로 다른 두 점이 P, Q이므로 $y^2=4x$에 $x=k$를 대입하면 $y^2=4k$에서
$$y=2\sqrt{k} \text{ 또는 } y=-2\sqrt{k}$$
점 P에서 준선 $x=-1$에 내린 수선의 발을 A, x축에 내린 수선의 발을 B라 하면 포물선의 정의에 의하여 포물선 위의 점에서 초점까지의 거리와 준선까지의 거리가 서로 같으므로 $\overline{\text{PF}}=\overline{\text{PA}}=k+1$
$$\overline{\text{PB}}=2\sqrt{k},\ \overline{\text{FB}}=k-1$$

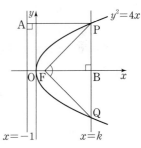

이때 $35\sin^2\left(\dfrac{1}{2}\angle\text{PFQ}\right)=24\cos\left(\dfrac{1}{2}\angle\text{PFQ}\right)$이므로
$$35\times\left(\dfrac{2\sqrt{k}}{k+1}\right)^2=24\times\dfrac{k-1}{k+1},\ 6k^2-35k-6=0,\ (6k+1)(k-6)=0$$
$k>1$이므로 $k=6$
따라서 $\overline{\text{PA}}=7$

답 ⑤

유제

정답과 **풀이** 2쪽

1
[24012-0001]
초점이 F인 포물선 $x^2=4y$ 위의 점 P가 $\overline{\text{PF}}=5$를 만족시킬 때, 선분 OP의 길이는? (단, O는 원점이다.)

① $2\sqrt{7}$ 　　② $\sqrt{30}$ 　　③ $4\sqrt{2}$ 　　④ $\sqrt{34}$ 　　⑤ 6

2
[24012-0002]
그림과 같이 초점이 F이고 준선이 l인 포물선 $y^2=8x$가 점 F를 지나고 기울기가 양수인 직선과 만나는 두 점을 각각 A, B라 하고, 두 점 A, B에서 직선 l에 내린 수선의 발을 각각 C, D라 하자. $\overline{\text{AC}}=6$일 때, $\overline{\text{AB}}^2+\overline{\text{CD}}^2$의 값을 구하시오. (단, $\overline{\text{BD}}<\overline{\text{AC}}$)

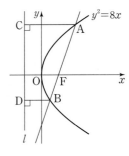

3. 포물선의 평행이동

(1) 포물선 $y^2=4px$를 x축의 방향으로 m만큼, y축의 방향으로 n만큼 평행이동한 포물선의 방정식은
$$(y-n)^2=4p(x-m)$$
이다. 이때 두 포물선 $y^2=4px$, $(y-n)^2=4p(x-m)$의 초점의 좌표, 준선의 방정식, 꼭짓점의 좌표는 다음과 같다.

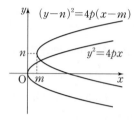

방정식	$y^2=4px$	$(y-n)^2=4p(x-m)$
초점의 좌표	$(p, 0)$	$(p+m, n)$
준선의 방정식	$x=-p$	$x=-p+m$
꼭짓점의 좌표	$(0, 0)$	(m, n)

(2) 포물선 $x^2=4py$를 x축의 방향으로 m만큼, y축의 방향으로 n만큼 평행이동한 포물선의 방정식은
$$(x-m)^2=4p(y-n)$$
이다. 이때 두 포물선 $x^2=4py$, $(x-m)^2=4p(y-n)$의 초점의 좌표, 준선의 방정식, 꼭짓점의 좌표는 다음과 같다.

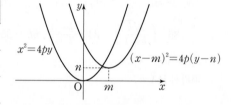

방정식	$x^2=4py$	$(x-m)^2=4p(y-n)$
초점의 좌표	$(0, p)$	$(m, p+n)$
준선의 방정식	$y=-p$	$y=-p+n$
꼭짓점의 좌표	$(0, 0)$	(m, n)

4. 포물선과 직선의 위치 관계

포물선과 직선의 방정식을 각각 $y^2=4px$, $y=mx+n$ $(m\neq0)$이라 할 때, $y=mx+n$을 $y^2=4px$에 대입하여 정리하면
$$m^2x^2+2(mn-2p)x+n^2=0 \quad \cdots\cdots \text{㉠}$$
포물선 $y^2=4px$와 직선 $y=mx+n$의 교점의 개수는 x에 대한 이차방정식 ㉠의 서로 다른 실근의 개수와 같으므로 이차방정식 ㉠의 판별식을 D라 하면 포물선과 직선의 위치 관계는 다음과 같다.

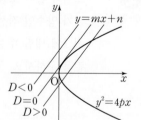

(1) $D>0 \iff$ 서로 다른 두 점에서 만난다.

(2) $D=0 \iff$ 한 점에서 만난다. (접한다.)

(3) $D<0 \iff$ 만나지 않는다.

예제 2 포물선의 평행이동

양수 a에 대하여 초점의 좌표가 (p, q)인 포물선 $(y-5)^2=a(x+1)$이 y축과 서로 다른 두 점 P, Q에서 만난다. $\overline{PQ}=8$일 때, $a+p+q$의 값은?

① 18 　　　　② 20 　　　　③ 22 　　　　④ 24 　　　　⑤ 26

길잡이 포물선 $(y-5)^2=a(x+1)$은 포물선 $y^2=ax$를 x축의 방향으로 -1만큼, y축의 방향으로 5만큼 평행이동한 것임을 이용한다.

풀이 $(y-5)^2=a(x+1)$에 $x=0$을 대입하면

$$y=5+\sqrt{a} \ \text{또는} \ y=5-\sqrt{a}$$

이므로 $\overline{PQ}=2\sqrt{a}=8$에서 $a=16$

포물선 $(y-5)^2=16(x+1)$은 포물선 $y^2=16x$를 x축의 방향으로 -1만큼, y축의 방향으로 5만큼 평행이동한 것이다.

따라서 포물선 $y^2=16x$의 초점의 좌표가 $(4, 0)$이므로 포물선 $(y-5)^2=16(x+1)$의 초점의 좌표는 $(3, 5)$이다.

즉, $p=3$, $q=5$이므로

$$a+p+q=16+3+5=24$$

답 ④

유제

정답과 풀이 2쪽

3
[24012-0003]
점 $(2, 2)$를 초점으로 하고 직선 $y=k$를 준선으로 하는 포물선의 방정식이 $(x-a)^2=by+c$이다. $a+b+c=10$이고 $c\neq0$일 때, 실수 k의 값을 구하시오. (단, a, b, c는 상수이다.)

4
[24012-0004]
자연수 n에 대하여 포물선 $y^2=kx$와 직선 $y=x+n$이 서로 만나지 않도록 하는 자연수 k의 개수를 $f(n)$이라 할 때, $f(1)+f(2)+f(3)$의 값은?

① 21 　　　② 22 　　　③ 23 　　　④ 24 　　　⑤ 25

5. 포물선의 접선

(1) 기울기가 주어진 포물선의 접선의 방정식

포물선 $y^2=4px$에 접하고 기울기가 m인 직선의 방정식은 $y=mx+\dfrac{p}{m}$ (단, $m\neq0$)

> **설명** 포물선 $y^2=4px$에 접하고 기울기가 m인 직선의 방정식을 구해 보자.
>
> 포물선 $y^2=4px$에 접하고 기울기가 $m\,(m\neq0)$인 직선의 방정식을 $y=mx+n$이라 하고, 이를 포물선의 방정식 $y^2=4px$에 대입하여 얻은 x에 대한 이차방정식
>
> $$m^2x^2+2(mn-2p)x+n^2=0$$
>
> 의 판별식을 D라 하면
>
> $$\frac{D}{4}=(mn-2p)^2-m^2n^2=4p(p-mn)=0$$
>
> 이때 $p\neq0$이므로 $p-mn=0$, 즉 $n=\dfrac{p}{m}$
>
> 따라서 구하는 접선의 방정식은 $y=mx+\dfrac{p}{m}$이다.

(2) 포물선 위의 점에서의 접선의 방정식

포물선 $y^2=4px$ 위의 점 $(x_1,\,y_1)$에서의 접선의 방정식은 $y_1y=2p(x+x_1)$

> **설명** 포물선 $y^2=4px$ 위의 점 $\mathrm{P}(x_1,\,y_1)$에서의 접선의 방정식을 구해 보자.
>
> [그림 1]과 같이 $x_1\neq0$일 때 접선의 기울기를 $m\,(m\neq0)$이라 하면 점 $\mathrm{P}(x_1,\,y_1)$을 지나는 직선의 방정식은
>
> $$y-y_1=m(x-x_1) \qquad \cdots\cdots \ \text{㉠}$$
>
> 또 포물선 $y^2=4px$에 접하고 기울기가 m인 직선의 방정식은
>
> $$y=mx+\frac{p}{m} \qquad \cdots\cdots \ \text{㉡}$$
>
> ㉠과 ㉡은 같은 직선이므로 $-mx_1+y_1=\dfrac{p}{m}$

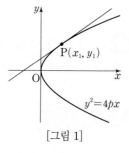

[그림 1]

> 양변에 m을 곱해 얻은 m에 대한 이차방정식 $x_1m^2-y_1m+p=0$에서
>
> $$m=\frac{y_1\pm\sqrt{(-y_1)^2-4px_1}}{2x_1}$$
>
> 이때 $y_1{}^2=4px_1$, 즉 $x_1=\dfrac{y_1{}^2}{4p}$이므로 $m=\dfrac{y_1}{2x_1}=\dfrac{2p}{y_1}\,(y_1\neq0)$
>
> 이것을 ㉠에 대입하면 $y=\dfrac{2p}{y_1}x-\dfrac{2p}{y_1}x_1+y_1$이고, $y_1{}^2=4px_1$이므로 정리하면
>
> $$y_1y=2p(x+x_1) \qquad \cdots\cdots \ \text{㉢}$$
>
> $x_1=0$일 때 $y_1=0$이므로 ㉢에 대입하면 접선의 방정식은 $x=0$이고, [그림 2]와 같이 포물선 $y^2=4px$ 위의 점 $(0,\,0)$에서의 접선이 y축 $(x=0)$이므로 $x_1=0$일 때에도 ㉢은 성립한다.

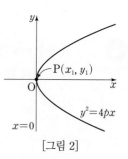

[그림 2]

초점이 F인 포물선 $y^2=8x$ 위의 제1사분면에 있는 점 P에서의 접선이 x축과 만나는 점을 Q라 하자.

$\cos(\angle PQF)=\dfrac{2\sqrt{5}}{5}$일 때, 삼각형 PQF의 넓이는?

① 34   ② 36   ③ 38   ④ 40   ⑤ 42

길잡이 접선의 기울기를 구하고, 기울기가 주어진 포물선의 접선의 방정식을 구한다.

풀이 $\angle PQF=\theta\left(0<\theta<\dfrac{\pi}{2}\right)$라 하면 $\cos\theta=\dfrac{2\sqrt{5}}{5}$이므로

$\sin^2\theta+\cos^2\theta=1$에서

$\qquad \sin\theta=\dfrac{\sqrt{5}}{5},\ \tan\theta=\dfrac{\sin\theta}{\cos\theta}=\dfrac{1}{2}$

즉, 접선의 기울기가 $\dfrac{1}{2}$이므로 접선의 방정식은 $y=\dfrac{1}{2}x+4$이고,

점 Q의 좌표는 $(-8,\,0)$이다.

이때 포물선 $y^2=8x$의 초점 F의 좌표는 $(2,\,0)$이므로

$\qquad \overline{\text{QF}}=8+2=10$

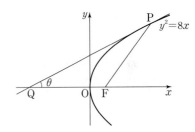

한편, 점 P는 포물선 $y^2=8x$와 직선 $y=\dfrac{1}{2}x+4$의 교점이므로

$\qquad \left(\dfrac{1}{2}x+4\right)^2=8x$에서

$\qquad x^2-16x+64=0,\ (x-8)^2=0$

$\qquad x=8$

즉, 점 P의 좌표는 $(8,\,8)$이다.

따라서 삼각형 PQF의 넓이는

$\qquad \dfrac{1}{2}\times10\times8=40$

답 ④

유제

정답과 풀이 3쪽

5
[24012-0005]
포물선 $y^2=-4x$ 위의 점 P에서 준선 l에 내린 수선의 발을 A라 할 때, $\overline{\text{PA}}=10$이다. 점 P에서의 접선의 기울기가 양수일 때, 이 접선의 y절편은?

① -1 ② $-\dfrac{3}{2}$ ③ -2 ④ $-\dfrac{5}{2}$ ⑤ -3

6
[24012-0006]
점 $\text{A}(-3,\,a)\ (a>0)$에서 포물선 $y^2=12x$에 그은 두 접선의 접점을 각각 P, Q라 하자. 선분 PQ의 중점 M의 x좌표가 5일 때, $\overline{\text{AM}}=b$이다. a^2+b^2의 값은?

① 60   ② 64   ③ 68   ④ 72   ⑤ 76

[24012–0007]

1 그림과 같이 포물선 $y^2=4x$의 초점을 F, 포물선의 준선이 x축과 만나는 점을 P라 하자. 점 P를 지나는 직선이 포물선과 제1사분면 위의 두 점 A, B ($\overline{PA}<\overline{PB}$)에서 만난다. $\overline{BF}=4$일 때, 선분 AF의 길이는?

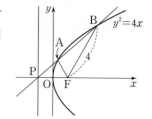

① $\dfrac{7}{6}$ ② $\dfrac{4}{3}$ ③ $\dfrac{3}{2}$

④ $\dfrac{5}{3}$ ⑤ $\dfrac{11}{6}$

[24012–0008]

2 양수 k에 대하여 포물선 $y^2=-kx$의 초점을 F, 준선을 l이라 하자. 중심이 직선 l 위에 있고 포물선과 만나는 점이 존재하는 원 중에서 넓이가 최소인 원을 C라 할 때, 원 C 위의 점 P에 대하여 $\overline{PF}$의 최댓값이 15이다. k의 값을 구하시오.

[24012–0009]

3 포물선 $y^2=4x$의 초점 F를 지나고 기울기가 양수인 직선이 포물선과 만나는 서로 다른 두 점을 각각 A, B라 하자. $\overline{AF}=3$일 때, 선분 BF의 길이는?

① $\dfrac{5}{4}$ ② $\dfrac{3}{2}$ ③ $\dfrac{7}{4}$ ④ 2   ⑤ $\dfrac{9}{4}$

[24012–0010]

4 초점이 F인 포물선 $(y+8)^2=16x$ 위를 움직이는 점 P가 있다. 점 A$(10, 0)$에 대하여 $\overline{AP}+\overline{PF}$의 값이 최소일 때의 점 P를 P$'$이라 할 때, 삼각형 AP$'$F의 둘레의 길이를 구하시오.

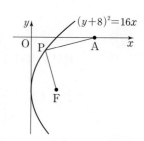

5 [24012-0011]

초점이 F인 포물선 $y^2=kx$ 위의 점 A에서 포물선의 준선에 내린 수선의 발을 B라 하자. $\overline{AF}=\overline{BF}$이고 삼각형 ABF의 넓이가 $10\sqrt{3}$일 때, 양수 k의 값은?

① 6   ② $\sqrt{38}$ ③ $2\sqrt{10}$ ④ $\sqrt{42}$ ⑤ $2\sqrt{11}$

6 [24012-0012]

자연수 k에 대하여 포물선 $y^2=12x$와 직선 $y=kx+1$이 만나는 점의 개수를 $f(k)$라 할 때, $f(1)+f(2)+f(3)+f(4)$의 값은?

① 1   ② 2   ③ 3   ④ 4   ⑤ 5

7 [24012-0013]

꼭짓점이 원점이고 준선의 방정식이 $x=4$인 포물선 위의 점 $(a,\ b)$에서의 접선의 기울기가 -2일 때, $a+b$의 값은?

① 1   ② 2   ③ 3   ④ 4   ⑤ 5

8 [24012-0014]

점 $(-2,\ 0)$에서 포물선 $y^2=2x$에 그은 서로 다른 두 접선 $l_1,\ l_2$의 접점을 각각 A, B라 하자. 두 직선 $l_1,\ l_2$에 동시에 접하고 두 점 A, B를 모두 지나는 원의 넓이는?

① π ② 2π ③ 3π ④ 4π ⑤ 5π

[24012-0015]

1 그림과 같이 양수 k에 대하여 포물선 $x^2=ky$의 초점을 F, 점 F를 지나고 기울기가 양수인 직선이 포물선과 제2사분면에서 만나는 점을 A라 하자. $\overline{AF}=\sqrt{3}$이고 $\angle AFO=\dfrac{\pi}{3}$일 때, k^2의 값을 구하시오. (단, O는 원점이다.)

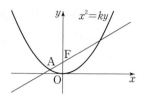

[24012-0016]

2 그림과 같이 원점 O에 대하여 한 변의 길이가 $2\sqrt{2}$인 정사각형 OABC의 두 대각선의 교점 F가 y축 위에 있다. 꼭짓점이 O이고 초점이 F인 포물선에 대하여 선분 OC의 중점 M과 점 F를 지나고 기울기가 양수인 직선이 포물선과 제4사분면에서 만나는 점을 P라 하자. 점 P와 직선 $y=2$ 사이의 거리는?
(단, 점 B의 y좌표는 음수이고, 점 C는 제4사분면 위의 점이다.)

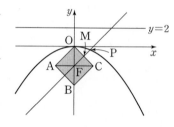

① $6-3\sqrt{2}$ ② $8-4\sqrt{2}$ ③ $7-3\sqrt{2}$

④ $8-3\sqrt{2}$ ⑤ $6-\sqrt{2}$

[24012-0017]

3 초점이 F이고 준선이 l인 포물선 $y^2=8x$ 위의 제1사분면에 있는 점 P에 대하여 $\overline{PF}=3$이다. 점 P에서 x축에 내린 수선의 발을 Q라 할 때, 꼭짓점이 F이고 초점이 Q인 포물선이 직선 l과 만나는 두 점 사이의 거리는?

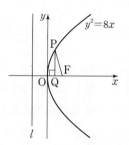

① 5   ② 6   ③ 7

④ 8   ⑤ 9

4 [24012-0018]

초점이 F_1인 포물선 P_1: $x^2+4x-4y+16=0$과 초점이 F_2인 포물선 P_2: $(y+a)^2=4x-16$이 있다. 두 포물선 P_1, P_2의 준선의 교점을 중심으로 하는 원이 두 점 F_1, F_2를 지나도록 하는 모든 실수 a의 값의 곱은?

① -27 ② -24 ③ -21 ④ -18 ⑤ -15

5 [24012-0019]

초점이 F_1인 포물선 P_1: $y^2=28x$와 초점이 F_2인 포물선 P_2: $y^2=kx$가 있다. 포물선 P_2 위의 점 A에서의 접선이 점 F_1을 지나고 $\overline{AF_2}=9$일 때, 삼각형 AF_2F_1의 넓이는? (단, k는 음수이고, 점 A의 y좌표는 양수이다.)

① $\dfrac{9\sqrt{7}}{2}$ ② $\dfrac{9\sqrt{14}}{2}$ ③ $9\sqrt{7}$ ④ $9\sqrt{14}$ ⑤ $18\sqrt{7}$

6 [24012-0020]

두 양수 a, b에 대하여 포물선 $(y+a)^2=bx$ 위의 점 A에서의 접선이 포물선 $y^2=-4x$와 점 B에서 접하고 y축과 점 C$(0, -2)$에서 만난다. $\overline{AC}=2\overline{BC}$일 때, $a+b$의 값은? (단, 점 B의 y좌표는 0이 아니다.)

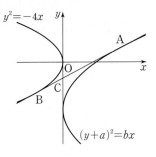

① 12 ② 14 ③ 16

④ 18 ⑤ 20

[24012-0021]

1 초점이 F인 포물선 $x^2=2y$ 위의 제1사분면에 있는 점 A에 대하여 $\overline{AF}=13$이다. 중심이 A이고 점 F를 지나는 원 위의 점 P와 점 $B\left(0,\ -\dfrac{1}{2}\right)$에 대하여 선분 PB의 길이가 자연수가 되도록 하는 점 P의 개수는?

① 48 ② 49 ③ 50 ④ 51 ⑤ 52

[24012-0022]

2 그림과 같이 두 양수 a, b에 대하여 포물선 $P_1\colon y^2=ax$와 포물선 $P_2\colon x^2=by$가 제1사분면에서 만나는 점을 A라 하자. 점 A를 지나고 x축에 평행한 직선이 포물선 P_2와 만나는 점 중에서 A가 아닌 점을 B, 점 A를 지나고 x축에 평행한 직선이 직선 $x=-\dfrac{a}{4}$와 만나는 점을 C라 할 때, $\overline{AB}=\overline{BC}$를 만족시킨다. 포물선 P_1의 초점 F에 대하여 $\overline{BF}=4\sqrt{7}$일 때, $6(a+b^2)$의 값을 구하시오.

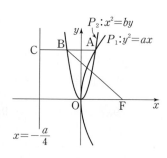

[24012-0023]

3 그림과 같이 꼭짓점이 A이고 초점이 y축 위의 점 F_1인 포물선 P_1과 꼭짓점이 O이고 초점이 x축 위의 점 F_2인 포물선 P_2가 있다. 두 포물선 P_1, P_2가 다음 조건을 만족시킬 때, $\overline{AF_2}\times\overline{OF_2}$의 값을 구하시오.

(단, O는 원점이고, 점 A는 제1사분면 위에 있다.)

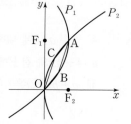

(가) 포물선 P_1은 점 O를 지나고 포물선 P_2는 점 A를 지난다.

(나) 포물선 P_1의 준선은 y축에 평행하다.

(다) 포물선 P_1 위에 있고 사각형 AF_1OF_2의 내부에 있는 점 B와 포물선 P_2 위에 있고 사각형 AF_1OF_2의 내부에 있는 점 C에 대하여 사각형 ACOB의 넓이의 최댓값은 18이다.

출제경향 포물선의 정의를 이용하여 주어진 도형의 둘레의 길이, 넓이, 각의 크기, 점의 좌표 등을 구하는 문제 또는 포물선의 평행이동과 연관된 문제가 출제된다.

2022학년도 수능

두 양수 a, p에 대하여 포물선 $(y-a)^2=4px$의 초점을 F_1이라 하고, 포물선 $y^2=-4x$의 초점을 F_2라 하자. 선분 F_1F_2가 두 포물선과 만나는 점을 각각 P, Q라 할 때, $\overline{F_1F_2}=3$, $\overline{PQ}=1$이다. a^2+p^2의 값은?

[4점]

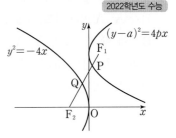

① 6   ② $\dfrac{25}{4}$ ③ $\dfrac{13}{2}$

④ $\dfrac{27}{4}$ ⑤ 7

출제 의도 〉 평행이동한 포물선에서 포물선의 정의를 이용하여 미지수를 구할 수 있는지를 묻는 문제이다.

풀이 〉 포물선 $(y-a)^2=4px$는 포물선 $y^2=4px$를 y축의 방향으로 a만큼 평행이동한 것이므로 초점은 $F_1(p, a)$이고 준선의 방정식은 $x=-p$이다. 또 포물선 $y^2=-4x$의 초점은 $F_2(-1, 0)$이고 준선의 방정식은 $x=1$이다. 이때 $\overline{F_1F_2}=3$이므로

$$(p+1)^2+a^2=9 \qquad \cdots\cdots \ ㉠$$

두 점 P, Q의 x좌표를 각각 x_1, x_2 $(x_2<0<x_1)$이라 하면 포물선의 정의에 의하여

$$\overline{PF_1}=p+x_1, \quad \overline{QF_2}=1-x_2$$

이때 $\overline{PF_1}+\overline{QF_2}=\overline{F_1F_2}-\overline{PQ}=3-1=2$이므로

$(p+x_1)+(1-x_2)=2$에서 $x_1-x_2=1-p$

그림과 같이 점 P를 지나고 x축에 수직인 직선과 점 Q를 지나고 y축에 수직인 직선이 만나는 점을 R이라 하고, 점 F_1에서 x축에 내린 수선의 발을 H라 하면 삼각형 F_1F_2H와 삼각형 PQR은 서로 닮음이므로

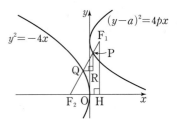

$$\overline{F_1F_2} : \overline{F_2H}=\overline{PQ} : \overline{QR} \qquad \cdots\cdots \ ㉡$$

이때 $\overline{F_2H}=p+1$, $\overline{QR}=x_1-x_2=1-p$이므로 ㉡에서

$$3 : (p+1)=1 : (1-p), \ p+1=3(1-p), \ p=\frac{1}{2}$$

㉠에서 $\left(\dfrac{1}{2}+1\right)^2+a^2=9$이므로 $a^2=\dfrac{27}{4}$

따라서 $a^2+p^2=\dfrac{27}{4}+\dfrac{1}{4}=7$

답 ⑤

02 타원

1. 타원의 뜻

(1) 평면 위의 서로 다른 두 점 F, F′으로부터의 거리의 합이 일정한 점들의 집합을 타원이라 한다.

(2) 두 점 F, F′을 타원의 초점이라 한다. 두 초점을 잇는 직선이 타원과 만나는 점을 각각 A, A′이라 하고, 선분 FF′의 수직이등분선이 타원과 만나는 점을 각각 B, B′이라 할 때, 네 점 A, A′, B, B′을 타원의 꼭짓점이라 하고, 선분 AA′을 타원의 장축, 선분 BB′을 타원의 단축이라 하며, 장축과 단축이 만나는 점을 타원의 중심이라 한다.

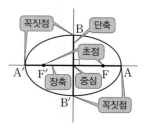

2. 타원의 방정식

(1) 두 초점 $F(c, 0)$, $F'(-c, 0)$으로부터의 거리의 합이 $2a$ $(a>c>0)$인 타원의 방정식은

$$\frac{x^2}{a^2}+\frac{y^2}{b^2}=1 \ (단, \ b^2=a^2-c^2, \ b>0)$$

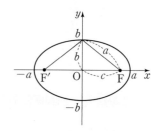

① 장축의 길이: $2a$, 단축의 길이: $2b$

② 초점의 좌표: $(\sqrt{a^2-b^2}, 0)$, $(-\sqrt{a^2-b^2}, 0)$

③ 꼭짓점의 좌표: $(a, 0)$, $(-a, 0)$, $(0, b)$, $(0, -b)$

④ 중심의 좌표: $(0, 0)$

(2) 두 초점 $F(0, c)$, $F'(0, -c)$로부터의 거리의 합이 $2b$ $(b>c>0)$인 타원의 방정식은

$$\frac{x^2}{a^2}+\frac{y^2}{b^2}=1 \ (단, \ a^2=b^2-c^2, \ a>0)$$

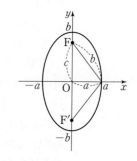

① 장축의 길이: $2b$, 단축의 길이: $2a$

② 초점의 좌표: $(0, \sqrt{b^2-a^2})$, $(0, -\sqrt{b^2-a^2})$

③ 꼭짓점의 좌표: $(a, 0)$, $(-a, 0)$, $(0, b)$, $(0, -b)$

④ 중심의 좌표: $(0, 0)$

설명 두 초점 $F(c, 0)$, $F'(-c, 0)$으로부터의 거리의 합이 $2a$ $(a>c>0)$인 타원의 방정식을 구해 보자.

타원 위의 임의의 점을 $P(x, y)$라 하면

$$\overline{PF}=\sqrt{(x-c)^2+y^2}, \ \overline{PF'}=\sqrt{(x+c)^2+y^2}$$

이고, $\overline{PF}+\overline{PF'}=2a$이므로

$$\sqrt{(x-c)^2+y^2}+\sqrt{(x+c)^2+y^2}=2a$$
$$\sqrt{(x-c)^2+y^2}=2a-\sqrt{(x+c)^2+y^2}$$

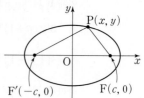

양변을 제곱하여 정리하면 $cx+a^2=a\sqrt{(x+c)^2+y^2}$

다시 양변을 제곱하여 정리하면 $(a^2-c^2)x^2+a^2y^2=a^2(a^2-c^2)$

$a>c>0$이므로 $a^2-c^2=b^2$이라 하면 $b^2x^2+a^2y^2=a^2b^2$

이 식의 양변을 a^2b^2으로 나누면 $\dfrac{x^2}{a^2}+\dfrac{y^2}{b^2}=1$

그림과 같이 두 초점이 F, F′인 타원 $\dfrac{x^2}{a^2}+\dfrac{y^2}{b^2}=1$ ($a>b>0$)이 있다. 점 O를 중심으로 하고 점 F를 지나는 원이 타원과 제2사분면에서 만나는 점을 P라 할 때, $\overline{PF'}=6$, $\overline{OP}=5$이다. a^2+b^2의 값을 구하시오.

(단, O는 원점이고, 점 F의 x좌표는 양수이다.)

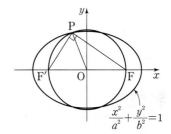

$\dfrac{x^2}{a^2}+\dfrac{y^2}{b^2}=1$

길잡이 타원의 정의와 원의 성질을 이용하여 두 상수 a, b의 값을 구한다.

풀이 중심이 O이고 점 F를 지나는 원의 지름이 선분 F′F이므로

$$\angle F'PF=\frac{\pi}{2}$$

삼각형 PF′F에서

$\overline{PF'}=6$, $\overline{F'F}=2\times\overline{OF}=2\times\overline{OP}=10$이므로

$$\overline{PF}=\sqrt{\overline{F'F}^2-\overline{PF'}^2}=8$$

타원 $\dfrac{x^2}{a^2}+\dfrac{y^2}{b^2}=1$의 장축의 길이는 $2a$이므로 타원의 정의에 의하여

$$\overline{PF'}+\overline{PF}=2a$$

$$2a=6+8=14,\ a=7$$

점 F의 x좌표를 c라 하면 $c^2=a^2-b^2$이고 $\overline{OF}=5$에서 $c=5$이므로

$$25=49-b^2$$

$$b^2=24$$

따라서 $a^2+b^2=49+24=73$

답 73

유제

정답과 풀이 **11쪽**

1
[24012–0024]

두 초점이 F(2, 0), F′(-2, 0)이고 점 (3, 0)을 지나는 타원 위에 점 P가 있다.

$\cos(\angle FPF')=\dfrac{1}{4}$일 때, $\overline{PF}\times\overline{PF'}$의 값은?

① 5   ② 6   ③ 7   ④ 8   ⑤ 9

2
[24012–0025]

타원 $\dfrac{x^2}{16}+\dfrac{y^2}{25}=1$과 직선 $x-y-3=0$이 만나는 서로 다른 두 점을 A, B라 하자. 점 C(0, 3)에 대하여 삼각형 ABC의 둘레의 길이는?

① 12   ② 14   ③ 16   ④ 18   ⑤ 20

3. 타원의 평행이동

타원 $\dfrac{x^2}{a^2}+\dfrac{y^2}{b^2}=1$을 x축의 방향으로 m만큼, y축의 방향으로 n만큼 평행이동한 타원의 방정식은

$$\dfrac{(x-m)^2}{a^2}+\dfrac{(y-n)^2}{b^2}=1$$

이다. 이때 두 타원 $\dfrac{x^2}{a^2}+\dfrac{y^2}{b^2}=1$, $\dfrac{(x-m)^2}{a^2}+\dfrac{(y-n)^2}{b^2}=1\,(a>b>0)$의 초점의 좌표, 꼭짓점의 좌표, 중심의 좌표는 다음과 같다.

방정식	$\dfrac{x^2}{a^2}+\dfrac{y^2}{b^2}=1$	$\dfrac{(x-m)^2}{a^2}+\dfrac{(y-n)^2}{b^2}=1$
초점의 좌표	$(\sqrt{a^2-b^2},\,0),\,(-\sqrt{a^2-b^2},\,0)$	$(\sqrt{a^2-b^2}+m,\,n),\,(-\sqrt{a^2-b^2}+m,\,n)$
꼭짓점의 좌표	$(a,\,0),\,(-a,\,0),$ $(0,\,b),\,(0,\,-b)$	$(a+m,\,n),\,(-a+m,\,n),$ $(m,\,b+n),\,(m,\,-b+n)$
중심의 좌표	$(0,\,0)$	$(m,\,n)$

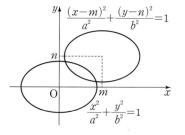

참고 (1) 타원 $\dfrac{(x-m)^2}{a^2}+\dfrac{(y-n)^2}{b^2}=1\,(b>a>0)$의 초점, 꼭짓점, 중심의 좌표도 평행이동을 이용하여 구할 수 있다.

　　(2) 타원을 평행이동하여도 그 모양과 크기는 변하지 않으므로 장축의 길이, 단축의 길이는 변하지 않는다.

　　즉, 타원 $\dfrac{(x-m)^2}{a^2}+\dfrac{(y-n)^2}{b^2}=1\,(a>b>0)$의 장축의 길이는 $2a$, 단축의 길이는 $2b$이고,

　　타원 $\dfrac{(x-m)^2}{a^2}+\dfrac{(y-n)^2}{b^2}=1\,(b>a>0)$의 장축의 길이는 $2b$, 단축의 길이는 $2a$이다.

4. 타원과 직선의 위치 관계

타원과 직선의 방정식을 각각 $\dfrac{x^2}{a^2}+\dfrac{y^2}{b^2}=1$, $y=mx+n$이라 할 때, $y=mx+n$을 $\dfrac{x^2}{a^2}+\dfrac{y^2}{b^2}=1$에 대입하여 정리하면

$$(a^2m^2+b^2)x^2+2a^2mnx+a^2(n^2-b^2)=0 \quad \cdots\cdots \,\text{㉠}$$

타원 $\dfrac{x^2}{a^2}+\dfrac{y^2}{b^2}=1$과 직선 $y=mx+n$의 교점의 개수는 x에 대한 이차방정식 ㉠의 서로 다른 실근의 개수와 같으므로 이차방정식 ㉠의 판별식을 D라 하면 타원과 직선의 위치 관계는 다음과 같다.

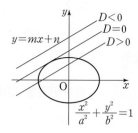

(1) $D>0 \iff$ 서로 다른 두 점에서 만난다.

(2) $D=0 \iff$ 한 점에서 만난다. (접한다.)

(3) $D<0 \iff$ 만나지 않는다.

한 초점의 좌표가 $(4, 3)$인 타원 $\dfrac{(x-2)^2}{a^2}+\dfrac{(y-3)^2}{b^2}=1\ (a>b>0)$이 직선 $y=k$와 서로 다른 두 점 A, B에서 만난다. 선분 AB의 길이가 최대일 때, 삼각형 AOB의 넓이가 12이다. a^2+b^2의 값은?

(단, k는 실수이고, O는 원점이다.)

① 28 ② 30 ③ 32 ④ 34 ⑤ 36

길잡이 타원의 평행이동을 이용하여 a, b의 관계식을 구한다.

풀이 타원 $\dfrac{(x-2)^2}{a^2}+\dfrac{(y-3)^2}{b^2}=1$은 타원 $\dfrac{x^2}{a^2}+\dfrac{y^2}{b^2}=1$을 x축의 방향으로 2만큼, y축의 방향으로 3만큼 평행이동한 것이다.

타원 $\dfrac{(x-2)^2}{a^2}+\dfrac{(y-3)^2}{b^2}=1$의 한 초점의 좌표가 $(4, 3)$이므로 점 $(2, 0)$은 타원 $\dfrac{x^2}{a^2}+\dfrac{y^2}{b^2}=1$의 한 초점이다.

즉, $\sqrt{a^2-b^2}=2$에서 $a^2-b^2=4$ ······ ㉠

한편, 선분 AB의 길이가 최대일 때는 선분 AB가 장축일 때이므로 $k=3$이고, 타원의 평행이동으로 장축의 길이는 변하지 않으므로 $\overline{AB}=2a$이다.

이때 삼각형 AOB의 넓이가 12이므로 $\dfrac{1}{2}\times\overline{AB}\times k=\dfrac{1}{2}\times 2a\times 3=12$에서 $a=4$

이것을 ㉠에 대입하면 $16-b^2=4$에서 $b^2=12$

따라서 $a^2+b^2=16+12=28$

답 ①

 유제

정답과 **풀이 12쪽**

3
[24012-0026]
타원 $\dfrac{x^2}{18}+\dfrac{y^2}{9}=1$을 x축의 방향으로 m만큼, y축의 방향으로 n만큼 평행이동한 타원의 한 초점의 좌표가 $(-2, 4)$일 때, $m+n$의 값은? (단, $m>0$)

① 3 ② 4 ③ 5 ④ 6 ⑤ 7

4
[24012-0027]
장축의 길이가 26이고 원점을 지나는 타원의 두 초점 F, F′이 다음 조건을 만족시킬 때, 선분 FF′의 길이를 구하시오.

(가) 두 점 F, F′은 모두 직선 $y=-5$ 위에 있다.
(나) 두 점 F, F′은 y축에 대하여 서로 대칭이다.

5. 타원의 접선

(1) 기울기가 주어진 타원의 접선의 방정식

타원 $\dfrac{x^2}{a^2}+\dfrac{y^2}{b^2}=1$에 접하고 기울기가 m인 직선의 방정식은 $y=mx\pm\sqrt{a^2m^2+b^2}$

설명 타원 $\dfrac{x^2}{a^2}+\dfrac{y^2}{b^2}=1$에 접하고 기울기가 m인 직선의 방정식을 구해 보자.

구하는 접선의 방정식을 $y=mx+n$이라 하고, 타원의 방정식 $\dfrac{x^2}{a^2}+\dfrac{y^2}{b^2}=1$에 대입하여 정리하면

$(a^2m^2+b^2)x^2+2a^2mnx+a^2(n^2-b^2)=0$

위의 x에 대한 이차방정식의 판별식을 D라 하면

$D=4a^2b^2(a^2m^2+b^2-n^2)=0$

이때 $a\neq0$, $b\neq0$이므로

$a^2m^2+b^2-n^2=0$, 즉 $n^2=a^2m^2+b^2$에서 $n=\pm\sqrt{a^2m^2+b^2}$

따라서 구하는 접선의 방정식은 $y=mx\pm\sqrt{a^2m^2+b^2}$

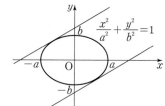

(2) 타원 위의 점에서의 접선의 방정식

타원 $\dfrac{x^2}{a^2}+\dfrac{y^2}{b^2}=1$ 위의 점 $(x_1,\,y_1)$에서의 접선의 방정식은 $\dfrac{x_1x}{a^2}+\dfrac{y_1y}{b^2}=1$

설명 타원 $\dfrac{x^2}{a^2}+\dfrac{y^2}{b^2}=1$ 위의 점 $\mathrm{P}(x_1,\,y_1)$에서의 접선의 방정식을 구해 보자.

$y_1\neq0$일 때 접선의 기울기를 m이라 하면 직선의 방정식은

$y-y_1=m(x-x_1)$ $\qquad$ …… ㉠

또 기울기가 m인 타원 $\dfrac{x^2}{a^2}+\dfrac{y^2}{b^2}=1$의 접선의 방정식은

$y=mx\pm\sqrt{a^2m^2+b^2}$ $\qquad$ …… ㉡

㉡의 2개의 직선 중 하나가 ㉠과 같은 직선이므로 y절편의 제곱이 같다.

즉, $(-mx_1+y_1)^2=a^2m^2+b^2$

$(a^2-x_1^2)m^2+2x_1y_1m+b^2-y_1^2=0$ $\qquad$ …… ㉢

$\dfrac{x_1^2}{a^2}+\dfrac{y_1^2}{b^2}=1$에서 $a^2-x_1^2=\dfrac{a^2y_1^2}{b^2}$, $b^2-y_1^2=\dfrac{b^2x_1^2}{a^2}$이므로 이를 ㉢에 대입하여 정리하면

$\left(\dfrac{a}{b}y_1m+\dfrac{b}{a}x_1\right)^2=0$, 즉 $m=-\dfrac{b^2x_1}{a^2y_1}$

이를 ㉠에 대입하여 정리하면 $y=-\dfrac{b^2x_1}{a^2y_1}x+\dfrac{b^2x_1^2}{a^2y_1}+y_1$이고, $\dfrac{x_1^2}{a^2}+\dfrac{y_1^2}{b^2}=1$이므로

$\dfrac{x_1x}{a^2}+\dfrac{y_1y}{b^2}=1$ $\qquad$ …… ㉣

한편, $y_1=0$일 때 $x_1=a$, $x_1=-a$이므로 이를 ㉣에 대입하면 접선의 방정식은 각각
$x=a$, $x=-a$이고, 그림과 같이 타원 위의 두 점 $(a,\,0)$, $(-a,\,0)$에서의 접선이
각각 직선 $x=a$, $x=-a$이므로 $y_1=0$일 때에도 ㉣은 성립한다.

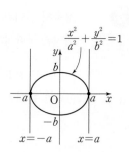

타원 $\dfrac{x^2}{a^2}+\dfrac{y^2}{b^2}=1$ $(a>b>0)$ 위의 제2사분면에 있는 점 P에서의 접선이 x축, y축과 만나는 점을 각각 A, B라 하자. $\overline{\text{OA}}=\overline{\text{OB}}=3$이고 $\cos(\angle\text{POA})=\dfrac{2\sqrt{5}}{5}$일 때, $a^2\times b^2$의 값을 구하시오. (단, O는 원점이다.)

길잡이   타원 $\dfrac{x^2}{a^2}+\dfrac{y^2}{b^2}=1$ $(a>0, b>0)$ 위의 점 (x_1, y_1)에서의 접선의 방정식은 $\dfrac{x_1 x}{a^2}+\dfrac{y_1 y}{b^2}=1$임을 이용한다.

풀이   점 P의 좌표를 (x_1, y_1) $(x_1<0, y_1>0)$이라 하면 타원 $\dfrac{x^2}{a^2}+\dfrac{y^2}{b^2}=1$ 위의 점 P에서의 접선의 방정식은

$$\frac{x_1 x}{a^2}+\frac{y_1 y}{b^2}=1$$

위의 식에 $y=0$을 대입하면 $x=\dfrac{a^2}{x_1}$, $x=0$을 대입하면 $y=\dfrac{b^2}{y_1}$이므로 $\left|\dfrac{a^2}{x_1}\right|=3$, $\left|\dfrac{b^2}{y_1}\right|=3$에서 $x_1=-\dfrac{a^2}{3}$, $y_1=\dfrac{b^2}{3}$

즉, 점 P의 좌표는 $\left(-\dfrac{a^2}{3},\ \dfrac{b^2}{3}\right)$이다.

이때 $\overline{\text{OA}}=\overline{\text{OB}}=3$에서 접선의 x절편은 -3, y절편은 3이므로 접선의 방정식은

$$-\frac{x}{3}+\frac{y}{3}=1,\ 즉\ y=x+3$$

점 P가 이 직선 위에 있으므로 $\dfrac{b^2}{3}=-\dfrac{a^2}{3}+3$, $a^2+b^2=9$ …… ㉠

한편, 점 P에서 x축에 내린 수선의 발을 H라 하면 $\overline{\text{OH}}=\dfrac{a^2}{3}$, $\overline{\text{PH}}=\dfrac{b^2}{3}$

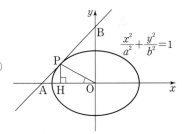

삼각형 OPH에서 $\cos(\angle\text{POH})=\cos(\angle\text{POA})=\dfrac{2\sqrt{5}}{5}$이므로

$$\sin(\angle\text{POH})=\sqrt{1-\left(\frac{2\sqrt{5}}{5}\right)^2}=\frac{\sqrt{5}}{5},\ \tan(\angle\text{POH})=\frac{\sin(\angle\text{POH})}{\cos(\angle\text{POH})}=\frac{\frac{\sqrt{5}}{5}}{\frac{2\sqrt{5}}{5}}=\frac{1}{2}$$

또 $\tan(\angle\text{POH})=\dfrac{\overline{\text{PH}}}{\overline{\text{OH}}}=\dfrac{\frac{b^2}{3}}{\frac{a^2}{3}}=\dfrac{b^2}{a^2}$이므로 $\dfrac{b^2}{a^2}=\dfrac{1}{2}$에서 $a^2=2b^2$ …… ㉡

㉠, ㉡을 연립하여 풀면 $a^2=6$, $b^2=3$

따라서 $a^2\times b^2=6\times 3=18$ **답** 18

유제   정답과 풀이 12쪽

5
[24012-0028]
기울기가 $\dfrac{1}{3}$인 직선이 타원 $\dfrac{x^2}{18}+\dfrac{y^2}{8}=1$과 원 $x^2+y^2=r^2$에 동시에 접할 때, r^2의 값을 구하시오. (단, r은 상수이다.)

6
[24012-0029]
점 A$(0, 3)$에서 타원 $\dfrac{x^2}{2}+y^2=1$에 그은 두 접선의 접점을 각각 B, C라 할 때, 사각형 ABOC의 넓이는? (단, O는 원점이다.)

① 1   ② 2   ③ 3   ④ 4   ⑤ 5

Level 1 기초 연습

[24012-0030]

1 두 초점이 F, F′인 타원 $\frac{x^2}{a^2}+\frac{y^2}{b^2}=1$ $(a>b>0)$의 장축의 길이가 6이고, 점 $\left(1,\ \frac{4}{3}\right)$가 타원 위의 점일 때, 선분 FF′의 길이는?

① 4　② $2\sqrt{5}$　③ $2\sqrt{6}$　④ $2\sqrt{7}$　⑤ $4\sqrt{2}$

[24012-0031]

2 두 초점이 F, F′인 타원 $\frac{x^2}{64}+\frac{y^2}{24}=1$ 위의 제2사분면에 있는 점 P가 $\angle \text{F}'\text{PF}=\frac{\pi}{2}$를 만족시킨다. 원점 O에서 선분 PF′에 내린 수선의 발을 Q, 선분 PF에 내린 수선의 발을 R이라 할 때, 사각형 PQOR의 넓이는? (단, $\overline{\text{PF}'}<\overline{\text{PF}}$)

① 12　② 14　③ 16　④ 18　⑤ 20

[24012-0032]

3 그림과 같이 두 초점 F, F′이 y축 위에 있는 타원 $\frac{x^2}{a^2}+\frac{y^2}{36}=1$ 위의 제4사분면에 있는 점 P가 $\angle \text{FPF}'=\frac{\pi}{2}$, $\overline{\text{PF}}=2\overline{\text{PF}'}$을 만족시킬 때, a^2의 값은? (단, 점 F의 y좌표는 양수이다.)

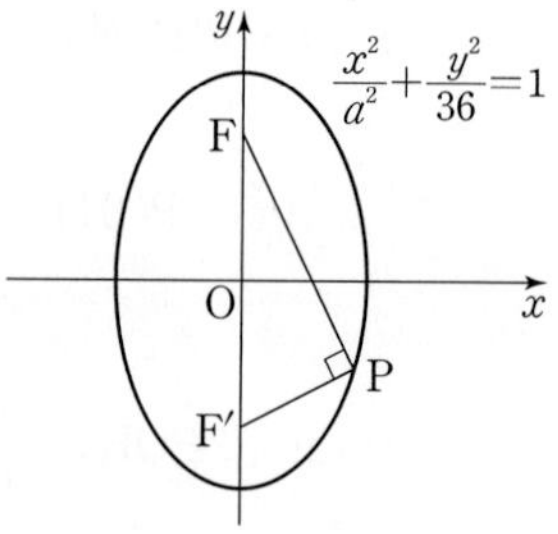

① 14　② 15　③ 16
④ 17　⑤ 18

[24012-0033]

4 타원 $\frac{x^2}{16}+\frac{y^2}{7}=1$의 두 초점 중 x좌표가 양수인 점을 F, 음수인 점을 F′이라 하자. 이 타원 위의 제1사분면에 있는 점 P에 대하여 $\overline{\text{PF}}=2$일 때, 삼각형 PF′F의 넓이는?

① $4\sqrt{2}$　② $\sqrt{33}$　③ $\sqrt{34}$　④ $\sqrt{35}$　⑤ 6

5 [24012-0034]

타원 $\dfrac{(x+3)^2}{10}+(y+3)^2=1$의 두 초점 F, F′에 대하여 삼각형 OF′F의 둘레의 길이는? (단, O는 원점이다.)

① $9+\sqrt{5}$　　　② $9+2\sqrt{5}$　　　③ $9+3\sqrt{5}$　　　④ $9+4\sqrt{5}$　　　⑤ $9+5\sqrt{5}$

6 [24012-0035]

타원 $5x^2+y^2+10x-6y+9=0$의 두 초점 F, F′에 대하여 삼각형 OFF′의 넓이는? (단, O는 원점이다.)

① 1　　　　② 2　　　　③ 3　　　　④ 4　　　　⑤ 5

7 [24012-0036]

두 양수 a, b에 대하여 타원 $\dfrac{x^2}{a^2}+\dfrac{y^2}{b^2}=1$ 위의 점 $(1,\ -\sqrt{3})$에서의 접선이 직선 $y=b$와 만나는 점을 P, y축과 만나는 점을 Q라 하자. $\sin(\angle\mathrm{OQP})=\dfrac{1}{2}$일 때, a^2+b^2의 값은? (단, O는 원점이다.)

① 8　　　　② 10　　　　③ 12　　　　④ 14　　　　⑤ 16

8 [24012-0037]

타원 $\dfrac{x^2}{20}+\dfrac{y^2}{5}=1$ 위의 점 $(4,\ -1)$에서의 접선이 포물선 $y^2=ax$에 접할 때, 상수 a의 값은? (단, $a\neq0$)

① -20　　　② -18　　　③ -16　　　④ -14　　　⑤ -12

1 [24012–0038]

두 점 F, F′을 초점으로 하는 타원 $\dfrac{x^2}{16}+\dfrac{y^2}{6}=1$ 위의 제1사분면에 있는 점 P에 대하여 $\overline{OP}=\sqrt{10}$일 때, 삼각형 OPF′의 넓이는? (단, O는 원점이고, 점 F의 x좌표는 양수이다.)

① 3 　　　② 4 　　　③ 5 　　　④ 6 　　　⑤ 7

2 [24012–0039]

그림과 같이 두 초점이 F, F′인 타원 $\dfrac{x^2}{49}+\dfrac{y^2}{a}=1$ 위의 제2사분면에 있는 점 P가 $\overline{PF}=12$를 만족시킨다. ∠PFF′의 이등분선이 선분 PF′과 만나는 점을 Q라 할 때, $\overline{QF'}=1$이다. 양수 a의 값은?

(단, 점 F의 x좌표는 양수이다.)

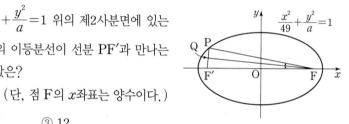

① 10 　　　② 11 　　　③ 12

④ 13 　　　⑤ 14

3 [24012–0040]

두 점 F, F′을 초점으로 하는 타원 $\dfrac{x^2}{9}+\dfrac{y^2}{5}=1$ 위를 움직이는 점 P와 점 A$(-2, 9)$가 있다. $\overline{AP}-\overline{PF}$가 최솟값 m을 갖는 점 P를 P′이라 할 때, 삼각형 P′F′F의 넓이는 S이다. $m \times S$의 값을 구하시오. (단, 점 F의 x좌표는 양수이다.)

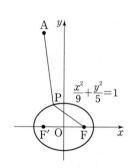

4 [24012-0041]

그림과 같이 두 초점 F, F′ 사이의 거리가 $2\sqrt{5}$인 타원 $\dfrac{x^2}{a^2}+\dfrac{y^2}{b^2}=1\ (a>b>0)$ 위의 제1사분면에 있는 점 P가 $\cos(\angle FPF')=\dfrac{2}{3}$를 만족시킨다. 점 F에서 선분 PF′에 내린 수선의 발을 H라 할 때, $\overline{PH}=\dfrac{8}{3}$이다. 두 상수 a, b에 대하여 a^2+b^2의 값을 구하시오. (단, 점 F의 x좌표는 양수이다.)

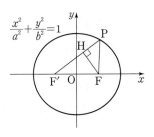

5 [24012-0042]

타원 $\dfrac{x^2}{4}+\dfrac{y^2}{9}=1$ 위를 움직이는 점 P와 두 점 A(3, 2), B(5, −2)가 있다. 자연수 n에 대하여 삼각형 APB의 넓이가 n이 되도록 하는 서로 다른 점 P의 개수를 $f(n)$이라 할 때, $\displaystyle\sum_{n=3}^{15} f(n)$의 값은?

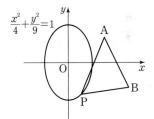

① 20   ② 21   ③ 22

④ 23   ⑤ 24

6 [24012-0043]

두 초점이 F, F′인 타원 $\dfrac{x^2}{24}+\dfrac{y^2}{8}=1$ 위의 제2사분면에 있는 점 P(a, b)에서의 접선에 수직이고 점 P를 지나는 직선이 x축과 만나는 점을 Q라 하자. $\overline{F'Q}:\overline{FQ}=1:(2+\sqrt{3})$일 때, a^2+b^2의 값은? (단, 점 F의 x좌표는 양수이다.)

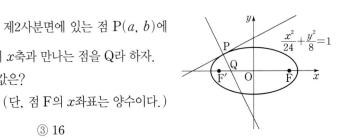

① 8   ② 12   ③ 16

④ 20   ⑤ 24

[24012-0044]

1 두 초점이 F(6, 0), F′(−6, 0)인 타원과 중심이 F′이고 점 F를 지나는 원이 제1사분면에서 만나는 점을 P라 할 때, $\cos(\angle PFF') = \dfrac{1}{6}$이다. 직선 PF가 타원과 만나는 점 중 P가 아닌 점을 Q라 할 때, $\overline{PQ} = \dfrac{q}{p}$이다. $p+q$의 값을 구하시오. (단, p와 q는 서로소인 자연수이다.)

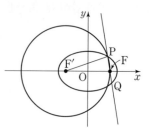

[24012-0045]

2 두 초점이 F, F′인 타원 $\dfrac{x^2}{5} + y^2 = 1$ 위에 y좌표가 0 또는 양수인 점 P가 $\cos(\angle F'PF) \le 0$을 만족시킨다. 직선 FP의 기울기가 최소가 되는 점 P를 A, 직선 FP의 기울기가 최대가 되는 점 P를 B라 할 때, $\cos(\angle AOB)$의 값은? (단, O는 원점이고, 점 F의 x좌표는 양수이다.)

① $-\dfrac{7}{8}$ 　　 ② $-\dfrac{5}{8}$ 　　 ③ $-\dfrac{3}{8}$ 　　 ④ $-\dfrac{1}{8}$ 　　 ⑤ $\dfrac{1}{8}$

[24012-0046]

3 그림과 같이 두 초점이 F, F′인 타원 E_1: $\dfrac{x^2}{16} + \dfrac{y^2}{12} = 1$과 점 A(4, 0)을 한 초점으로 하고 중심이 제1사분면에 있는 타원 E_2가 제1사분면에서 만나는 점을 P라 하자. 직선 PF′이 직선 $x=4$와 만나는 점을 B라 할 때, 두 점 P, B가 다음 조건을 만족시킨다.

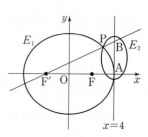

(가) $\overline{PA} + \overline{PF'} = 8$
(나) 점 B는 타원 E_2의 한 초점이다.

타원 E_2의 장축의 길이는? (단, 점 F의 x좌표는 양수이다.)

① $\dfrac{33}{10}$ 　　 ② $\dfrac{17}{5}$ 　　 ③ $\dfrac{7}{2}$ 　　 ④ $\dfrac{18}{5}$ 　　 ⑤ $\dfrac{37}{10}$

출제경향 타원의 정의를 이용하여 주어진 도형의 둘레의 길이, 넓이 또는 점의 좌표 등을 구하는 문제가 출제된다. 또한 타원의 접선의 방정식을 구하거나 원, 포물선, 쌍곡선 등과 연관된 문제가 출제된다.

2022학년도 수능

두 초점이 F, F′인 타원 $\dfrac{x^2}{64}+\dfrac{y^2}{16}=1$ 위의 점 중 제1사분면에 있는 점 A가 있다. 두 직선 AF, AF′에 동시에 접하고 중심이 y축 위에 있는 원 중 중심의 y좌표가 음수인 것을 C라 하자. 원 C의 중심을 B라 할 때 사각형 AFBF′의 넓이가 72이다. 원 C의 반지름의 길이는? [3점]

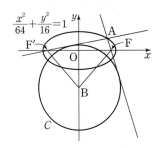

① $\dfrac{17}{2}$ ② 9   ③ $\dfrac{19}{2}$

④ 10   ⑤ $\dfrac{21}{2}$

출제 의도 타원의 정의를 이용하여 조건을 만족시키는 원의 반지름의 길이를 구할 수 있는지를 묻는 문제이다.

풀이 $\overline{AF}=p$, $\overline{AF'}=q$라 하면 타원의 정의에 의하여

$$p+q=2\times 8=16$$

그림과 같이 원 C가 두 직선 AF, AF′과 접하는 두 점을 각각 P, Q라 하고, 원 C의 반지름의 길이를 r이라 하면

$$\overline{BP}=\overline{BQ}=r$$

사각형 AFBF′을 삼각형 ABF와 삼각형 ABF′으로 나누어 생각하면 사각형 AFBF′의 넓이는 삼각형 ABF와 삼각형 ABF′의 넓이의 합이므로

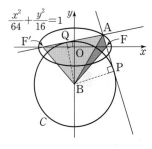

$$\frac{1}{2}\times p\times r+\frac{1}{2}\times q\times r=72,\ \frac{r}{2}(p+q)=72$$

따라서

$$r=72\times\frac{2}{p+q}=72\times\frac{2}{16}=9$$

답 ②

03 쌍곡선

1. 쌍곡선의 뜻

(1) 평면 위의 서로 다른 두 점 F, F'으로부터의 거리의 차가 일정한 점들의 집합을 쌍곡선이라 한다.

(2) 두 점 F, F'을 쌍곡선의 초점이라 한다. 두 초점을 잇는 직선이 쌍곡선과 만나는 점을 각각 A, A'이라 할 때, 두 점 A, A'을 쌍곡선의 꼭짓점, 선분 AA'을 쌍곡선의 주축이라 하고, 주축의 중점을 쌍곡선의 중심이라 한다.

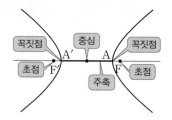

2. 쌍곡선의 방정식

(1) 두 초점 $F(c, 0)$, $F'(-c, 0)$으로부터의 거리의 차가 $2a$인 쌍곡선의 방정식은

$$\frac{x^2}{a^2} - \frac{y^2}{b^2} = 1 \ (\text{단}, \ c > a > 0, \ b^2 = c^2 - a^2)$$

① 초점의 좌표: $(\sqrt{a^2+b^2}, 0)$, $(-\sqrt{a^2+b^2}, 0)$

② 꼭짓점의 좌표: $(a, 0)$, $(-a, 0)$

③ 주축의 길이: $2a$

④ 중심의 좌표: $(0, 0)$

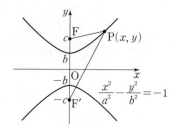

(2) 두 초점 $F(0, c)$, $F'(0, -c)$로부터의 거리의 차가 $2b$인 쌍곡선의 방정식은

$$\frac{x^2}{a^2} - \frac{y^2}{b^2} = -1 \ (\text{단}, \ c > b > 0, \ a^2 = c^2 - b^2)$$

① 초점의 좌표: $(0, \sqrt{a^2+b^2})$, $(0, -\sqrt{a^2+b^2})$

② 꼭짓점의 좌표: $(0, b)$, $(0, -b)$

③ 주축의 길이: $2b$

④ 중심의 좌표: $(0, 0)$

> **설명** 두 점 $F(c, 0)$, $F'(-c, 0)$으로부터의 거리의 차가 $2a$ $(c > a > 0)$인 쌍곡선의 방정식을 구해 보자.
>
> 쌍곡선 위의 임의의 점을 $P(x, y)$라 하면
> $$\overline{PF} = \sqrt{(x-c)^2 + y^2}, \ \overline{PF'} = \sqrt{(x+c)^2 + y^2}$$
> 쌍곡선의 정의에 의하여 $|\overline{PF'} - \overline{PF}| = 2a$이므로
> $$|\sqrt{(x+c)^2 + y^2} - \sqrt{(x-c)^2 + y^2}| = 2a$$
> $$\sqrt{(x+c)^2 + y^2} - \sqrt{(x-c)^2 + y^2} = \pm 2a$$
> $$\sqrt{(x+c)^2 + y^2} = \sqrt{(x-c)^2 + y^2} \pm 2a$$
> 이 식의 양변을 제곱하여 정리하면 $cx - a^2 = \pm a\sqrt{(x-c)^2 + y^2}$
> 다시 양변을 제곱하여 정리하면 $(c^2 - a^2)x^2 - a^2 y^2 = a^2(c^2 - a^2)$
> $c > a > 0$이므로 $c^2 - a^2 = b^2$이라 하면 $b^2 x^2 - a^2 y^2 = a^2 b^2$
> 이 식의 양변을 $a^2 b^2$으로 나누면 $\frac{x^2}{a^2} - \frac{y^2}{b^2} = 1$

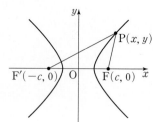

쌍곡선의 방정식

그림과 같이 세 양수 a, b, c에 대하여 두 점 $F(c, 0)$, $F'(-c, 0)$을 초점으로 하는 쌍곡선 $\dfrac{x^2}{a^2}-\dfrac{y^2}{b^2}=1$에서 점 F를 지나고 x축에 수직인 직선이 쌍곡선과 만나는 두 점을 각각 A, B라 하고, 점 F'을 지나고 x축에 수직인 직선이 쌍곡선과 만나는 두 점을 각각 C, D라 하자. 사각형 ACDB의 넓이가 30이고 직선 CF의 기울기가 $-\dfrac{5}{12}$일 때, a^2-b^2의 값은? (단, 두 점 A, C의 y좌표는 양수이다.)

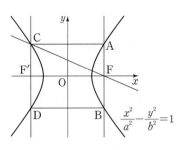

① -2 ② -1 ③ 0 ④ 1 ⑤ 2

길잡이 직선 CF의 기울기를 이용하여 삼각형 CF'F의 세 변의 길이를 구한다.

풀이 직선 CF의 기울기가 $-\dfrac{5}{12}$이므로 삼각형 CF'F에서 양수 k에 대하여 $\overline{F'F}=12k$, $\overline{CF'}=5k$라 하자.

$\angle CF'F=\dfrac{\pi}{2}$이므로 $\overline{CF}=\sqrt{\overline{F'F}^2+\overline{CF'}^2}=13k$

이때 사각형 ACDB의 넓이가 30이므로 사각형 ACF'F의 넓이는 15이다.

$$12k\times5k=15$$

즉, $k^2=\dfrac{1}{4}$에서 $k=\dfrac{1}{2}$이므로

$$\overline{F'F}=6, \ \overline{CF'}=\dfrac{5}{2}, \ \overline{CF}=\dfrac{13}{2}$$

쌍곡선의 정의에 의하여

$$\overline{CF}-\overline{CF'}=2a, \ 4=2a, \ a=2$$

또 $\overline{F'F}=6$에서 $c=3$이므로

$$4+b^2=9, \ b^2=5$$

따라서 $a^2-b^2=4-5=-1$

답 ②

유제

정답과 풀이 19쪽

1

[24012-0047]

주축의 길이가 6이고 두 초점이 F, F'인 쌍곡선 위의 점 P가 $2(\overline{PF}-\overline{PF'})=\overline{PF}+\overline{PF'}$을 만족시킨다. $\overline{PF}\times\overline{PF'}$의 값을 구하시오. (단, $\overline{PF'}<\overline{PF}$)

2

[24012-0048]

두 점 F, F'을 초점으로 하는 쌍곡선 $\dfrac{x^2}{12}-\dfrac{y^2}{4}=-1$ 위의 점 P가 $\overline{PF}=3$을 만족시킨다. 삼각형 PFF'의 둘레의 길이는?

① 16   ② 18   ③ 20   ④ 22   ⑤ 24

3. 쌍곡선의 점근선

곡선 위의 점이 어떤 직선에 한없이 가까워질 때, 이 직선을 그 곡선의 점근선이라 한다.

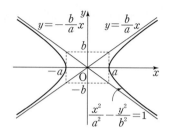

(1) 쌍곡선 $\dfrac{x^2}{a^2}-\dfrac{y^2}{b^2}=1$의 점근선의 방정식은 $y=\dfrac{b}{a}x,\ y=-\dfrac{b}{a}x$

(2) 쌍곡선 $\dfrac{x^2}{a^2}-\dfrac{y^2}{b^2}=-1$의 점근선의 방정식은 $y=\dfrac{b}{a}x,\ y=-\dfrac{b}{a}x$

4. 쌍곡선의 평행이동

쌍곡선 $\dfrac{x^2}{a^2}-\dfrac{y^2}{b^2}=1$을 x축의 방향으로 m만큼, y축의 방향으로 n만큼 평행이동한 쌍곡선의 방정식은

$$\dfrac{(x-m)^2}{a^2}-\dfrac{(y-n)^2}{b^2}=1$$

이다. 이때 두 쌍곡선 $\dfrac{x^2}{a^2}-\dfrac{y^2}{b^2}=1,\ \dfrac{(x-m)^2}{a^2}-\dfrac{(y-n)^2}{b^2}=1$의 초점의 좌표, 꼭짓점의 좌표, 중심의 좌표와 점근선의 방정식은 다음과 같다.

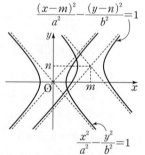

방정식	$\dfrac{x^2}{a^2}-\dfrac{y^2}{b^2}=1$	$\dfrac{(x-m)^2}{a^2}-\dfrac{(y-n)^2}{b^2}=1$
초점의 좌표	$(\sqrt{a^2+b^2},\,0),\ (-\sqrt{a^2+b^2},\,0)$	$(\sqrt{a^2+b^2}+m,\,n),\ (-\sqrt{a^2+b^2}+m,\,n)$
꼭짓점의 좌표	$(a,\,0),\ (-a,\,0)$	$(a+m,\,n),\ (-a+m,\,n)$
중심의 좌표	$(0,\,0)$	$(m,\,n)$
점근선의 방정식	$y=\dfrac{b}{a}x,\ y=-\dfrac{b}{a}x$	$y-n=\dfrac{b}{a}(x-m),\ y-n=-\dfrac{b}{a}(x-m)$

참고 (1) 쌍곡선 $\dfrac{(x-m)^2}{a^2}-\dfrac{(y-n)^2}{b^2}=-1$의 초점, 꼭짓점, 중심의 좌표와 점근선의 방정식도 평행이동을 이용하여 구할 수 있다.

(2) 쌍곡선을 평행이동하여도 그 모양과 크기는 변하지 않으므로 주축의 길이는 변하지 않는다. 즉, 쌍곡선 $\dfrac{(x-m)^2}{a^2}-\dfrac{(y-n)^2}{b^2}=1$의 주축의 길이는 $2a$이고, 쌍곡선 $\dfrac{(x-m)^2}{a^2}-\dfrac{(y-n)^2}{b^2}=-1$의 주축의 길이는 $2b$이다.

5. 쌍곡선과 직선의 위치 관계

쌍곡선과 직선의 방정식을 각각 $\dfrac{x^2}{a^2}-\dfrac{y^2}{b^2}=1,\ y=mx+n$이라 할 때, $y=mx+n$을 $\dfrac{x^2}{a^2}-\dfrac{y^2}{b^2}=1$에 대입하여 정

리하면 $(a^2m^2-b^2)x^2+2a^2mnx+a^2(n^2+b^2)=0$ ...... ㉠

따라서 $a^2m^2-b^2\neq0$일 때, x에 대한 이차방정식 ㉠의 판별식을 D라 하면 쌍곡선과 직선의 위치 관계는 다음과 같다.

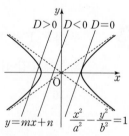

(1) $D>0 \iff$ 서로 다른 두 점에서 만난다.

(2) $D=0 \iff$ 한 점에서 만난다. (접한다.)

(3) $D<0 \iff$ 만나지 않는다.

세 양수 a, b, c에 대하여 두 초점이 $F(c, 0)$, $F'(-c, 0)$인 쌍곡선 $\dfrac{x^2}{a^2} - \dfrac{y^2}{b^2} = 1$의 한 점근선의 방정식이 $3x + 4y = 0$이다. 점 F와 기울기가 양수인 점근선 사이의 거리가 6일 때, $a + b$의 값은?

① 12   ② 14   ③ 16   ④ 18   ⑤ 20

길잡이 쌍곡선 $\dfrac{x^2}{a^2} - \dfrac{y^2}{b^2} = 1$ $(a > 0, b > 0)$의 두 점근선의 방정식이 $y = \dfrac{b}{a}x$, $y = -\dfrac{b}{a}x$임을 이용한다.

풀이 쌍곡선 $\dfrac{x^2}{a^2} - \dfrac{y^2}{b^2} = 1$의 점근선의 방정식이 $y = \dfrac{b}{a}x$, $y = -\dfrac{b}{a}x$이고,

이 중에서 한 점근선의 방정식이 $y = -\dfrac{3}{4}x$이므로

$$\frac{b}{a} = \frac{3}{4}, \quad a = \frac{4}{3}b$$

또 기울기가 양수인 점근선의 방정식은 $y = \dfrac{3}{4}x$, 즉 $3x - 4y = 0$

점 $F(c, 0)$과 직선 $3x - 4y = 0$ 사이의 거리가 6이므로

$$\frac{|3c|}{\sqrt{3^2 + (-4)^2}} = 6, \quad c = 10$$

$a^2 + b^2 = 100$에 $a = \dfrac{4}{3}b$를 대입하면

$$\frac{25}{9}b^2 = 100, \quad b^2 = 36$$

$b > 0$이므로 $b = 6$이고, $a = \dfrac{4}{3} \times 6 = 8$

따라서 $a + b = 8 + 6 = 14$

답 ②

유제

정답과 풀이 19쪽

3
[24012-0049]

쌍곡선 $\dfrac{x^2}{a^2} - \dfrac{y^2}{b^2} = 1$의 주축의 길이가 $2\sqrt{2}$이고 두 초점 사이의 거리가 $4\sqrt{2}$이다. 이 쌍곡선의 두 점근선이 x축의 양의 방향과 이루는 각의 크기를 각각 θ_1, θ_2라 할 때, $\tan\theta_1 \times \tan\theta_2$의 값은?

(단, $a > 0$, $b > 0$)

① -3 ② $-\dfrac{5}{2}$ ③ -2 ④ $-\dfrac{3}{2}$ ⑤ -1

4
[24012-0050]

두 상수 a, b에 대하여 쌍곡선 $\dfrac{(x-a)^2}{b^2} - \dfrac{(y+3)^2}{4} = -1$의 두 초점의 좌표가 $(2, 1)$, $(2, -7)$이다. 이 쌍곡선의 기울기가 양수인 점근선의 x절편은?

① $1 + \sqrt{3}$ ② $2 + \sqrt{3}$ ③ $1 + 2\sqrt{3}$ ④ $2 + 2\sqrt{3}$ ⑤ $2 + 3\sqrt{3}$

6. 쌍곡선의 접선

(1) 기울기가 주어진 쌍곡선의 접선의 방정식

① 쌍곡선 $\dfrac{x^2}{a^2}-\dfrac{y^2}{b^2}=1$에 접하고 기울기가 m인 직선의 방정식은

$$y=mx\pm\sqrt{a^2m^2-b^2}\ (단,\ a^2m^2-b^2>0)$$

② 쌍곡선 $\dfrac{x^2}{a^2}-\dfrac{y^2}{b^2}=-1$에 접하고 기울기가 m인 직선의 방정식은

$$y=mx\pm\sqrt{b^2-a^2m^2}\ (단,\ b^2-a^2m^2>0)$$

설명 쌍곡선 $\dfrac{x^2}{a^2}-\dfrac{y^2}{b^2}=1$에 접하고 기울기가 m인 직선의 방정식을 구해 보자.

구하는 접선의 방정식을 $y=mx+n$이라 하고, 쌍곡선의 방정식 $\dfrac{x^2}{a^2}-\dfrac{y^2}{b^2}=1$에 대입하여 정리하면

$$(a^2m^2-b^2)x^2+2a^2mnx+a^2(n^2+b^2)=0$$

위의 x에 대한 이차방정식의 판별식을 D라 하면

$$D=4a^2b^2(-a^2m^2+n^2+b^2)=0$$

이때 $a\ne0$, $b\ne0$이므로 $n^2=a^2m^2-b^2$에서 $a^2m^2-b^2>0$이면 $n=\pm\sqrt{a^2m^2-b^2}$

따라서 구하는 접선의 방정식은 $y=mx\pm\sqrt{a^2m^2-b^2}$

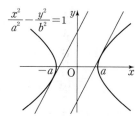

(2) 쌍곡선 위의 점에서의 접선의 방정식

① 쌍곡선 $\dfrac{x^2}{a^2}-\dfrac{y^2}{b^2}=1$ 위의 점 $(x_1,\ y_1)$에서의 접선의 방정식은 $\dfrac{x_1x}{a^2}-\dfrac{y_1y}{b^2}=1$

② 쌍곡선 $\dfrac{x^2}{a^2}-\dfrac{y^2}{b^2}=-1$ 위의 점 $(x_1,\ y_1)$에서의 접선의 방정식은 $\dfrac{x_1x}{a^2}-\dfrac{y_1y}{b^2}=-1$

설명 쌍곡선 $\dfrac{x^2}{a^2}-\dfrac{y^2}{b^2}=1$ 위의 점 $\mathrm{P}(x_1,\ y_1)$에서의 접선의 방정식을 구해 보자.

$y_1\ne0$일 때 접선의 기울기를 $m\ (m\ne0)$이라 하면 직선의 방정식은

$$y-y_1=m(x-x_1) \qquad\qquad \cdots\cdots\ \unicode{x1D4F}$$

또 쌍곡선 $\dfrac{x^2}{a^2}-\dfrac{y^2}{b^2}=1$에 접하고 기울기가 m인 직선의 방정식은

$$y=mx\pm\sqrt{a^2m^2-b^2} \qquad\qquad \cdots\cdots\ \unicode{x1D4F1}$$

ⓛ의 2개의 직선 중 하나가 ⓖ과 같은 직선이므로 y절편의 제곱이 같다.

즉, $(-mx_1+y_1)^2=a^2m^2-b^2$에서 $(x_1^2-a^2)m^2-2x_1y_1m+(y_1^2+b^2)=0 \qquad \cdots\cdots\ \unicode{x1D4F2}$

$\dfrac{x_1^2}{a^2}-\dfrac{y_1^2}{b^2}=1$에서 $x_1^2-a^2=\dfrac{a^2y_1^2}{b^2}$, $y_1^2+b^2=\dfrac{b^2x_1^2}{a^2}$이므로 이를 ⓒ에 대입하여 정리하면

$$\left(\dfrac{a}{b}y_1m-\dfrac{b}{a}x_1\right)^2=0,\ 즉\ m=\dfrac{b^2x_1}{a^2y_1}$$

이를 ⓖ에 대입하고 $\dfrac{x_1^2}{a^2}-\dfrac{y_1^2}{b^2}=1$임을 이용하여 이 직선의 방정식을 정리하면

$$\dfrac{x_1x}{a^2}-\dfrac{y_1y}{b^2}=1 \qquad\qquad \cdots\cdots\ \unicode{x1D4F3}$$

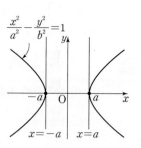

한편, $y_1=0$일 때 $x_1=a$, $x_1=-a$이므로 이를 ⓔ에 대입하면 접선의 방정식은 각각 $x=a$, $x=-a$이고, 그림과 같이 쌍곡선 위의 두 점 $(a,\ 0)$, $(-a,\ 0)$에서의 접선이 각각 직선 $x=a$, $x=-a$이므로 $y_1=0$일 때에도 ⓔ은 성립한다.

두 꼭짓점이 A, B인 쌍곡선 $\dfrac{x^2}{a^2} - \dfrac{y^2}{b^2} = 1$ 위의 점 $(6, 4)$에서의 접선이 선분 AB를 $2 : 1$로 내분하는 점을 지날 때, 이 쌍곡선의 두 초점 사이의 거리는? (단, $a > 0$, $b > 0$이고, 점 A의 x좌표는 음수이다.)

① $2\sqrt{3}$ ② 4 ③ $2\sqrt{5}$ ④ $2\sqrt{6}$ ⑤ $2\sqrt{7}$

길잡이 쌍곡선 $\dfrac{x^2}{a^2} - \dfrac{y^2}{b^2} = 1$ 위의 점 (x_1, y_1)에서의 접선의 방정식은 $\dfrac{x_1 x}{a^2} - \dfrac{y_1 y}{b^2} = 1$임을 이용한다.

풀이 두 점 A, B가 쌍곡선 $\dfrac{x^2}{a^2} - \dfrac{y^2}{b^2} = 1$의 두 꼭짓점이므로 두 점 A, B의 좌표는 각각 $(-a, 0)$, $(a, 0)$이다.

쌍곡선 $\dfrac{x^2}{a^2} - \dfrac{y^2}{b^2} = 1$ 위의 점 $(6, 4)$에서의 접선의 방정식이 $\dfrac{6x}{a^2} - \dfrac{4y}{b^2} = 1$이고

선분 AB를 $2 : 1$로 내분하는 점의 좌표가 $\left(\dfrac{a}{3}, 0 \right)$이므로

$$\dfrac{6 \times \dfrac{a}{3}}{a^2} = 1$$

$$a = 2$$

한편, 점 $(6, 4)$가 쌍곡선 $\dfrac{x^2}{4} - \dfrac{y^2}{b^2} = 1$ 위의 점이므로 $\dfrac{36}{4} - \dfrac{16}{b^2} = 1$에서 $b^2 = 2$

따라서 쌍곡선 $\dfrac{x^2}{4} - \dfrac{y^2}{2} = 1$의 두 초점의 좌표를 $(c, 0)$, $(-c, 0)$ $(c > 0)$이라 하면 $c^2 = 4 + 2 = 6$에서 $c = \sqrt{6}$이므로 두 초점 사이의 거리는 $2\sqrt{6}$이다.

답 ④

유제

정답과 풀이 **19**쪽

5
[24012–0051]

두 점 $A(-1, -1)$, $B(7, 7)$과 쌍곡선 $\dfrac{x^2}{a^2} - \dfrac{y^2}{b^2} = 1$ 위의 점 P에 대하여 삼각형 PAB의 넓이의 최솟값이 8일 때, $a^2 - b^2$의 값은? (단, $a > b > 0$)

① 2 ② 3 ③ 4 ④ 5 ⑤ 6

6
[24012–0052]

그림과 같이 점 $A(1, 0)$에서 쌍곡선 $3x^2 - 2y^2 + 6 = 0$에 그은 두 접선의 접점을 각각 B, C라 할 때, 두 접선은 각각 점 B와 점 C에서 원 $(x+a)^2 + y^2 = r^2$에 모두 접한다. 두 양수 a, r에 대하여 $a + r^2$의 값을 구하시오.

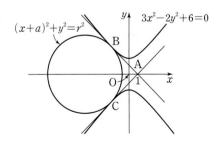

[24012–0053]

1 그림과 같이 두 초점이 F, F′인 쌍곡선 위의 제1사분면에 점 P가 있다. 원점 O를 지나고 직선 PF에 평행한 직선이 선분 PF′과 만나는 점을 Q라 할 때, $\overline{OQ}=1$, $\overline{QF'}=5$이다. 이 쌍곡선의 주축의 길이는? (단, 두 초점 F, F′은 모두 x축 위에 있고, $\overline{PF}<\overline{PF'}$이다.)

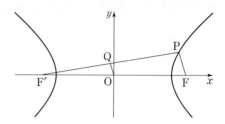

① 4 ② 6 ③ 8

④ 10 ⑤ 12

[24012–0054]

2 그림과 같이 두 점 F, F′을 초점으로 하는 쌍곡선 $\dfrac{x^2}{9}-\dfrac{y^2}{16}=1$과 선분 FF′을 지름으로 하는 원이 제2사분면에서 만나는 점을 P라 하자. 삼각형 PF′F의 넓이는? (단, $\overline{PF'}<\overline{PF}$)

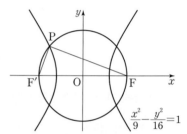

① 16 ② 18 ③ 20

④ 22 ⑤ 24

[24012–0055]

3 그림과 같이 두 점 F, F′을 초점으로 하는 쌍곡선 $\dfrac{x^2}{24}-y^2=-1$ 위의 제1사분면에 있는 점 P에 대하여 직선 PF와 직선 PF′은 서로 수직이다. 직선 OP의 기울기는? (단, O는 원점이고, $\overline{PF}<\overline{PF'}$이다.)

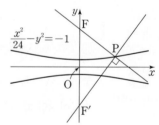

① $\dfrac{1}{4}$ ② $\dfrac{7}{24}$ ③ $\dfrac{1}{3}$

④ $\dfrac{3}{8}$ ⑤ $\dfrac{5}{12}$

[24012–0056]

4 두 점 F$(c, 0)$, F′$(-c, 0)$ $(c>0)$을 초점으로 하는 쌍곡선 $x^2-\dfrac{y^2}{15}=1$ 위의 제3사분면에 있는 점 P에 대하여 점 P에서 x축에 내린 수선의 발을 H라 할 때, $\overline{FH}=3\overline{F'H}$이고, $\overline{FH}<\overline{FF'}$이 성립한다. 삼각형 PFO의 둘레의 길이를 구하시오. (단, O는 원점이다.)

5 [24012–0057]

한 초점이 F인 쌍곡선 $\dfrac{x^2}{3} - \dfrac{y^2}{k^2} = -1$의 점근선 중 기울기가 양수인 직선을 l이라 할 때, 직선 l에 수직이고 원점을 지나는 직선과 점 F 사이의 거리는 2이다. 이 쌍곡선의 주축의 길이는? (단, $k>0$)

① $2\sqrt{2}$ ② $\sqrt{10}$ ③ $2\sqrt{3}$ ④ $\sqrt{14}$ ⑤ 4

6 [24012–0058]

쌍곡선 $x^2 - 8x - 4y^2 + 24y - 36 = 0$의 두 점근선과 x축으로 둘러싸인 도형의 넓이는?

① 12 ② 15 ③ 18 ④ 21 ⑤ 24

7 [24012–0059]

두 양수 a, b에 대하여 쌍곡선 $\dfrac{x^2}{a^2} - \dfrac{y^2}{b^2} = 1$ 위의 점 $(3, 2)$에서의 접선의 기울기가 $\dfrac{3}{2}$일 때, $a^2 + b^2$의 값은?

① 6 ② 8 ③ 10 ④ 12 ⑤ 14

8 [24012–0060]

점 $P(2, 1)$에서 쌍곡선 $2x^2 - y^2 = -1$에 그은 두 접선의 접점을 각각 A, B라 할 때, 삼각형 PAB의 넓이는?

① 2 ② $\dfrac{16}{7}$ ③ $\dfrac{18}{7}$ ④ $\dfrac{20}{7}$ ⑤ $\dfrac{22}{7}$

[24012-0061]

1 세 양수 a, b, c에 대하여 두 점 $F(2, 0)$, $F'(-2, 0)$을 초점으로 하는 쌍곡선 $\dfrac{x^2}{a^2}-\dfrac{y^2}{b^2}=1$과 점 F를 초점으로 하는 포물선 $y^2=cx$가 제1사분면에 있는 점 P에서 만난다. 삼각형 PF'F의 넓이가 $4\sqrt{6}$일 때, a^2-b^2+c의 값은?

① 6   ② 7   ③ 8   ④ 9   ⑤ 10

[24012-0062]

2 두 점 $F(3, 0)$, $F'(-3, 0)$을 초점으로 하는 쌍곡선 $\dfrac{x^2}{a^2}-\dfrac{y^2}{b^2}=1$ 위의 제2사분면에 점 P가 있다. 점 $A(2, 12)$에 대하여 $\overline{AP}+\overline{PF}$의 최솟값이 17일 때, $a^2\times b^2$의 값은? (단, $a>0$, $b>0$)

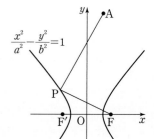

① 18   ② 20   ③ 22

④ 24   ⑤ 26

[24012-0063]

3 쌍곡선 $\dfrac{x^2}{k^2}-y^2=1$의 점근선 중 기울기가 양수인 직선을 l이라 하고, 직선 l에 수직이고 이 쌍곡선에 접하는 직선 중 y절편이 양수인 직선을 m이라 하자. 두 직선 l, m과 y축으로 둘러싸인 도형의 넓이가 12일 때, 실수 k의 값은? (단, $k>1$)

① 2   ② $\dfrac{5}{2}$ ③ 3   ④ $\dfrac{7}{2}$ ⑤ 4

[24012-0064]

4 그림과 같이 주축의 길이가 4인 쌍곡선 $\dfrac{x^2}{a^2}-\dfrac{y^2}{b^2}=1\ (a>0,\ b>0)$의 두 초점 F, F′과 쌍곡선 위의 제1사분면에 있는 점 P에 대하여 $\overline{PF'}=2\overline{PF}$, $\overline{FF'}=6$ 이다. ∠F′PF의 이등분선이 x축과 만나는 점을 Q라 할 때, $\dfrac{\overline{PQ}}{a^2-b^2}$의 값은?

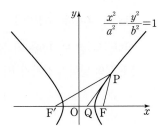

① $-2\sqrt{6}$　　　　② -5　　　　③ $-\sqrt{26}$

④ $-3\sqrt{3}$　　　　⑤ $-2\sqrt{7}$

[24012-0065]

5 그림과 같이 두 점 F, F′을 초점으로 하는 쌍곡선 $\dfrac{x^2}{a^2}-\dfrac{y^2}{b^2}=1\ (a>0,\ b>0)$ 위의 점 P$(6,\ 2)$에서의 접선 l이 있다. 두 점 O$(0,\ 0)$, Q$(-6,\ 2)$를 지나는 직선이 직선 l과 점 R에서 만날 때, 선분 PQ를 지름으로 하는 원이 점 R을 지난다. 사각형 PQF′F의 넓이를 구하시오. (단, 점 F의 x좌표는 양수이다.)

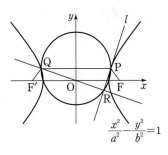

[24012-0066]

6 두 초점이 F, F′인 쌍곡선 $\dfrac{x^2}{a^2}-\dfrac{y^2}{b^2}=1$ 위의 점 P$(2,\ 1)$이 $\overline{PF'}\times\overline{PF}=4$를 만족시킨다. 점 P에서의 접선 l과 두 초점 F, F′ 사이의 거리를 각각 d_1, d_2라 할 때, $d_1\times d_2$의 값은? (단, $a>0$, $b>0$이고, $\overline{PF}<\overline{PF'}$이다.)

① $\dfrac{1}{4}$　　　　② $\dfrac{1}{2}$　　　　③ 1　　　　④ 2　　　　⑤ 4

1 [24012-0067]

그림과 같이 두 초점이 F, F′인 쌍곡선 $\dfrac{x^2}{9}-\dfrac{y^2}{7}=1$ 위의 제1사분면에 점 P가

있다. 두 점 P, F′을 지나는 직선 위의 점 Q에 대하여 $\overline{PF}=\overline{PQ}$이고 삼각형

PF′F의 넓이가 삼각형 PFQ의 넓이의 4배일 때, 선분 QF의 길이는?

(단, 점 F의 x좌표는 양수이고, $\overline{PF'}<\overline{QF'}$이다.)

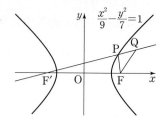

① $\sqrt{3}$　　　　② $\sqrt{6}$　　　　③ 3

④ $2\sqrt{3}$　　　　⑤ $\sqrt{15}$

2 [24012-0068]

그림과 같이 두 점 F(4, −2), F′(−8, −2)를 초점으로 하는 쌍곡선

$\dfrac{(x+p)^2}{a^2}-\dfrac{(y+q)^2}{b^2}=1$ ($a>0$, $b>0$)의 점근선 중 기울기가 양수인 직선을 l,

기울기가 음수인 직선을 m이라 하고, 선분 FF′을 지름으로 하는 원이 직선 l과

만나는 두 점을 각각 A, B, 직선 m과 만나는 두 점을 각각 C, D라 하자.

$\cos(\angle \text{AFD})=-\dfrac{2}{3}$일 때, $\dfrac{a^2-b^2}{p+q}$의 값은?

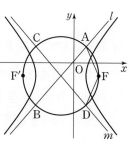

(단, 두 점 A, C의 y좌표는 −2보다 크고, p와 q는 상수이다.)

① -1　　　② $-\dfrac{1}{2}$　　　③ 0　　　④ $\dfrac{1}{2}$　　　⑤ 1

3 [24012-0069]

쌍곡선 $\dfrac{x^2}{4}-y^2=1$의 점근선 중 기울기가 양수인 직선을 l이라 하자. 두 점근선이 서로 수직인 쌍곡선

$\dfrac{x^2}{a^2}-\dfrac{y^2}{b^2}=1$ 위의 서로 다른 두 점 A, B에서의 접선은 서로 평행하고 직선 l에 모두 수직이다. 점 $P(\sqrt{3}, \sqrt{3})$

에 대하여 삼각형 PAB의 넓이가 12일 때, a^2+b^2의 값을 구하시오.

(단, 점 A의 x좌표가 점 B의 x좌표보다 작고, a, b는 양수이다.)

대표 기출 문제

출제경향 쌍곡선의 정의, 점근선 등을 이용하여 쌍곡선의 방정식, 도형의 둘레의 길이와 넓이, 각의 크기, 점의 좌표 등을 구하거나 쌍곡선의 접선의 방정식을 구하는 문제가 다양한 도형 및 포물선, 타원과 같은 이차곡선과 연관되어 출제된다.

2023학년도 수능

두 초점이 $F(c, 0)$, $F'(-c, 0)$ $(c>0)$인 쌍곡선 C와 y축 위의 점 A가 있다. 쌍곡선 C가 선분 AF와 만나는 점을 P, 선분 AF'과 만나는 점을 P'이라 하자. 직선 AF는 쌍곡선 C의 한 점근선과 평행하고

$$\overline{AP} : \overline{PP'} = 5 : 6, \quad \overline{PF} = 1$$

일 때, 쌍곡선 C의 주축의 길이는? [4점]

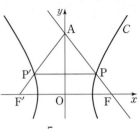

① $\dfrac{13}{6}$ ② $\dfrac{9}{4}$ ③ $\dfrac{7}{3}$ ④ $\dfrac{29}{12}$ ⑤ $\dfrac{5}{2}$

출제 의도 > 쌍곡선의 점근선의 방정식을 이용하여 쌍곡선의 주축의 길이를 구할 수 있는지를 묻는 문제이다.

풀이   그림과 같이 점 P에서 x축에 내린 수선의 발을 H, 선분 PP'이 y축과 만나는 점을 M이라 하자.

$\overline{AP} : \overline{MP} = 5 : 3$이고, 직각삼각형 AMP에서 $\dfrac{\overline{AM}}{\overline{MP}} = \dfrac{4}{3}$이므로

직선 AF의 기울기는 $-\dfrac{4}{3}$이고 직선 AF'의 기울기는 $\dfrac{4}{3}$이다.

즉, 쌍곡선 C의 두 점근선의 기울기는 $\dfrac{4}{3}$, $-\dfrac{4}{3}$이다.

쌍곡선 C의 방정식을 $\dfrac{x^2}{a^2} - \dfrac{y^2}{b^2} = 1$ $(a>0, b>0)$이라 하면 $\dfrac{b}{a} = \dfrac{4}{3}$이므로

$a = 3k$, $b = 4k$ $(k>0)$이라 하면 쌍곡선 C의 방정식은

$$\dfrac{x^2}{9k^2} - \dfrac{y^2}{16k^2} = 1 \quad \cdots\cdots \text{㉠}$$

이때 점 F의 x좌표는 $\sqrt{9k^2 + 16k^2} = 5k$

두 직각삼각형 AMP와 PHF는 서로 닮음이고 직각삼각형 PHF에서 $\overline{PF} = 1$이므로

$$\overline{HF} = \dfrac{3}{5}, \quad \overline{PH} = \dfrac{4}{5}$$

즉, 점 P의 좌표는 $\left(5k - \dfrac{3}{5}, \dfrac{4}{5}\right)$이고, 이 점이 쌍곡선 C 위에 있으므로 ㉠에 대입하여 정리하면

$$2k(8k-3) = 0$$

$k>0$이므로 $k = \dfrac{3}{8}$

따라서 구하는 쌍곡선 C의 주축의 길이는

$$2a = 2 \times 3k = 6 \times \dfrac{3}{8} = \dfrac{9}{4}$$

답 ②

04 벡터의 연산

1. 벡터의 뜻

물체의 속도, 물체에 작용하는 힘과 같이 크기와 방향을 모두 가지는 양을 벡터라 하고, 특히 평면 위에서의 벡터를 평면벡터라 한다.

방향이 점 A에서 점 B로 향하고 크기가 선분 AB의 길이인 벡터를 벡터 AB라 하고, 기호로

$$\overrightarrow{AB}$$

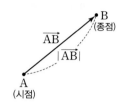

와 같이 나타낸다. 이때 점 A와 점 B를 각각 벡터 $\overrightarrow{AB}$의 시점과 종점이라 한다.

또 벡터 $\overrightarrow{AB}$의 크기를 기호로

$$|\overrightarrow{AB}|$$

와 같이 나타낸다. 즉, $|\overrightarrow{AB}| = \overline{AB}$이다.

한편, 벡터를 한 문자로 나타낼 때에는 $\vec{a}$, $\vec{b}$, $\vec{c}$, …와 같이 나타내고 벡터의 크기는 $|\vec{a}|$, $|\vec{b}|$, $|\vec{c}|$, …와 같이 나타낸다.

특히 크기가 1인 벡터를 단위벡터라 한다.

> **예** 그림과 같이 $\overline{AB}=2$, $\overline{BC}=1$인 직사각형 ABCD에서
>
> 벡터 $\overrightarrow{AC}$는 시점이 A, 종점이 C인 벡터이고 벡터 $\overrightarrow{AC}$의 크기는
> $$|\overrightarrow{AC}| = \overline{AC} = \sqrt{5}$$
> 이다. 또한 벡터 $\overrightarrow{AD}$, $\overrightarrow{BC}$, $\overrightarrow{CB}$, $\overrightarrow{DA}$는 모두 단위벡터이다.

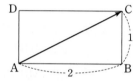

2. 서로 같은 벡터

두 벡터 $\vec{a}$, $\vec{b}$의 크기와 방향이 모두 같을 때 두 벡터 $\vec{a}$, $\vec{b}$는 서로 같다고 하고, 기호로

$$\vec{a} = \vec{b}$$

와 같이 나타낸다.

> **예** 평행사변형 ABCD에서 두 벡터 $\overrightarrow{AB}$, $\overrightarrow{DC}$의 크기와 방향이 모두 같으므로 두 벡터
> $\overrightarrow{AB}$, $\overrightarrow{DC}$는 서로 같다. 즉,
> $$\overrightarrow{AB} = \overrightarrow{DC}$$
> 이다. 마찬가지로
> $$\overrightarrow{BA} = \overrightarrow{CD},$$
> $$\overrightarrow{AD} = \overrightarrow{BC},$$
> $$\overrightarrow{DA} = \overrightarrow{CB}$$
> 이다.

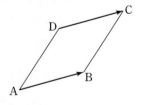

예제 1 두 벡터가 같을 조건

마름모 ABCD가 있다. 이 마름모의 두 꼭짓점을 각각 시점과 종점으로 하는 벡터 중에서 서로 다른 단위벡터의 개수가 6이고 $\overrightarrow{AC} > \overrightarrow{BD}$일 때, $|\overrightarrow{AC}|$의 값은?

① 1   ② $\sqrt{2}$ ③ $\dfrac{3}{2}$ ④ $\sqrt{3}$ ⑤ 2

길잡이 두 벡터의 크기와 방향이 모두 같을 때, 두 벡터는 서로 같다고 하고, 벡터 $\overrightarrow{AB}$의 크기는 선분 AB의 길이와 같음을 이용한다.

풀이 마름모 ABCD에 대하여 4개의 벡터
$$\overrightarrow{AB}(=\overrightarrow{DC}),\ \overrightarrow{BA}(=\overrightarrow{CD}),\ \overrightarrow{AD}(=\overrightarrow{BC}),\ \overrightarrow{DA}(=\overrightarrow{CB}) \quad \cdots\cdots \ \text{㉠}$$
는 모두 다른 벡터이고, 크기는 모두 같다.

이때 마름모의 두 꼭짓점을 각각 시점과 종점으로 하는 벡터 중에서 서로 다른 단위벡터의 개수가 6이려면 마름모의 한 변의 길이는 1이고, 두 대각선 AC, BD 중 하나의 길이가 1이어야 한다.

(i) $\overrightarrow{BD}=1$일 때
두 대각선 AC, BD의 교점을 O라 하면 점 O는 두 선분 AC, BD의 중점이고,
삼각형 ABD는 한 변의 길이가 1인 정삼각형이다.
그러므로
$$\overrightarrow{AC}=2\overrightarrow{AO}=2\times\frac{\sqrt{3}}{2}\overrightarrow{AB}=\sqrt{3}\times 1=\sqrt{3}$$
이고, $\overrightarrow{AC} > \overrightarrow{BD}$를 만족시킨다.
또 두 벡터 $\overrightarrow{BD}$, $\overrightarrow{DB}$는 서로 다른 단위벡터이고 ㉠의 네 벡터와 모두 다르므로 주어진 조건을 모두 만족시킨다.

(ii) $\overrightarrow{AC}=1$일 때
(i)과 같은 방법으로 $\overrightarrow{BD}=\sqrt{3}$이므로 $\overrightarrow{AC} > \overrightarrow{BD}$를 만족시키지 않는다.
따라서 (i)에서 $\overrightarrow{BD}=1$이어야 하고
$$|\overrightarrow{AC}|=\overrightarrow{AC}=\sqrt{3}$$

답 ④

유제

정답과 **풀이** 26쪽

1
[24012-0070]

$|\overrightarrow{AC}|=2$인 정사각형 ABCD가 있다. $\overrightarrow{BD}=\overrightarrow{CP}$를 만족시키는 점 P에 대하여 $|\overrightarrow{BP}|$의 값은?

① $\sqrt{5}$ ② $2\sqrt{2}$ ③ 3
④ $\sqrt{10}$ ⑤ 4

2
[24012-0071]

정삼각형 ABC의 외접원 위에 서로 다른 두 점 P, Q가 있다. $\overrightarrow{AB}$가 단위벡터일 때, $|\overrightarrow{PQ}|$의 최댓값은?

① $\dfrac{3\sqrt{3}}{5}$ ② $\dfrac{2\sqrt{3}}{3}$ ③ $\dfrac{3\sqrt{3}}{4}$ ④ $\sqrt{3}$ ⑤ 2

3. 벡터의 덧셈

(1) 벡터의 덧셈

두 벡터 $\vec{a}$, $\vec{b}$를 평행이동하여 벡터 $\vec{a}$의 종점과 벡터 $\vec{b}$의 시점을 일치시켰을 때, 벡터 $\vec{a}$의 시점을 시점으로 하고 벡터 $\vec{b}$의 종점을 종점으로 하는 벡터를 두 벡터 $\vec{a}$, $\vec{b}$의 합이라 하고, 기호로

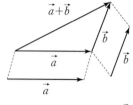

$$\vec{a}+\vec{b}$$

와 같이 나타낸다. 즉, 세 점 A, B, C를

$$\vec{a}=\overrightarrow{AB}, \ \vec{b}=\overrightarrow{BC}$$

가 되도록 잡을 때,

$$\vec{a}+\vec{b}=\overrightarrow{AB}+\overrightarrow{BC}=\overrightarrow{AC}$$

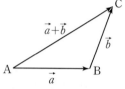

이다. 한편, $\vec{a}=\overrightarrow{AB}$, $\vec{b}=\overrightarrow{AD}$가 되도록 세 점 A, B, D를 잡고, 사각형 ABCD가 평행사변형이 되도록 점 C를 잡으면 $\overrightarrow{AD}=\overrightarrow{BC}$이므로

$$\vec{a}+\vec{b}=\overrightarrow{AB}+\overrightarrow{AD}=\overrightarrow{AB}+\overrightarrow{BC}=\overrightarrow{AC}$$

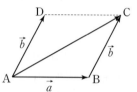

이다. 이와 같이 두 벡터의 합은 평행사변형을 이용하여 구할 수도 있다.

(2) 영벡터와 벡터 $-\vec{a}$의 뜻

① $\overrightarrow{AA}$, $\overrightarrow{BB}$와 같이 시점과 종점이 일치하는 벡터를 영벡터라 하고, 기호로 $\vec{0}$와 같이 나타낸다. 영벡터는 크기가 0이고 그 방향은 생각하지 않는다.

② 벡터 $\vec{a}$와 크기가 같고 방향이 반대인 벡터를 기호로 $-\vec{a}$와 같이 나타낸다. 즉, $\vec{a}=\overrightarrow{AB}$에 대하여 $-\vec{a}=-\overrightarrow{AB}=\overrightarrow{BA}$이다.

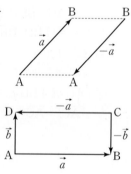

예 그림과 같이 직사각형 ABCD에서 $\vec{a}=\overrightarrow{AB}$, $\vec{b}=\overrightarrow{AD}$라 하면

$$\overrightarrow{CD}=\overrightarrow{BA}=-\overrightarrow{AB}=-\vec{a},$$
$$-\vec{b}=-\overrightarrow{AD}=\overrightarrow{DA}=\overrightarrow{CB}$$

(3) 벡터의 덧셈에 대한 성질

임의의 세 벡터 $\vec{a}$, $\vec{b}$, $\vec{c}$와 영벡터 $\vec{0}$에 대하여

① $\vec{a}+\vec{b}=\vec{b}+\vec{a}$ (교환법칙)　　② $(\vec{a}+\vec{b})+\vec{c}=\vec{a}+(\vec{b}+\vec{c})$ (결합법칙)
③ $\vec{a}+\vec{0}=\vec{0}+\vec{a}=\vec{a}$　　　　　④ $\vec{a}+(-\vec{a})=(-\vec{a})+\vec{a}=\vec{0}$

4. 벡터의 뺄셈

두 벡터 $\vec{a}$, $\vec{b}$에 대하여 벡터 $\vec{a}$와 벡터 $-\vec{b}$의 합 $\vec{a}+(-\vec{b})$를 벡터 $\vec{a}$에서 벡터 $\vec{b}$를 뺀 차라 하고, 기호로

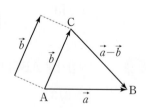

$$\vec{a}-\vec{b}$$

와 같이 나타낸다. 즉, $\vec{a}=\overrightarrow{AB}$, $\vec{b}=\overrightarrow{AC}$에 대하여

$$\vec{a}-\vec{b}=\vec{a}+(-\vec{b})=\overrightarrow{AB}+(-\overrightarrow{AC})=\overrightarrow{AB}+\overrightarrow{CA}=\overrightarrow{CA}+\overrightarrow{AB}=\overrightarrow{CB}$$

벡터의 덧셈과 뺄셈

www.ebs*i*.co.kr

그림과 같이 사각형 ABCD의 두 대각선의 교점을 O라 할 때, 5개의 점 A, B, C, D, O 가 다음 조건을 만족시킨다.

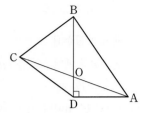

(가) $\overrightarrow{AD} \perp \overrightarrow{OD}$

(나) $|\overrightarrow{OA}| = |\overrightarrow{OB}| = |\overrightarrow{OC}| = 3$이고 $|\overrightarrow{OD}| = 1$이다.

$|\overrightarrow{OC} + \overrightarrow{OD}| \times |\overrightarrow{OA} - \overrightarrow{OB}|$의 값은?

① 8 ② $8\sqrt{2}$ ③ $8\sqrt{3}$ ④ 16 ⑤ $8\sqrt{5}$

길잡이 두 벡터의 덧셈을 계산할 때는 $\overrightarrow{AB} + \overrightarrow{BC} = \overrightarrow{AC}$임을 이용하거나 $\overrightarrow{AB} + \overrightarrow{AD} = \overrightarrow{AC}$ (단, 사각형 ABCD는 평행사변형)임을 이용하고, 두 벡터의 뺄셈을 계산할 때는 $\overrightarrow{AB} - \overrightarrow{AC} = \overrightarrow{CB}$임을 이용하거나 $\overrightarrow{AB} - \overrightarrow{CD} = \overrightarrow{AB} + \overrightarrow{DC}$임을 이용한다.

풀이 두 벡터 $\overrightarrow{AO}$, $\overrightarrow{OC}$의 방향이 서로 같고, $\overline{OA} = \overline{OC}$이므로

$$\overrightarrow{OC} = \overrightarrow{AO}$$

그러므로 $\overrightarrow{OC} + \overrightarrow{OD} = \overrightarrow{AO} + \overrightarrow{OD} = \overrightarrow{AD}$

조건 (나)에서 $\overline{OA} = 3$, $\overline{OD} = 1$이므로 직각삼각형 AOD에서

$$\overline{AD} = \sqrt{3^2 - 1^2} = 2\sqrt{2}$$

그러므로 $|\overrightarrow{OC} + \overrightarrow{OD}| = |\overrightarrow{AD}| = \overline{AD} = 2\sqrt{2}$ ······ ㉠

한편, $\overrightarrow{OA} - \overrightarrow{OB} = \overrightarrow{BA}$이다.

$\overline{BD} = \overline{OB} + \overline{OD} = 3 + 1 = 4$이므로 직각삼각형 ABD에서

$$\overline{AB} = \sqrt{4^2 + (2\sqrt{2})^2} = 2\sqrt{6}$$

그러므로 $|\overrightarrow{OA} - \overrightarrow{OB}| = |\overrightarrow{BA}| = \overline{BA} = 2\sqrt{6}$ ······ ㉡

㉠, ㉡에서

$$|\overrightarrow{OC} + \overrightarrow{OD}| \times |\overrightarrow{OA} - \overrightarrow{OB}| = 2\sqrt{2} \times 2\sqrt{6} = 8\sqrt{3}$$

답 ③

유제

정답과 풀이 26쪽

3
[24012-0072]

한 변의 길이가 1인 정사각형 ABCD에 대하여 $|\overrightarrow{AB} + \overrightarrow{AD} + \overrightarrow{CB} + \overrightarrow{BD}|$의 값은?

① 1 ② $\sqrt{2}$ ③ $\sqrt{3}$ ④ 2 ⑤ $\sqrt{5}$

4
[24012-0073]

한 변의 길이가 2인 마름모 ABCD에 대하여 $|\overrightarrow{AB} + \overrightarrow{AD}| = 2|\overrightarrow{AB} + \overrightarrow{CB}|$일 때, $|\overrightarrow{AC}|$의 값은?

① $\dfrac{4\sqrt{5}}{5}$ ② $\sqrt{5}$ ③ $\dfrac{6\sqrt{5}}{5}$ ④ $\dfrac{7\sqrt{5}}{5}$ ⑤ $\dfrac{8\sqrt{5}}{5}$

5. 벡터의 실수배

(1) 벡터의 실수배

실수 k와 벡터 $\vec{a}$의 곱 $k\vec{a}$를 벡터 $\vec{a}$의 실수배라 하고 다음과 같이 정의한다.

① $\vec{a} \neq \vec{0}$일 때

   (i) $k>0$이면 $k\vec{a}$는 $\vec{a}$와 방향이 같고 크기는 $k|\vec{a}|$인 벡터이다.

   (ii) $k<0$이면 $k\vec{a}$는 $\vec{a}$와 방향이 반대이고 크기는 $|k||\vec{a}|$인 벡터이다.

   (iii) $k=0$이면 $k\vec{a}=\vec{0}$이다.

② $\vec{a}=\vec{0}$일 때, $k\vec{a}=\vec{0}$이다.

(2) 벡터의 실수배의 성질

두 벡터 $\vec{a}$, $\vec{b}$와 두 실수 k, l에 대하여

① $k(l\vec{a})=(kl)\vec{a}$ (결합법칙)

② $(k+l)\vec{a}=k\vec{a}+l\vec{a}$ (분배법칙)

   $k(\vec{a}+\vec{b})=k\vec{a}+k\vec{b}$ (분배법칙)

> 참고 벡터의 실수배와 단위벡터
>
> 영벡터가 아닌 벡터 $\vec{a}$에 대하여 벡터 $\vec{a}$와 방향이 같은 단위벡터는
>
> $$\frac{\vec{a}}{|\vec{a}|}$$
>
> 이다.

(3) 벡터의 평행

① 영벡터가 아닌 두 벡터 $\vec{a}$, $\vec{b}$가 방향이 같거나 반대일 때, 두 벡터 $\vec{a}$, $\vec{b}$는 서로 평행하다고 하고, 기호로

   $\vec{a} /\!/ \vec{b}$

와 같이 나타낸다.

② 벡터의 평행과 실수배

영벡터가 아닌 두 벡터 $\vec{a}$, $\vec{b}$에 대하여 $\vec{a}/\!/\vec{b}$이기 위한 필요충분조건은 $\vec{b}=k\vec{a}$인

0이 아닌 실수 k가 존재하는 것이다.

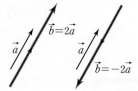

> 참고 서로 다른 세 점 A, B, C에 대하여
>
> A, B, C가 한 직선 위에 있다.
>
> $\Longleftrightarrow \overrightarrow{AB}=k\overrightarrow{AC}$인 0이 아닌 실수 k가 존재한다.

> 참고 영벡터가 아닌 두 벡터 $\vec{a}$, $\vec{b}$가 서로 평행하지 않을 때,
>
> $k\vec{a}+l\vec{b}=m\vec{a}+n\vec{b} \Longleftrightarrow k=m,\ l=n$ (단, k, l, m, n은 실수이다.)

한 변의 길이가 6인 정삼각형 ABC의 내접원 O의 중심을 O라 하자. 두 점 P, Q가

$$\overrightarrow{AP}=\frac{3}{2}\overrightarrow{AO},\ \overrightarrow{AQ}=-\frac{1}{2}\overrightarrow{OA}$$

를 만족시킬 때, $|\overrightarrow{AP}+\overrightarrow{BQ}|$의 값은?

① 3　　　　　　② $2\sqrt{3}$　　　　　③ $3\sqrt{2}$

④ $3\sqrt{3}$　　　　　⑤ 6

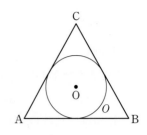

길잡이 벡터 $k\vec{a}\ (\vec{a}\neq\vec{0})$에서 $k>0$이면 $k\vec{a}$는 $\vec{a}$와 방향이 같고 크기는 $k|\vec{a}|$인 벡터이고, $k<0$이면 $k\vec{a}$는 $\vec{a}$와 방향이 반대이고 크기는 $|k||\vec{a}|$인 벡터임을 이용한다.

풀이 $\overrightarrow{AP}=\frac{3}{2}\overrightarrow{AO},\ \overrightarrow{AQ}=-\frac{1}{2}\overrightarrow{OA}$이므로

$$\begin{aligned}\overrightarrow{AP}+\overrightarrow{BQ}&=\frac{3}{2}\overrightarrow{AO}+(\overrightarrow{AQ}-\overrightarrow{AB})\\&=\frac{3}{2}\overrightarrow{AO}-\frac{1}{2}\overrightarrow{OA}-\overrightarrow{AB}\\&=\left(-\frac{3}{2}\overrightarrow{OA}-\frac{1}{2}\overrightarrow{OA}\right)-\overrightarrow{AB}\\&=-2\overrightarrow{OA}-\overrightarrow{AB}\\&=-\overrightarrow{OA}-(\overrightarrow{OA}+\overrightarrow{AB})\\&=-(\overrightarrow{OA}+\overrightarrow{OB})\end{aligned}$$

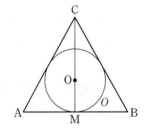

선분 AB의 중점을 M이라 하면 점 O는 정삼각형 ABC의 무게중심이므로 $\overline{CO}:\overline{OM}=2:1$

이때 $\overline{CM}=\frac{\sqrt{3}}{2}\overline{AC}=\frac{\sqrt{3}}{2}\times6=3\sqrt{3}$이므로

$$\overline{OM}=\frac{1}{3}\overline{CM}=\sqrt{3}$$

따라서 $|\overrightarrow{AP}+\overrightarrow{BQ}|=|\overrightarrow{OA}+\overrightarrow{OB}|=|2\overrightarrow{OM}|=2|\overrightarrow{OM}|=2\sqrt{3}$

답 ②

유제

정답과 풀이 27쪽

5
[24012-0074]

영벡터가 아니고 서로 평행하지 않은 두 벡터 $\vec{a}$, $\vec{b}$에 대하여

$$\vec{p}=2\vec{a}-\vec{b},\ \vec{q}=3\vec{a}+k\vec{b}$$

일 때, 두 벡터 $\vec{p}$, $\vec{q}-\vec{p}$가 서로 평행하도록 하는 실수 k의 값은?

① $-\frac{3}{2}$　　② $-\frac{1}{2}$　　③ $\frac{1}{2}$　　④ $\frac{3}{2}$　　⑤ $\frac{5}{2}$

6
[24012-0075]

$\overline{AB}=5$, $\overline{BC}=4$, $\sin(\angle ABC)=\frac{4}{5}$인 예각삼각형 ABC가 있다. 실수 t에 대하여

$f(t)=|\overrightarrow{BA}-t\overrightarrow{BC}|$라 하면 함수 $f(t)$는 $t=\alpha$일 때 최솟값 m을 갖는다. $\alpha\times m$의 값을 구하시오.

(단, α는 상수이다.)

6. 위치벡터

(1) 위치벡터

평면에서 한 점 O를 고정하면 임의의 벡터 $\vec{a}$에 대하여 $\vec{a}=\overrightarrow{OA}$인 점 A가 오직 하나로 정해진다. 역으로 임의의 점 A에 대하여 $\overrightarrow{OA}=\vec{a}$인 벡터 $\vec{a}$가 오직 하나로 결정된다. 따라서 벡터 $\overrightarrow{OA}$와 점 A는 일대일로 대응한다. 이와 같이 한 점 O를 시점으로 하는 벡터 $\overrightarrow{OA}$를 점 O에 대한 점 A의 위치벡터라 한다.

일반적으로 좌표평면에서는 원점 O를 위치벡터의 시점으로 잡는다.

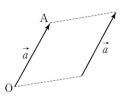

(2) 임의의 벡터를 위치벡터로 나타내기

평면 위의 두 점 A, B의 위치벡터를 각각 $\vec{a}$, $\vec{b}$라 하면 $\overrightarrow{OA}=\vec{a}$, $\overrightarrow{OB}=\vec{b}$이므로

$$\overrightarrow{AB}=\overrightarrow{OB}-\overrightarrow{OA}=\vec{b}-\vec{a}$$

(3) 위치벡터의 덧셈, 뺄셈을 위치벡터로 나타내기

평면 위의 두 점 A, B의 위치벡터를 각각 $\vec{a}$, $\vec{b}$라 하자.

① 덧셈: 사각형 OACB가 평행사변형이 되도록 하는 점 C에 대하여

$$\vec{a}+\vec{b}=\overrightarrow{OA}+\overrightarrow{OB}=\overrightarrow{OA}+\overrightarrow{AC}=\overrightarrow{OC}$$

② 뺄셈: $-\vec{b}=\overrightarrow{OB'}$인 점 B'과 사각형 OB'DA가 평행사변형이 되도록 하는 점 D에 대하여

$$\vec{a}-\vec{b}=\overrightarrow{OA}-\overrightarrow{OB}=\overrightarrow{OA}+\overrightarrow{OB'}=\overrightarrow{OD}$$

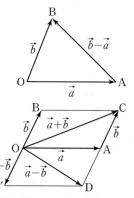

(4) 내분점과 외분점의 위치벡터

평면 위의 두 점 A, B의 위치벡터를 각각 $\vec{a}$, $\vec{b}$라 하고,

선분 AB를 $m:n\,(m>0,\ n>0)$으로 내분하는 점 P의 위치벡터를 $\vec{p}$,

선분 AB를 $m:n\,(m>0,\ n>0,\ m\neq n)$으로 외분하는 점 Q의 위치벡터를 $\vec{q}$라 하면

$$\vec{p}=\frac{m\vec{b}+n\vec{a}}{m+n},\ \vec{q}=\frac{m\vec{b}-n\vec{a}}{m-n}$$

(5) 삼각형의 무게중심의 위치벡터

삼각형 ABC의 세 꼭짓점 A, B, C의 위치벡터를 각각 $\vec{a}$, $\vec{b}$, $\vec{c}$라 하고, 삼각형 ABC의 무게중심 G의 위치벡터를 $\vec{g}$라 하면

$$\vec{g}=\frac{\vec{a}+\vec{b}+\vec{c}}{3}$$

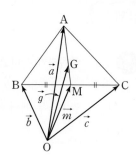

설명 선분 BC의 중점 M에 대하여 $\overrightarrow{OM}=\vec{m}$이라 하면 $\vec{m}=\frac{\vec{b}+\vec{c}}{2}$이고,

무게중심 G는 선분 AM을 2:1로 내분하므로

$$\vec{g}=\frac{2\vec{m}+\vec{a}}{2+1}=\frac{2\left(\frac{\vec{b}+\vec{c}}{2}\right)+\vec{a}}{3}=\frac{\vec{a}+\vec{b}+\vec{c}}{3}$$

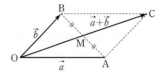

좌표평면에서 $C(0, \sqrt{2})$를 중심으로 하고 반지름의 길이가 1인 원 C 위의 두 점 A, B의 위치벡터를 각각 $\vec{a}$, $\vec{b}$라 하자.

$$|\vec{a}| = |\vec{b}| > \sqrt{2}, \ |\vec{a}-\vec{b}| = \sqrt{2}$$

일 때, $|\vec{a}+\vec{b}|^2$의 값을 구하시오.

길잡이 선분 AB의 중점을 M이라 하고, $\overrightarrow{OA}=\vec{a}$, $\overrightarrow{OB}=\vec{b}$, $\overrightarrow{OM}=\vec{m}$이라 하면 $\vec{m} = \dfrac{\vec{a}+\vec{b}}{2}$이므로

$\vec{a}+\vec{b}=2\vec{m}$이다. 이와 같이 위치벡터나 시점이 같은 두 벡터의 덧셈을 계산할 때는

$\overrightarrow{OA}+\overrightarrow{OB}=2\overrightarrow{OM}$임을 이용하면 편리할 때가 많다.

풀이 $\vec{a}=\overrightarrow{OA}$, $\vec{b}=\overrightarrow{OB}$이므로

$$|\vec{a}-\vec{b}| = |\overrightarrow{OA}-\overrightarrow{OB}| = |\overrightarrow{BA}| = \overline{BA} = \sqrt{2} \neq 0$$

에서 두 점 A, B는 서로 다른 점이다.

한편, 점 C가 y축 위에 있으므로 원 C는 y축에 대하여 대칭이고, $|\vec{a}| = |\vec{b}|$에서 $\overline{OA}=\overline{OB}$이므로 두 점 A, B도 y축에 대하여 서로 대칭이다.

이때 $\overline{CA}=\overline{CB}=1$이고 $\overline{AB}=\sqrt{2}$이므로 삼각형 ACB는 직각이등변삼각형이다.

선분 AB의 중점을 M이라 하면

$$\overline{CM} = \frac{1}{2}\overline{AB} = \frac{\sqrt{2}}{2}$$

이고, $\overrightarrow{OM} = \dfrac{\vec{a}+\vec{b}}{2}$에서 $\vec{a}+\vec{b}=2\overrightarrow{OM}$

이때 $|\vec{a}| = |\vec{b}| > \sqrt{2}$에서 $\overline{OA}=\overline{OB} > \overline{OC}=\sqrt{2}$이므로

$$\overline{OM} = \overline{OC}+\overline{CM} = \sqrt{2} + \frac{\sqrt{2}}{2} = \frac{3\sqrt{2}}{2}$$

따라서 $|\vec{a}+\vec{b}| = |2\overrightarrow{OM}| = 2|\overrightarrow{OM}| = 3\sqrt{2}$이므로

$$|\vec{a}+\vec{b}|^2 = (3\sqrt{2})^2 = 18$$

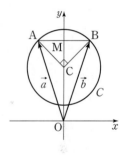

답 18

유제 정답과 풀이 **27쪽**

7
[24012-0076]
한 평면 위의 세 점 A, B, C의 위치벡터를 각각 $\vec{a}$, $\vec{b}$, $\vec{c}$라 하자. $\overline{AB}=2$이고 $\vec{c}=3\vec{a}-2\vec{b}$일 때, 선분 AC의 길이는?

① 2   ② 4   ③ 6   ④ 8   ⑤ 10

8
[24012-0077]
한 점 O와 길이가 12인 선분 AB의 양 끝 점 A, B에 대하여 $\overrightarrow{OA}=\vec{a}$, $\overrightarrow{OB}=\vec{b}$라 하자.

$\overrightarrow{OP} = \dfrac{\vec{a}+3\vec{b}}{4}$를 만족시키는 점 P에 대하여 두 점 A, P를 지나는 원의 반지름의 길이의 최솟값은?

① $\dfrac{3}{2}$ ② $\dfrac{5}{2}$ ③ $\dfrac{7}{2}$ ④ $\dfrac{9}{2}$ ⑤ $\dfrac{11}{2}$

7. 평면벡터의 성분

(1) 평면벡터의 성분

좌표평면에서 원점 O를 시점으로 하고 점 $A(a_1, a_2)$를 종점으로 하는 위치벡터
$\vec{a} = \overrightarrow{OA}$를

$$\vec{a} = (a_1, a_2)$$

와 같이 나타낸다.

이때 두 실수 a_1, a_2를 벡터 $\vec{a}$의 성분이라 하고, a_1을 x성분, a_2를 y성분이라 한다.

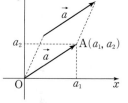

설명 좌표평면 위의 두 점 $E_1(1, 0)$, $E_2(0, 1)$의 위치벡터를 각각 $\overrightarrow{OE_1} = \vec{e_1}$, $\overrightarrow{OE_2} = \vec{e_2}$라 하고, 임의의 점 $A(a_1, a_2)$에
서 x축, y축에 내린 수선의 발을 각각 $A_1(a_1, 0)$, $A_2(0, a_2)$라 하면

$$\overrightarrow{OA_1} = a_1\vec{e_1}, \quad \overrightarrow{OA_2} = a_2\vec{e_2}$$

이고, $\overrightarrow{OA} = \overrightarrow{OA_1} + \overrightarrow{OA_2}$이므로 점 A의 위치벡터 $\vec{a}$를

$$\vec{a} = \overrightarrow{OA} = a_1\vec{e_1} + a_2\vec{e_2} \quad 또는 \quad \vec{a} = (a_1, a_2)$$

와 같이 나타낸다.

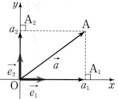

(2) 평면벡터의 성분과 연산

두 평면벡터 $\vec{a} = (a_1, a_2)$, $\vec{b} = (b_1, b_2)$에 대하여

① 크기: $|\vec{a}| = \sqrt{a_1^2 + a_2^2}$

② 두 벡터가 서로 같을 조건: $\vec{a} = \vec{b} \Longleftrightarrow a_1 = b_1$이고 $a_2 = b_2$

③ 덧셈: $\vec{a} + \vec{b} = (a_1 + b_1, a_2 + b_2)$

④ 뺄셈: $\vec{a} - \vec{b} = (a_1 - b_1, a_2 - b_2)$

⑤ 실수배: $k\vec{a} = k(a_1, a_2) = (ka_1, ka_2)$ (단, k는 실수)

설명 좌표평면에서 원점을 O, 두 점을 $A(a_1, a_2)$, $B(b_1, b_2)$라 하자.

① $|\vec{a}| = \overline{OA} = \sqrt{a_1^2 + a_2^2}$

② 두 위치벡터 $\vec{a}$, $\vec{b}$의 시점은 항상 점 O로 같다.

  따라서 $\vec{a} = \vec{b}$이면 종점이 서로 같다. 즉, $a_1 = b_1$, $a_2 = b_2$이다.

  역으로 $a_1 = b_1$, $a_2 = b_2$이면 두 벡터 $\vec{a}$, $\vec{b}$의 종점이 서로 같으므로 $\vec{a} = \vec{b}$이다.

③ 그림에서

$$\vec{a} + \vec{b} = (a_1\vec{e_1} + a_2\vec{e_2}) + (b_1\vec{e_1} + b_2\vec{e_2})$$
$$= (a_1 + b_1)\vec{e_1} + (a_2 + b_2)\vec{e_2}$$
$$= (a_1 + b_1, a_2 + b_2)$$

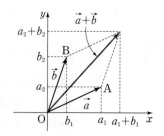

④ $\vec{a} - \vec{b} = \vec{a} + (-\vec{b})$이므로 덧셈과 같은 방법으로 설명할 수 있다.

⑤ $k\vec{a} = k(a_1\vec{e_1} + a_2\vec{e_2}) = ka_1\vec{e_1} + ka_2\vec{e_2} = (ka_1, ka_2)$

참고 벡터의 평행조건: 두 벡터 $\vec{a} = (a_1, a_2)$, $\vec{b} = (b_1, b_2)$에 대하여

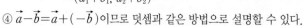

$$\vec{a} /\!/ \vec{b} \Longleftrightarrow a_1 = kb_1, a_2 = kb_2 \ (k는 \ 실수)$$

좌표평면에 점 $A(4, 6)$과 원 $x^2+y^2=r^2$ 위의 두 점 P, Q가 있다.

$$\overrightarrow{PA}=(1, 2), \overrightarrow{PQ}=(2, k)$$

일 때, $r+k$의 값은? (단, r, k는 상수이고, $r>0$이다.)

① 1   ② 2   ③ 3   ④ 4   ⑤ 5

길잡이 평면벡터의 성분과 연산을 이용하여 두 점 P, Q의 좌표를 구하고, 두 점 P, Q는 원 $x^2+y^2=r^2$ 위의 점임을 이용한다.

풀이 원 $x^2+y^2=r^2$은 중심이 $O(0, 0)$이고 반지름의 길이가 r이다.

$\overrightarrow{OA}=(4, 6)$이므로 $\overrightarrow{PA}=(1, 2)$에서

$$\overrightarrow{PA}=\overrightarrow{OA}-\overrightarrow{OP}=(4, 6)-\overrightarrow{OP}=(1, 2)$$

$$\overrightarrow{OP}=(4, 6)-(1, 2)=(3, 4)$$

즉, 점 P의 좌표는 $(3, 4)$이고 점 P는 원 $x^2+y^2=r^2$ 위에 있으므로

$$3^2+4^2=r^2$$

$$r=\sqrt{25}=5$$

이때 $\overrightarrow{PQ}=(2, k)$에서

$$\overrightarrow{PQ}=\overrightarrow{OQ}-\overrightarrow{OP}=\overrightarrow{OQ}-(3, 4)=(2, k)$$

이므로

$$\overrightarrow{OQ}=(2, k)+(3, 4)=(5, k+4)$$

즉, 점 Q의 좌표는 $(5, k+4)$이고 점 Q는 원 $x^2+y^2=25$ 위에 있으므로

$$5^2+(k+4)^2=25$$

$$k=-4$$

따라서

$$r+k=5+(-4)=1$$

답 ①

유제   정답과 풀이 **28**쪽

9
[24012–0078]

두 벡터 $\vec{a}=(2, 3)$, $\vec{b}=(-1, 1)$에 대하여 $|2\vec{a}-\vec{b}|$의 값은?

① $\sqrt{2}$ ② $2\sqrt{2}$ ③ $3\sqrt{2}$ ④ $4\sqrt{2}$ ⑤ $5\sqrt{2}$

10
[24012–0079]

좌표평면 위의 두 점 $A(4, 0)$, $B(0, 2)$와 원 $x^2+y^2=1$ 위의 점 P에 대하여 $|2\overrightarrow{PA}+3\overrightarrow{PB}|$의 최솟값은?

① 1   ② 2   ③ 3

④ 4   ⑤ 5

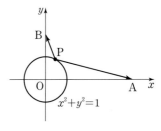

[24012–0080]

1 그림과 같이 반지름의 길이가 1인 원에 내접하는 정육각형 ABCDEF가 있다. 이 정육각형의 두 꼭짓점을 시점과 종점으로 하는 벡터 중에서 서로 다른 단위벡터의 개수는?

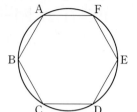

① 2   ② 4   ③ 6

④ 8   ⑤ 10

[24012–0081]

2 두 벡터 $\vec{a}$, $\vec{b}$에 대하여

$$|\vec{a}|=3, \ |\vec{b}|=1, \ |\vec{a}+\vec{b}|=|\vec{a}|-|\vec{b}|$$

일 때, $|\vec{a}-\vec{b}|$의 값은?

① 1   ② 2   ③ 3   ④ 4   ⑤ 5

[24012–0082]

3 마름모 ABCD에 대하여 $|\overrightarrow{AC}+\overrightarrow{BD}|=6$일 때, $|\overrightarrow{AB}|$의 값은?

① 2   ② $2\sqrt{2}$ ③ 3   ④ $3\sqrt{2}$ ⑤ 4

[24012–0083]

4 정팔각형 ABCDEFGH에 대하여

$$\overrightarrow{AB}-\overrightarrow{DE}+\overrightarrow{DC}-\overrightarrow{BC}=\overrightarrow{FX}$$

를 만족시키는 점 X와 일치하는 점은?

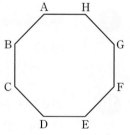

① A   ② B   ③ C

④ D   ⑤ E

5 [24012-0084]

삼각형 ABC에 대하여 선분 BC의 중점을 M이라 하고, 선분 AM의 중점을 N이라 하자. $\overrightarrow{CA}=\vec{a}$, $\overrightarrow{CB}=\vec{b}$라 할 때, $\overrightarrow{CN}=p\vec{a}+q\vec{b}$를 만족시키는 두 실수 p, q에 대하여 $p+q$의 값은?

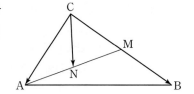

① $\dfrac{1}{2}$ ② $\dfrac{7}{12}$ ③ $\dfrac{2}{3}$

④ $\dfrac{3}{4}$ ⑤ $\dfrac{5}{6}$

6 [24012-0085]

두 벡터 $\vec{a}=(-2,\ -3)$, $\vec{b}=(0,\ 1)$에 대하여 벡터 $-\vec{a}+3\vec{b}$의 y성분은?

① 2   ② 4   ③ 6   ④ 8   ⑤ 10

7 [24012-0086]

세 벡터 $\vec{a}=(3,\ -1)$, $\vec{b}=(2,\ -2)$, $\vec{c}=(5,\ 1)$에 대하여

$$\vec{c}=p\vec{a}+q\vec{b}$$

일 때, $p+q$의 값은? (단, p, q는 실수이다.)

① 1   ② 2   ③ 3   ④ 4   ⑤ 5

8 [24012-0087]

좌표평면 위에 세 점 A(1, 4), B(5, 1), C(3, 4)를 꼭짓점으로 하는 삼각형 ABC가 있다. x축 위의 점 P에 대하여 $|\overrightarrow{AP}|$의 최솟값을 m_1, $|\overrightarrow{AP}+\overrightarrow{BP}|$의 최솟값을 m_2, $|\overrightarrow{AP}+\overrightarrow{BP}+\overrightarrow{CP}|$의 최솟값을 m_3이라 할 때, $m_1+m_2+m_3$의 값을 구하시오.

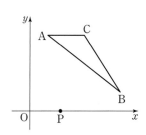

[24012–0088]

1 사각형 ABCD가 다음 조건을 만족시킬 때, $|\overrightarrow{AB}|^2+|\overrightarrow{BC}|^2$의 값은?

> (가) 사각형 ABCD의 대각선 AC는 대각선 BD를 수직이등분한다.
> (나) 사각형 ABCD의 두 꼭짓점을 각각 시점과 종점으로 하는 벡터 중에서 서로 다른 단위벡터의 개수는 8이다.

① $3-\sqrt{3}$　　② $\sqrt{2}$　　③ $3-\sqrt{2}$　　④ $\sqrt{3}$　　⑤ 2

[24012–0089]

2 그림과 같이 길이가 4인 선분 AB를 지름으로 하는 반원의 호를 C, 선분 AB의 중점을 O라 하자. 호 C 위의 점 P에 대하여

$$\overrightarrow{OP}=\overrightarrow{OQ}+\overrightarrow{OR}$$

을 만족시키는 호 C 위의 두 점 Q, R이 존재할 때, $|\overrightarrow{AP}|$의 최댓값을 M, 최솟값을 m이라 하자. $M \times m$의 값은?

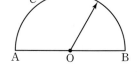

① $2\sqrt{3}$　　② $3\sqrt{2}$　　③ $3\sqrt{3}$　　④ $4\sqrt{2}$　　⑤ $4\sqrt{3}$

[24012–0090]

3 그림과 같이 삼각형 ABC에 대하여 선분 AB의 중점을 M이라 하고, 선분 CM을 $3 : 1$로 내분하는 점을 P라 하자. 직선 BP가 선분 AC와 만나는 점을 Q라 할 때,

$$\overrightarrow{AP}=m\overrightarrow{AB}+n\overrightarrow{AQ}$$

를 만족시키는 두 실수 m, n에 대하여 $m-n$의 값은?

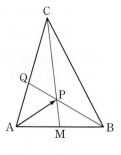

① $-\dfrac{1}{2}$　　② $-\dfrac{1}{3}$　　③ $-\dfrac{1}{4}$

④ $-\dfrac{1}{5}$　　⑤ $-\dfrac{1}{6}$

[24012–0091]

4 넓이가 S인 삼각형 ABC의 무게중심을 G라 하자. 점 P가

$$\overrightarrow{AP}+2\overrightarrow{BP}+4\overrightarrow{CP}=3\overrightarrow{CG}$$

를 만족시킬 때, 삼각형 PBC의 넓이는 T이다. $\dfrac{T}{S}$의 값은?

① $\dfrac{1}{7}$　　② $\dfrac{3}{14}$　　③ $\dfrac{2}{7}$　　④ $\dfrac{5}{14}$　　⑤ $\dfrac{3}{7}$

5

[24012-0092]

그림과 같이 포물선 $y^2=4x$의 초점 F를 중심으로 하고 반지름의 길이가 $\dfrac{4}{5}$인 원 C가 있다. 포물선 $y^2=4x$ 위의 점 P에 대하여 다음 조건을 만족시키는 점 Q가 오직 하나 존재할 때, 상수 k의 값은? (단, O는 원점이다.)

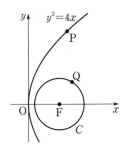

> (가) 점 Q는 원 C 위에 있고 y좌표는 양수이다.
> (나) 양수 k에 대하여 $\overrightarrow{OP}=k\overrightarrow{OQ}$이다.

① $\dfrac{19}{4}$ ② $\dfrac{21}{4}$ ③ $\dfrac{23}{4}$ ④ $\dfrac{25}{4}$ ⑤ $\dfrac{27}{4}$

6

[24012-0093]

그림과 같이 $\overline{OA}=2\sqrt{13}$, $\overline{OB}=4$, $\angle OBA=\dfrac{\pi}{2}$인 삼각형 OAB에 대하여 선분 AB의 중점을 M이라 하고, 점 A를 중심으로 하고 점 M을 지나는 원을 C_1, 점 B를 중심으로 하고 점 M을 지나는 원을 C_2라 하자. 원 C_1 위의 점 P와 원 C_2 위의 점 Q에 대하여 $|\overrightarrow{OP}+\overrightarrow{OQ}|$의 최댓값은?

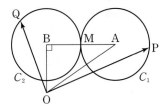

① 14   ② 15   ③ 16

④ 17   ⑤ 18

7

[24012-0094]

그림과 같이 타원 $E:\dfrac{x^2}{9}+\dfrac{y^2}{5}=1$의 한 초점 F에 대하여 선분 OF의 중점을 M이라 하고, 타원 E의 장축의 한 끝점을 A라 하자. 타원 E 위를 움직이는 점 P에 대하여

$$\overrightarrow{OQ}=\overrightarrow{MA}+\overrightarrow{MP}$$

를 만족시키는 점 Q가 나타내는 도형을 D라 할 때, 두 도형 E, D가 만나는 두 점 사이의 거리는? (단, 두 점 F, A의 x좌표는 양수이고, O는 원점이다.)

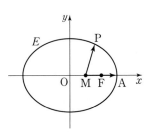

① $\dfrac{4\sqrt{5}}{3}$ ② $\dfrac{4\sqrt{6}}{3}$ ③ $\dfrac{4\sqrt{7}}{3}$ ④ $\dfrac{5\sqrt{6}}{3}$ ⑤ $\dfrac{5\sqrt{7}}{3}$

[24012–0095]

정육각형 ABCDEF에 대하여 다음 조건을 만족시키는 서로 다른 벡터 $\vec{x}$의 개수는?

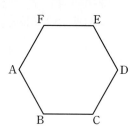

> (가) 벡터 $\vec{x}$의 시점과 종점은 모두 정육각형 ABCDEF의 꼭짓점이다.
> (나) $\overrightarrow{\mathrm{AF}}+\overrightarrow{\mathrm{CE}}-\overrightarrow{\mathrm{DA}}+\vec{x}=k\overrightarrow{\mathrm{AE}}$를 만족시키는 실수 k가 존재한다.

① 1   ② 3   ③ 5   ④ 7   ⑤ 9

[24012–0096]

그림과 같이 반지름의 길이가 1인 원 위에 모든 꼭짓점이 있는 오각형 ABCDE가 있다.

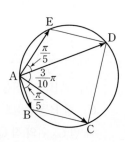

$$\angle\mathrm{BAC}=\frac{\pi}{5}, \ \angle\mathrm{CAD}=\frac{3}{10}\pi, \ \angle\mathrm{DAE}=\frac{\pi}{5}$$

일 때, $|\overrightarrow{\mathrm{AB}}+\overrightarrow{\mathrm{AC}}+\overrightarrow{\mathrm{AD}}+\overrightarrow{\mathrm{AE}}|$의 값은?

① 3   ② $\frac{7}{2}$ ③ 4

④ $\frac{9}{2}$ ⑤ 5

[24012–0097]

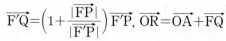

타원 $E: \dfrac{x^2}{25}+\dfrac{y^2}{16}=1$의 두 초점을 각각 F$(c, 0)$, F$'(-c, 0)$ $(c>0)$이라 하고, 타원 E가 x축과 만나는 점 중 x좌표가 양수인 점을 A라 하자. 타원 E 위를 움직이는 점 P에 대하여 두 점 Q, R이

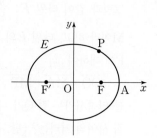

$$\overrightarrow{\mathrm{F'Q}}=\left(1+\frac{|\overrightarrow{\mathrm{FP}}|}{|\overrightarrow{\mathrm{F'P}}|}\right)\overrightarrow{\mathrm{F'P}}, \ \overrightarrow{\mathrm{OR}}=\overrightarrow{\mathrm{OA}}+\overrightarrow{\mathrm{FQ}}$$

를 만족시킬 때, 점 B$(0, -2\sqrt{2})$에 대하여 $|\overrightarrow{\mathrm{BR}}|$의 최댓값을 구하시오. (단, O는 원점이다.)

2024학년도 수능

출제경향 　벡터의 연산을 이용하여 벡터의 크기가 최대 또는 최소가 되는 상황을 묻는 문제가 출제된다.

좌표평면에 한 변의 길이가 4인 정삼각형 ABC가 있다. 선분 AB를 1 : 3으로 내분하는 점을 D, 선분 BC를 1 : 3으로 내분하는 점을 E, 선분 CA를 1 : 3으로 내분하는 점을 F라 하자. 네 점 P, Q, R, X가 다음 조건을 만족시킨다.

(가) $|\overrightarrow{DP}|=|\overrightarrow{EQ}|=|\overrightarrow{FR}|=1$
(나) $\overrightarrow{AX}=\overrightarrow{PB}+\overrightarrow{QC}+\overrightarrow{RA}$

$|\overrightarrow{AX}|$의 값이 최대일 때, 삼각형 PQR의 넓이를 S라 하자. $16S^2$의 값을 구하시오. [4점]

출제 의도 　벡터의 합을 이해하여 벡터의 크기가 최대일 때 삼각형의 넓이를 구할 수 있는지를 묻는 문제이다.

풀이 　조건 (가)에서 세 점 P, Q, R은 각각 세 점 D, E, F를 중심으로 하고 반지름의 길이가 1인 원 위의 점이다.
조건 (나)에서

$$\overrightarrow{AX}=\overrightarrow{PB}+\overrightarrow{QC}+\overrightarrow{RA}$$
$$=(\overrightarrow{DB}-\overrightarrow{DP})+(\overrightarrow{EC}-\overrightarrow{EQ})+(\overrightarrow{FA}-\overrightarrow{FR})$$
$$=\overrightarrow{DB}+\overrightarrow{EC}+\overrightarrow{FA}-(\overrightarrow{DP}+\overrightarrow{EQ}+\overrightarrow{FR})$$

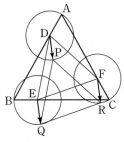

이때 $\overrightarrow{DB}+\overrightarrow{EC}+\overrightarrow{FA}=\dfrac{3}{4}(\overrightarrow{AB}+\overrightarrow{BC}+\overrightarrow{CA})=\dfrac{3}{4}\overrightarrow{AA}=\vec{0}$이므로

$$\overrightarrow{AX}=-(\overrightarrow{DP}+\overrightarrow{EQ}+\overrightarrow{FR})$$

$|\overrightarrow{AX}|$의 값이 최대이려면 조건 (가)에서 세 벡터 $\overrightarrow{DP}$, $\overrightarrow{EQ}$, $\overrightarrow{FR}$의 방향이 모두 같아야 하고, 이때 삼각형 PQR의 넓이는 정삼각형 DEF의 넓이와 같다.
삼각형 DBE에서 코사인법칙에 의하여

$$\overline{DE}^2=\overline{DB}^2+\overline{BE}^2-2\times\overline{DB}\times\overline{BE}\times\cos\frac{\pi}{3}=9+1-2\times3\times1\times\frac{1}{2}=7$$

즉, 삼각형 DEF는 한 변의 길이가 $\sqrt{7}$인 정삼각형이므로

$$S=\frac{\sqrt{3}}{4}\times(\sqrt{7})^2=\frac{7\sqrt{3}}{4}$$

따라서 $16S^2=16\times\left(\dfrac{7\sqrt{3}}{4}\right)^2=147$

답 147

05 벡터의 내적

1. 벡터의 내적

(1) 두 벡터가 이루는 각의 크기

영벡터가 아닌 두 평면벡터 $\vec{a}$, $\vec{b}$에 대하여 $\vec{a}=\overrightarrow{OA}$, $\vec{b}=\overrightarrow{OB}$일 때,

$$\angle AOB = \theta \ (0 \le \theta \le \pi)$$

를 두 벡터 $\vec{a}$, $\vec{b}$가 이루는 각의 크기라 한다.

(2) 벡터의 내적

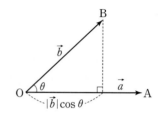

영벡터가 아닌 두 벡터 $\vec{a}$, $\vec{b}$가 이루는 각의 크기가 θ일 때,

$$|\vec{a}||\vec{b}| \cos \theta$$

를 두 벡터 $\vec{a}$와 $\vec{b}$의 내적이라 하고, 이것을 기호로 $\vec{a} \cdot \vec{b}$와 같이 나타낸다.

한편, $\vec{a}=\vec{0}$ 또는 $\vec{b}=\vec{0}$일 때에는 $\vec{a} \cdot \vec{b}=0$으로 정의한다.

> 참고 벡터의 내적의 기하학적 의미
>
> 영벡터가 아닌 두 벡터 $\vec{a}=\overrightarrow{OA}$, $\vec{b}=\overrightarrow{OB}$가 이루는 각의 크기가 θ일 때, 점 B를 지나고 직선 OA에 수직인 직선과
> 직선 OA의 교점을 H라 하면
>
> $$\vec{a} \cdot \vec{b} = |\vec{a}||\vec{b}| \cos \theta = \overline{OA} \times (\overline{OB} \cos \theta)$$
>
>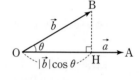
>
> $$= \begin{cases} |\overrightarrow{OA}||\overrightarrow{OH}| & \left(0 \le \theta < \dfrac{\pi}{2}\right) \\ 0 & \left(\theta = \dfrac{\pi}{2}\right) \\ -|\overrightarrow{OA}||\overrightarrow{OH}| & \left(\dfrac{\pi}{2} < \theta \le \pi\right) \end{cases}$$
>
>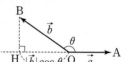

(3) 벡터의 성분과 내적

두 평면벡터 $\vec{a}=(a_1, a_2)$, $\vec{b}=(b_1, b_2)$에 대하여

$$\vec{a} \cdot \vec{b} = a_1 b_1 + a_2 b_2$$

> 설명 좌표평면에서 영벡터가 아닌 두 평면벡터 $\vec{a}=(a_1, a_2)$, $\vec{b}=(b_1, b_2)$가 이루는 각의 크기가 $\theta\left(0 < \theta < \dfrac{\pi}{2}\right)$일 때,
>
> 두 점 A, B를 각각 $A(a_1, a_2)$, $B(b_1, b_2)$라 하자.
>
> 점 B에서 직선 OA에 내린 수선의 발을 H라 하면 직각삼각형 BHA에서
>
>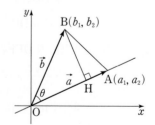
>
> $$\begin{aligned} \overline{AB}^2 &= \overline{AH}^2 + \overline{BH}^2 = (\overline{OA} - \overline{OH})^2 + (\overline{OB}^2 - \overline{OH}^2) \\ &= \overline{OA}^2 + \overline{OB}^2 - 2 \times \overline{OA} \times \overline{OH} \\ &= \overline{OA}^2 + \overline{OB}^2 - 2 \times \overline{OA} \times \overline{OB} \cos \theta \\ &= |\overrightarrow{OA}|^2 + |\overrightarrow{OB}|^2 - 2\overrightarrow{OA} \cdot \overrightarrow{OB} \end{aligned}$$
>
> 이므로 $(b_1-a_1)^2 + (b_2-a_2)^2 = (a_1^2 + a_2^2) + (b_1^2 + b_2^2) - 2(\vec{a} \cdot \vec{b})$
>
> 이를 정리하면 $\vec{a} \cdot \vec{b} = a_1 b_1 + a_2 b_2$
>
> 이 식은 $\theta = 0$, $\dfrac{\pi}{2} \le \theta \le \pi$일 때에도 성립하고, $\vec{a}=\vec{0}$ 또는 $\vec{b}=\vec{0}$일 때에도 성립한다.

> 참고 삼각형 OAB에서 코사인법칙에 의하여
>
> $$\overline{AB}^2 = \overline{OA}^2 + \overline{OB}^2 - 2 \times \overline{OA} \times \overline{OB} \cos \theta$$
>
> 가 성립함을 이용하여 $\vec{a} \cdot \vec{b} = a_1 b_1 + a_2 b_2$임을 보일 수도 있다.

그림과 같이 한 변의 길이가 4인 정삼각형 ABC의 두 선분 AC, BC의 중점을 각각 M, N이라 할 때, $\overrightarrow{AN} \cdot \overrightarrow{CM}$의 값은?

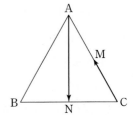

① $-6\sqrt{3}$ ② -6 ③ $-3\sqrt{3}$

④ $3\sqrt{3}$ ⑤ 6

길잡이 두 벡터 $\vec{a}, \vec{b}$가 이루는 각의 크기가 θ일 때, $\vec{a} \cdot \vec{b} = |\vec{a}||\vec{b}| \cos \theta$임을 이용한다. 두 벡터가 이루는 각의 크기를 구할 때는 두 벡터의 시점이 일치하도록 평행이동하면 편리하다.

풀이 정삼각형 ABC의 한 변의 길이가 4이므로

$$|\overrightarrow{AN}| = \frac{\sqrt{3}}{2} \times 4 = 2\sqrt{3}, \quad |\overrightarrow{CM}| = \frac{1}{2} \times 4 = 2$$

그림과 같이 $\overrightarrow{AP} = \overrightarrow{CM}$인 점 P를 잡으면

$$\angle NAP = \frac{\pi}{2} + \frac{\pi}{3} = \frac{5}{6}\pi$$

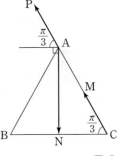

이므로 두 벡터 $\overrightarrow{AN}$, $\overrightarrow{CM}$이 이루는 각의 크기는 두 벡터 $\overrightarrow{AN}$, $\overrightarrow{AP}$가 이루는 각의 크기와 같은 $\frac{5}{6}\pi$이다.

따라서 $\overrightarrow{AN} \cdot \overrightarrow{CM} = |\overrightarrow{AN}||\overrightarrow{CM}| \cos \frac{5}{6}\pi = 2\sqrt{3} \times 2 \times \left(-\frac{\sqrt{3}}{2}\right) = -6$

답 ②

유제

정답과 풀이 37쪽

1
[24012-0098]

좌표평면 위의 세 점 A$(1, 3)$, B$(-2, 1)$, C$(-1, 2)$에 대하여 $\overrightarrow{AB} \cdot \overrightarrow{BC}$의 값은?

① -5 ② -4 ③ -3 ④ -2 ⑤ -1

2
[24012-0099]

좌표평면 위의 점 A$(3, 4)$와 타원 $\frac{x^2}{4} + \frac{y^2}{9} = 1$ 위의 점 P에 대하여 $\overrightarrow{OA} \cdot \overrightarrow{OP}$의 최댓값은? (단, O는 원점이다.)

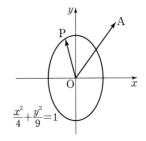

① $4\sqrt{5}$ ② $\frac{9\sqrt{5}}{2}$ ③ $5\sqrt{5}$

④ $\frac{11\sqrt{5}}{2}$ ⑤ $6\sqrt{5}$

2. 벡터의 내적의 성질

(1) 벡터의 내적의 성질

세 평면벡터 $\vec{a}$, $\vec{b}$, $\vec{c}$와 실수 k에 대하여

① $\vec{a} \cdot \vec{b} = \vec{b} \cdot \vec{a}$ (교환법칙)　　　　　② $\vec{a} \cdot (\vec{b} + \vec{c}) = \vec{a} \cdot \vec{b} + \vec{a} \cdot \vec{c}$ (분배법칙)

③ $(k\vec{a}) \cdot \vec{b} = \vec{a} \cdot (k\vec{b}) = k(\vec{a} \cdot \vec{b})$

(2) 벡터의 크기와 내적

① $\vec{a} \cdot \vec{a} = |\vec{a}|^2$

② $|\vec{a} + \vec{b}|^2 = |\vec{a}|^2 + 2\vec{a} \cdot \vec{b} + |\vec{b}|^2$, $|\vec{a} - \vec{b}|^2 = |\vec{a}|^2 - 2\vec{a} \cdot \vec{b} + |\vec{b}|^2$

　　설명　① 벡터 $\vec{a}$와 벡터 $\vec{a}$가 이루는 각의 크기는 0이므로 $\vec{a} \cdot \vec{a} = |\vec{a}||\vec{a}| \cos 0 = |\vec{a}|^2$

　　　　② $|\vec{a} + \vec{b}|^2 = (\vec{a} + \vec{b}) \cdot (\vec{a} + \vec{b}) = \vec{a} \cdot \vec{a} + \vec{a} \cdot \vec{b} + \vec{b} \cdot \vec{a} + \vec{b} \cdot \vec{b} = |\vec{a}|^2 + 2\vec{a} \cdot \vec{b} + |\vec{b}|^2$

　　　　　$|\vec{a} - \vec{b}|^2 = (\vec{a} - \vec{b}) \cdot (\vec{a} - \vec{b}) = \vec{a} \cdot \vec{a} - \vec{a} \cdot \vec{b} - \vec{b} \cdot \vec{a} + \vec{b} \cdot \vec{b} = |\vec{a}|^2 - 2\vec{a} \cdot \vec{b} + |\vec{b}|^2$

3. 두 평면벡터가 이루는 각의 크기

(1) 두 벡터가 이루는 각의 크기

영벡터가 아닌 두 평면벡터 $\vec{a}$, $\vec{b}$가 이루는 각의 크기를 θ $(0 \le \theta \le \pi)$라 하면

$$\cos \theta = \frac{\vec{a} \cdot \vec{b}}{|\vec{a}||\vec{b}|}$$

(2) 벡터의 성분과 두 벡터가 이루는 각의 크기

좌표평면 위의 영벡터가 아닌 두 평면벡터 $\vec{a} = (a_1, a_2)$, $\vec{b} = (b_1, b_2)$가 이루는 각의 크기를 θ $(0 \le \theta \le \pi)$라 하면

$$\cos \theta = \frac{a_1 b_1 + a_2 b_2}{\sqrt{a_1^2 + a_2^2}\sqrt{b_1^2 + b_2^2}}$$

4. 두 평면벡터의 평행과 수직

영벡터가 아닌 두 평면벡터 $\vec{a}$, $\vec{b}$가 이루는 각의 크기가 $\dfrac{\pi}{2}$일 때, 두 벡터 $\vec{a}$, $\vec{b}$는 서로

수직이라 하고, 기호로 $\vec{a} \perp \vec{b}$와 같이 나타낸다.

한편, 두 평면벡터 $\vec{a}$, $\vec{b}$가 서로 평행하면 두 벡터가 이루는 각의 크기 θ는 0 또는 π이다.

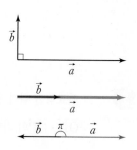

(1) 두 평면벡터의 평행과 수직

영벡터가 아닌 두 평면벡터 $\vec{a}$, $\vec{b}$에 대하여

① $\vec{a} \perp \vec{b} \Longleftrightarrow \vec{a} \cdot \vec{b} = 0$

② $\vec{a} /\!/ \vec{b} \Longleftrightarrow \vec{a} \cdot \vec{b} = \pm |\vec{a}||\vec{b}|$

(2) 벡터의 성분과 두 벡터의 평행과 수직

좌표평면 위의 영벡터가 아닌 두 평면벡터 $\vec{a} = (a_1, a_2)$, $\vec{b} = (b_1, b_2)$에 대하여

① $\vec{a} \perp \vec{b} \Longleftrightarrow \vec{a} \cdot \vec{b} = a_1 b_1 + a_2 b_2 = 0$

② $\vec{a} /\!/ \vec{b} \Longleftrightarrow \vec{a} \cdot \vec{b} = \pm \sqrt{a_1^2 + a_2^2}\sqrt{b_1^2 + b_2^2}$

 벡터의 내적의 성질

길이가 2인 선분 AB를 지름으로 하는 반원의 호 위의 두 점 C, D와 선분 AB의 중점 O가
$$\overrightarrow{AB} \cdot \overrightarrow{OC} = 0, \quad \overrightarrow{AO} \cdot \overrightarrow{OD} = \frac{\sqrt{3}}{2}$$
을 만족시킬 때, $\overrightarrow{AC} \cdot \overrightarrow{BD}$의 값은?

① $\dfrac{-1-\sqrt{3}}{2}$　　② $\dfrac{1-\sqrt{3}}{2}$　　③ $\dfrac{-1+\sqrt{3}}{2}$　　④ $\dfrac{\sqrt{3}}{2}$　　⑤ $\dfrac{1+\sqrt{3}}{2}$

길잡이 　벡터의 내적의 정의와 벡터의 내적의 성질 $\vec{a} \cdot (\vec{b} + \vec{c}) = \vec{a} \cdot \vec{b} + \vec{a} \cdot \vec{c}$를 이용한다.

풀이 　네 점 A, B, C, D는 반지름의 길이가 1인 반원의 호 위에 있으므로
$$\overline{OA} = \overline{OB} = \overline{OC} = \overline{OD} = 1$$
$\overrightarrow{AB} \cdot \overrightarrow{OC} = 0$에서
$$\overrightarrow{AB} \perp \overrightarrow{OC}$$
$\overrightarrow{AO} = \overrightarrow{OB}$이므로 두 벡터 $\overrightarrow{AO}$, $\overrightarrow{OD}$가 이루는 각의 크기를 θ라 하면 $\theta = \angle BOD$이고,
$$\overrightarrow{AO} \cdot \overrightarrow{OD} = |\overrightarrow{AO}| |\overrightarrow{OD}| \cos \theta = 1 \times 1 \times \cos \theta = \frac{\sqrt{3}}{2}$$
에서 $\theta = \dfrac{\pi}{6}$

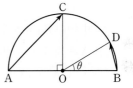

따라서 벡터의 내적의 성질에 의하여
$$\overrightarrow{AC} \cdot \overrightarrow{BD} = (\overrightarrow{AO} + \overrightarrow{OC}) \cdot (\overrightarrow{BO} + \overrightarrow{OD})$$
$$= \overrightarrow{AO} \cdot \overrightarrow{BO} + \overrightarrow{AO} \cdot \overrightarrow{OD} + \overrightarrow{OC} \cdot \overrightarrow{BO} + \overrightarrow{OC} \cdot \overrightarrow{OD}$$
$$= 1 \times 1 \times \cos \pi + \frac{\sqrt{3}}{2} + 1 \times 1 \times \cos \frac{\pi}{2} + 1 \times 1 \times \cos \left(\frac{\pi}{2} - \frac{\pi}{6} \right)$$
$$= -1 + \frac{\sqrt{3}}{2} + 0 + \frac{1}{2} = \frac{-1+\sqrt{3}}{2}$$

답 ③

유제

정답과 풀이 38쪽

3
[24012–0100]
평면 위의 세 점 A, B, C에 대하여 $\overrightarrow{AB} \cdot \overrightarrow{BC} = 10$, $\overrightarrow{CA} \cdot \overrightarrow{CB} = 15$일 때, $|\overrightarrow{BC}|$의 값은?

① $\sqrt{5}$　　② $\sqrt{10}$　　③ $\sqrt{15}$　　④ $2\sqrt{5}$　　⑤ 5

4
[24012–0101]
두 벡터 $\vec{a}$, $\vec{b}$에 대하여
$$|\vec{a}| = 2, \quad |2\vec{a} - \vec{b}| = \sqrt{21}$$
이고, 두 벡터 $\vec{a}$, $\vec{b}$가 이루는 각의 크기가 $\dfrac{\pi}{3}$일 때, $|\vec{b}|$의 값은?

① 1　　② 2　　③ 3　　④ 4　　⑤ 5

5. 벡터를 이용한 직선의 방정식

(1) 방향벡터가 주어진 직선의 방정식

직선 l이 벡터 $\vec{u}$에 평행할 때, 벡터 $\vec{u}$를 직선 l의 방향벡터라 한다.

점 A를 지나고 방향벡터가 $\vec{u}$인 직선 l 위의 임의의 점을 P라 하면 직선 l의 방정식은 다음과 같다.

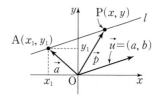

① $\vec{a}=\overrightarrow{OA}$, $\vec{p}=\overrightarrow{OP}$라 하면

$\vec{p}=\vec{a}+t\vec{u}$ (t는 실수)

② 두 점 A, P의 좌표를 각각 (x_1, y_1), (x, y)라 하고 $\vec{u}=(a, b)$라 하면

$$\frac{x-x_1}{a}=\frac{y-y_1}{b} \ (\text{단}, \ ab\neq0)$$

> **예** 점 $(1, -2)$를 지나고 방향벡터가 $\vec{u}=(2, 3)$인 직선의 방정식은
>
> $$\frac{x-1}{2}=\frac{y+2}{3}$$

(2) 법선벡터가 주어진 직선의 방정식

직선 l이 벡터 $\vec{n}$에 수직일 때, 벡터 $\vec{n}$을 직선 l의 법선벡터라 한다.

점 A를 지나고 법선벡터가 $\vec{n}$인 직선 l 위의 임의의 점을 P라 하면 직선 l의 방정식은 다음과 같다.

① $\vec{a}=\overrightarrow{OA}$, $\vec{p}=\overrightarrow{OP}$라 하면

$(\vec{p}-\vec{a})\cdot\vec{n}=0$

② 두 점 A, P의 좌표를 각각 (x_1, y_1), (x, y)라 하고 $\vec{n}=(a, b)$라 하면

$a(x-x_1)+b(y-y_1)=0$

> **예** 점 $(1, -2)$를 지나고 법선벡터가 $\vec{n}=(2, 3)$인 직선의 방정식은
>
> $2(x-1)+3(y+2)=0$, 즉 $2x+3y+4=0$

> **참고** 직선 $2x+3y+4=0$의 법선벡터는
>
> $(2, 3), (-2, -3), (4, 6), \cdots$
>
> 과 같이 무수히 많이 존재한다.

(3) 두 직선이 이루는 각의 크기

두 직선 l_1, l_2의 방향벡터를 각각 $\vec{u_1}=(a_1, b_1)$, $\vec{u_2}=(a_2, b_2)$라 할 때, 두 직선 l_1, l_2가 이루는 각의 크기를 $\theta\left(0\leq\theta\leq\dfrac{\pi}{2}\right)$라 하면

$$\cos\theta=\frac{|\vec{u_1}\cdot\vec{u_2}|}{|\vec{u_1}||\vec{u_2}|}=\frac{|a_1a_2+b_1b_2|}{\sqrt{a_1^2+b_1^2}\sqrt{a_2^2+b_2^2}}$$

> **참고** ① 두 직선의 방향벡터가 서로 평행하면 두 직선도 서로 평행하고, 두 직선의 방향벡터가 서로 수직이면 두 직선도 서로 수직이다.
>
> ② 두 직선의 법선벡터가 서로 평행하면 두 직선도 서로 평행하고, 두 직선의 법선벡터가 서로 수직이면 두 직선도 서로 수직이다.
>
> ③ 직선 l의 방향벡터와 직선 m의 법선벡터가 서로 평행하면 두 직선 l, m은 서로 수직이고, 직선 l의 방향벡터와 직선 m의 법선벡터가 서로 수직이면 서로 다른 두 직선 l, m은 서로 평행하다.

좌표평면에서 직선 l의 방향벡터는 $\vec{u}=(1,\,1)$이고, 직선 m의 법선벡터는 $\vec{n}=(2,\,-1)$일 때, 두 직선 l, m이 이루는 예각의 크기를 θ라 하자. $\cos\theta$의 값은?

① $\dfrac{\sqrt{2}}{2}$ ② $\dfrac{\sqrt{15}}{5}$ ③ $\dfrac{\sqrt{70}}{10}$ ④ $\dfrac{2\sqrt{5}}{5}$ ⑤ $\dfrac{3\sqrt{10}}{10}$

길잡이 방향벡터는 직선에 평행한 벡터이고, 법선벡터는 직선에 수직인 벡터임을 이용한다.

풀이 두 벡터 $\vec{u}=(1,\,1)$, $\vec{n}=(2,\,-1)$이 이루는 예각의 크기를 α라 하면

$$\cos\alpha=\frac{|\vec{u}\cdot\vec{n}|}{|\vec{u}|\,|\vec{n}|}$$
$$=\frac{|(1,\,1)\cdot(2,\,-1)|}{\sqrt{1^2+1^2}\,\sqrt{2^2+(-1)^2}}$$
$$=\frac{|1\times2+1\times(-1)|}{\sqrt{2}\times\sqrt{5}}$$
$$=\frac{\sqrt{10}}{10}$$

이때 그림에서 두 직선 l, m이 이루는 예각의 크기 θ는

$$\theta=\frac{\pi}{2}-\alpha$$

이므로

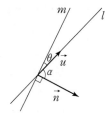

$$\cos\theta=\cos\left(\frac{\pi}{2}-\alpha\right)$$
$$=\sin\alpha=\sqrt{1-\cos^2\alpha}$$
$$=\sqrt{1-\frac{1}{10}}=\frac{3\sqrt{10}}{10}$$

답 ⑤

유제

정답과 풀이 38쪽

5
[24012–0102]
좌표평면 위의 두 점 $A(2,\,3)$, $B(4,\,-1)$에 대하여 벡터 $\vec{n}=(k,\,1)$이 직선 AB의 법선벡터일 때, 실수 k의 값은?

① 1   ② 2   ③ 3   ④ 4   ⑤ 5

6
[24012–0103]
좌표평면에서 점 $A(1,\,2)$를 지나고 방향벡터가 $\vec{u}=(3,\,4)$인 직선을 l이라 하자. 직선 l 위의 점 P에 대하여 $|\overrightarrow{OP}|$의 최솟값은? (단, O는 원점이다.)

① $\dfrac{1}{5}$ ② $\dfrac{2}{5}$ ③ $\dfrac{3}{5}$ ④ $\dfrac{4}{5}$ ⑤ 1

6. 벡터를 이용한 원의 방정식

평면에서 점 A를 중심으로 하고 반지름의 길이가 r인 원 C 위의 임의의 점을 P라 하면 원 C의 방정식은 다음과 같다.

(1) $\vec{a}=\overrightarrow{OA}$, $\vec{p}=\overrightarrow{OP}$라 하면

$$|\vec{p}-\vec{a}|=r,\ \text{즉}\ (\vec{p}-\vec{a})\cdot(\vec{p}-\vec{a})=r^2$$

(2) 두 점 A, P의 좌표를 각각 $(x_1,\ y_1)$, $(x,\ y)$라 하면

$$(x-x_1,\ y-y_1)\cdot(x-x_1,\ y-y_1)=r^2$$

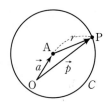

설명 (1) 점 A를 중심으로 하고 반지름의 길이가 r인 원 위의 한 점을 P라 하면

선분 AP의 길이는 r로 일정하므로

$$|\overrightarrow{AP}|=r \qquad\qquad \cdots\cdots\ ㉠$$

$\vec{a}=\overrightarrow{OA}$, $\vec{p}=\overrightarrow{OP}$이므로

$$\overrightarrow{AP}=\overrightarrow{OP}-\overrightarrow{OA}=\vec{p}-\vec{a}$$

따라서 ㉠에서

$$|\vec{p}-\vec{a}|=r$$

이므로 양변을 제곱하면

$$|\vec{p}-\vec{a}|^2=r^2$$

즉, $(\vec{p}-\vec{a})\cdot(\vec{p}-\vec{a})=r^2 \qquad\qquad \cdots\cdots\ ㉡$

(2) 두 점 A, P의 좌표가 각각 $(x_1,\ y_1)$, $(x,\ y)$이므로

$$\vec{p}-\vec{a}=(x-x_1,\ y-y_1)$$

이때 ㉡에서

$$(x-x_1,\ y-y_1)\cdot(x-x_1,\ y-y_1)=r^2 \qquad \cdots\cdots\ ㉢$$

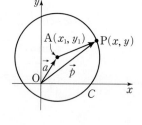

이므로

$$(x-x_1)^2+(y-y_1)^2=r^2$$

따라서 ㉢은 중심이 $A(x_1,\ y_1)$이고 반지름의 길이가 r인 원의 방정식을 나타낸다.

예 점 $A(1,\ -2)$와 점 P의 위치벡터를 각각 $\vec{a}$, $\vec{p}$라 하자.

① $|\vec{p}-\vec{a}|=2$를 만족시키는 점 P가 나타내는 도형은 중심이 점 $A(1,\ -2)$이고 반지름의 길이가 2인 원이다.

② $(\vec{p}-\vec{a})\cdot(\vec{p}-\vec{a})=9$, 즉 $|\vec{p}-\vec{a}|^2=9$를 만족시키는 점 P가 나타내는 도형은 중심이 점 $A(1,\ -2)$이고 반지름의 길이가 3인 원이다.

참고 ① 임의의 벡터 $\vec{p}=\overrightarrow{OP}$에 대하여 $\vec{p}\cdot\vec{p}=|\vec{p}||\vec{p}|\cos 0=|\vec{p}|^2$이므로

$$\vec{p}\cdot\vec{p}=r^2 \Longleftrightarrow |\vec{p}|=\overline{OP}=r\ (r>0)$$

따라서 $\vec{p}\cdot\vec{p}=r^2$은 중심이 원점 O이고 반지름의 길이가 r인 원의 방정식이다.

② 세 점 A, B, P의 위치벡터를 각각 $\vec{a}$, $\vec{b}$, $\vec{p}$라 할 때,

$$\overrightarrow{AP}\cdot\overrightarrow{BP}=0,\ \text{즉}\ (\vec{p}-\vec{a})\cdot(\vec{p}-\vec{b})=0$$

이면 점 P는 선분 AB를 지름으로 하는 원 위의 점이다.

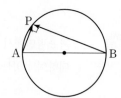

예제 4 원의 방정식

좌표평면에서 $\overrightarrow{OP} \cdot \overrightarrow{OP} = 4$를 만족시키는 점 P가 나타내는 도형을 C라 하자. 도형 C 위의 두 점 A, B에 대하여 $|3\overrightarrow{OA} + \overrightarrow{OB}| = \sqrt{22}$일 때, 삼각형 OAB의 넓이는? (단, O는 원점이다.)

① $\dfrac{\sqrt{5}}{4}$ ② $\dfrac{\sqrt{7}}{4}$ ③ $\dfrac{\sqrt{5}}{2}$ ④ $\dfrac{\sqrt{7}}{2}$ ⑤ $\dfrac{3}{2}$

길잡이 $\overrightarrow{OP} \cdot \overrightarrow{OP} = |\overrightarrow{OP}|^2 = k$ (k는 양의 상수)이면 점 P는 점 O를 중심으로 하고 반지름의 길이가 $\sqrt{k}$인 원 위의 점임을 이용한다.

풀이 $\overrightarrow{OP} \cdot \overrightarrow{OP} = |\overrightarrow{OP}|^2 = 4$에서

$$|\overrightarrow{OP}| = 2$$

이므로 점 P가 나타내는 도형 C는 점 O를 중심으로 하고 반지름의 길이가 2인 원이다.

두 점 A, B는 원 C 위의 점이므로

$$|\overrightarrow{OA}| = |\overrightarrow{OB}| = 2$$

이때 두 벡터 $\overrightarrow{OA}$, $\overrightarrow{OB}$가 이루는 각의 크기를 θ라 하면 $|3\overrightarrow{OA} + \overrightarrow{OB}| = \sqrt{22}$에서

$$\begin{aligned}
|3\overrightarrow{OA} + \overrightarrow{OB}|^2 &= (3\overrightarrow{OA} + \overrightarrow{OB}) \cdot (3\overrightarrow{OA} + \overrightarrow{OB}) \\
&= 9|\overrightarrow{OA}|^2 + 6\overrightarrow{OA} \cdot \overrightarrow{OB} + |\overrightarrow{OB}|^2 \\
&= 9 \times 2^2 + 6 \times 2 \times 2 \times \cos\theta + 2^2 \\
&= 36 + 24\cos\theta + 4 = 22
\end{aligned}$$

$$\cos\theta = -\frac{18}{24} = -\frac{3}{4}$$

이때 $\sin\theta = \sqrt{1 - \cos^2\theta} = \sqrt{1 - \left(-\dfrac{3}{4}\right)^2} = \dfrac{\sqrt{7}}{4}$이므로 삼각형 OAB의 넓이는

$$\frac{1}{2} \times \overline{OA} \times \overline{OB} \times \sin\theta = \frac{1}{2} \times 2 \times 2 \times \frac{\sqrt{7}}{4} = \frac{\sqrt{7}}{2}$$

답 ④

유제

정답과 풀이 39쪽

7
[24012-0104]

한 평면 위에 있는 네 점 A, B, P, Q가

$$|\overrightarrow{AB}| = 5, \quad |\overrightarrow{AP} - \overrightarrow{AB}| = 1, \quad \overrightarrow{AQ} \cdot \overrightarrow{AQ} = 4$$

를 만족시킬 때, $|\overrightarrow{PQ}|$의 최솟값은?

① 1 ② 2 ③ 3 ④ 4 ⑤ 5

8
[24012-0105]

좌표평면에서 두 벡터 $\vec{a} = (3, 4)$, $\vec{b} = (0, 4)$에 대하여 벡터 $\vec{p}$가

$$|\vec{p} - \vec{a}| = |\vec{a} - \vec{b}|$$

를 만족시킬 때, $\vec{p} \cdot \vec{b}$의 최댓값은?

① 28 ② 30 ③ 32 ④ 34 ⑤ 36

[24012–0106]

1 두 벡터 $\vec{a}=(2,\,-1)$, $\vec{b}=(3,\,-2)$에 대하여 $\vec{a}\cdot\vec{b}$의 값은?

① 2   ② 4   ③ 6   ④ 8   ⑤ 10

[24012–0107]

2 세 벡터 $\vec{a}=(x,\,2)$, $\vec{b}=(3,\,1)$, $\vec{c}=(1,\,x)$에 대하여 두 벡터 $\vec{a}+\vec{b}$, $\vec{c}-\vec{b}$가 서로 수직일 때, 실수 x의 값은?

① 1   ② 3   ③ 5   ④ 7   ⑤ 9

[24012–0108]

3 두 벡터 $\vec{a}$, $\vec{b}$에 대하여

$$|\vec{a}|=1,\ |\vec{b}|=2,\ |\vec{a}+2\vec{b}|=3$$

일 때, $\vec{a}\cdot\vec{b}$의 값은?

① -2 ② -1 ③ 0   ④ 1   ⑤ 2

[24012–0109]

4 삼각형 ABC에 대하여

$$|\overrightarrow{AB}|=3,\ |\overrightarrow{BC}|=5,\ \overrightarrow{AB}\cdot\overrightarrow{AC}=0$$

일 때, 삼각형 ABC의 넓이는?

① 4   ② 6   ③ 8   ④ 10   ⑤ 12

5 [24012-0110]

평행사변형 ABCD에 대하여
$$|\overrightarrow{AD}|=3, \quad \overrightarrow{AB}\cdot\overrightarrow{BC}=8$$
일 때, $\overrightarrow{AC}\cdot\overrightarrow{AD}$의 값은?

① 11　　　② 13　　　③ 15　　　④ 17　　　⑤ 19

6 [24012-0111]

좌표평면에서 두 벡터 $\vec{a}=(-2, -1), \vec{b}=(-2, 5)$에 대하여 벡터 $\vec{p}$가
$$|\vec{p}-\vec{a}|=|\vec{p}-\vec{b}|$$
를 만족시킬 때, $\vec{p}\cdot\vec{p}$의 최솟값은?

① $\dfrac{13}{4}$　　② $\dfrac{7}{2}$　　③ $\dfrac{15}{4}$　　④ 4　　⑤ $\dfrac{17}{4}$

7 [24012-0112]

좌표평면에서 법선벡터가 $\vec{n}=(3, 4)$인 직선과 y축이 이루는 각의 크기를 $\theta \left(0\le\theta\le\dfrac{\pi}{2}\right)$라 할 때, $\cos\theta$의 값은?

① 0　　② $\dfrac{1}{5}$　　③ $\dfrac{2}{5}$　　④ $\dfrac{3}{5}$　　⑤ $\dfrac{4}{5}$

8 [24012-0113]

좌표평면 위의 두 점 A$(3, 3)$, B$(-1, -1)$에 대하여 $\vec{a}=\overrightarrow{OA}$, $\vec{b}=\overrightarrow{OB}$라 하자. 벡터 $\vec{p}$가
$$|\vec{a}-\vec{p}|=|\vec{b}|$$
를 만족시킬 때, $|\vec{p}-\vec{b}|$의 최댓값은? (단, O는 원점이다.)

① $3\sqrt{2}$　　② $4\sqrt{2}$　　③ $5\sqrt{2}$　　④ $6\sqrt{2}$　　⑤ $7\sqrt{2}$

1 [24012–0114]

그림과 같이 한 평면 위에 있고, 한 변의 길이가 2인 세 정육각형 ABCDEF, AGHIJB, IKLMNJ가 있다. $\overrightarrow{AD} \cdot \overrightarrow{HN}$의 값은?

(단, 두 점 F, G는 서로 다르고, 두 점 H, K도 서로 다르다.)

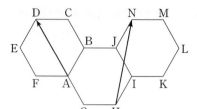

① 8   ② 12   ③ 16

④ 20   ⑤ 24

2 [24012–0115]

좌표평면에 점 A(0, 1)과 원 $(x-5)^2+y^2=16$ 위의 점 P가 있다.

$$\frac{\overrightarrow{OA} \cdot \overrightarrow{OP}}{|\overrightarrow{OA}||\overrightarrow{OP}|}$$

의 값이 최소가 되도록 하는 점 P를 P'이라 할 때, $\overrightarrow{AP'} \cdot \overrightarrow{AP'}$의 값은? (단, O는 원점이다.)

① $\dfrac{68}{5}$ ② 14   ③ $\dfrac{72}{5}$ ④ $\dfrac{74}{5}$ ⑤ $\dfrac{76}{5}$

3 [24012–0116]

$\overline{AB}=2$, $\angle BAC=\dfrac{\pi}{2}$인 삼각형 ABC에 대하여 점 D가

$$\overrightarrow{CA}+\overrightarrow{CB}=\overrightarrow{CD}, \ |\overrightarrow{BD}|=\overrightarrow{CA} \cdot \overrightarrow{CB}$$

를 만족시킨다. $\overrightarrow{CB} \cdot \overrightarrow{CD}$의 값은?

① 5   ② 6   ③ 7   ④ 8   ⑤ 9

4 [24012–0117]

좌표평면에 두 점 A(2, 1), B(3, −1)이 있다. 점 A를 지나고 법선벡터가 $\vec{n}=(1, 2)$인 직선을 l이라 하고, $\overrightarrow{BP} \cdot \overrightarrow{BP}=k$를 만족시키는 점 P가 나타내는 도형을 C라 하자. 직선 l이 도형 C와 오직 한 점에서 만날 때, 양수 k의 값은?

① 1   ② $\dfrac{6}{5}$ ③ $\dfrac{7}{5}$ ④ $\dfrac{8}{5}$ ⑤ $\dfrac{9}{5}$

5

[24012-0118]

한 변의 길이가 1인 정육각형 ABCDEF의 변 위의 점 P에 대하여 다음 조건을 만족시키는 상수 k의 값은?

> 부등식 $\overrightarrow{\mathrm{AP}} \cdot \overrightarrow{\mathrm{AB}} \geq k$를 만족시키는 모든 점 P가 나타내는 도형의 길이는 1이다.

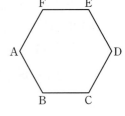

① $\dfrac{5}{4}$ ② $\dfrac{3}{2}$ ③ $\dfrac{7}{4}$

④ 2 ⑤ $\dfrac{9}{4}$

6

[24012-0119]

그림과 같이 좌표평면에 두 초점이 F$(c, 0)$, F$'(-c, 0)$이고 장축의 길이가 12인 타원 E가 있다. 타원 E 위의 점 P에 대하여 직선 PF가 타원 E와 만나는 점 중 P가 아닌 점을 Q라 하자.

$$\overrightarrow{\mathrm{PF}} + 4\overrightarrow{\mathrm{QF}} = \vec{0}, \ |\overrightarrow{\mathrm{PQ}}| = |\overrightarrow{\mathrm{F'Q}}|$$

일 때, $\overrightarrow{\mathrm{PF}} \cdot \overrightarrow{\mathrm{PF'}}$의 값은? (단, $0 < c < 6$)

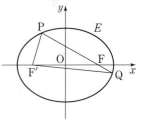

① $\dfrac{28}{5}$ ② 6 ③ $\dfrac{32}{5}$ ④ $\dfrac{34}{5}$ ⑤ $\dfrac{36}{5}$

7

[24012-0120]

그림과 같이 초점이 F인 포물선 $y^2 = 4px$와 중심이 F이고 반지름의 길이가 7인 원이 제1사분면에서 만나는 점을 P, 이 원이 x축과 만나는 점 중 x좌표가 양수인 점을 Q라 하자. 점 P에서 포물선 $y^2 = 4px$의 준선 l에 내린 수선의 발을 H라 할 때,

$$\overrightarrow{\mathrm{HP}} \cdot \overrightarrow{\mathrm{PQ}} = 42$$

이다. $|\overrightarrow{\mathrm{FP}} - \overrightarrow{\mathrm{FQ}}|$의 값은? (단, p는 $0 < p < 7$인 상수이다.)

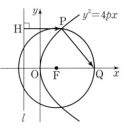

① $2\sqrt{21}$ ② $2\sqrt{23}$ ③ 10 ④ $6\sqrt{3}$ ⑤ $2\sqrt{29}$

[24012–0121]

1 그림과 같이 반지름의 길이가 2인 원에 동시에 내접하는 정삼각형 ABC와 정육각형 PQRSTU가 있다.

$$\overrightarrow{AB} \cdot \overrightarrow{QS} = 0$$

일 때, $\overrightarrow{QA} \cdot \overrightarrow{BS}$의 값은? (단, 점 A는 점 Q를 포함하지 않는 호 PU 위에 있다.)

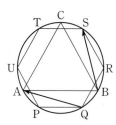

① 4　　　　　② $4\sqrt{2}$　　　　　③ $4\sqrt{3}$

④ 8　　　　　⑤ $4\sqrt{5}$

[24012–0122]

2 좌표평면에서 점 A(3, 4)와 원 $x^2 + y^2 = 15$ 위의 두 점 P, Q가

$$|\overrightarrow{AP}| = |\overrightarrow{AQ}|, \quad \overrightarrow{AP} \cdot \overrightarrow{AQ} = 0$$

을 만족시킬 때, $|\overrightarrow{AP} + \overrightarrow{AQ}|$의 값은 m_1 또는 m_2이다. $m_1 \times m_2$의 값을 구하시오. (단, $m_1 \neq m_2$)

[24012–0123]

3 좌표평면에 두 점 A(1, 2), B(3, 0)과 원 $C : (x-4)^2 + (y-3)^2 = r^2$이 있다. 원 C 위의 점 P에 대하여 $\overrightarrow{PA} \cdot \overrightarrow{PB}$의 최솟값이 0이 되도록 하는 모든 양수 r의 값의 곱은?

① 4　　　　② 6　　　　③ 8　　　　④ 10　　　　⑤ 12

[24012–0124]

4 그림과 같이 세 점 O, A, B가

$$\overrightarrow{OA}=3, \overrightarrow{OB}=4, \overrightarrow{OA} \cdot \overrightarrow{OB}=6$$

을 만족시킨다. 점 A에서 선분 OB에 내린 수선의 발을 P, 점 B에서 선분 OA에 내린 수선의 발을 Q라 하고, 두 선분 AP, BQ의 교점을 R이라 하자. $\overrightarrow{OR}=m\overrightarrow{OA}+n\overrightarrow{OB}$일 때, $m+n$의 값은? (단, m, n은 실수이다.)

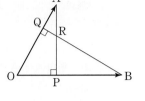

① $\dfrac{1}{2}$ ② $\dfrac{5}{9}$ ③ $\dfrac{11}{18}$ ④ $\dfrac{2}{3}$ ⑤ $\dfrac{13}{18}$

[24012–0125]

5 그림과 같이 한 변의 길이가 4인 정사각형 ABCD에 내접하는 원 위를 움직이는 점 P에 대하여 다음 조건을 만족시키는 실수 k의 최댓값을 K라 하자.

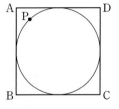

> $\overrightarrow{AX}=\overrightarrow{AB}+\dfrac{1}{2}\overrightarrow{BP}+k(\overrightarrow{AD}-\overrightarrow{AB})$를 만족시키는 모든 점 X는 정사각형 ABCD의 둘레 또는 그 내부에 있다.

$\overrightarrow{AX}=\overrightarrow{AB}+\dfrac{1}{2}\overrightarrow{BP}+K(\overrightarrow{AD}-\overrightarrow{AB})$를 만족시키는 점 X에 대하여 $\overrightarrow{AX} \cdot \overrightarrow{CX}$의 최댓값은?

① $2\sqrt{2}-5$ ② $2\sqrt{2}-4$ ③ $2\sqrt{2}-3$ ④ $2\sqrt{2}-2$ ⑤ $2\sqrt{2}-1$

출제경향 주어진 조건으로부터 벡터의 크기와 방향에 대한 정보를 파악하여 벡터의 내적의 최대·최소를 묻거나, 벡터의 내적을 이용하여 벡터의 크기의 최대·최소를 묻는 문제가 출제된다.

2024학년도 수능 9월 모의평가

좌표평면에서 $\overline{AB}=\overline{AC}$이고 $\angle BAC=\dfrac{\pi}{2}$인 직각삼각형 ABC에 대하여 두 점 P, Q가 다음 조건을 만족시킨다.

> (가) 삼각형 APQ는 정삼각형이고, $9|\overrightarrow{PQ}|\overrightarrow{PQ}=4|\overrightarrow{AB}|\overrightarrow{AB}$이다.
> (나) $\overrightarrow{AC} \cdot \overrightarrow{AQ}<0$
> (다) $\overrightarrow{PQ} \cdot \overrightarrow{CB}=24$

선분 AQ 위의 점 X에 대하여 $|\overrightarrow{XA}+\overrightarrow{XB}|$의 최솟값을 m이라 할 때, m^2의 값을 구하시오. [4점]

출제 의도 벡터의 성질과 내적을 이용하여 조건을 만족시키는 벡터의 크기의 최솟값을 구할 수 있는지를 묻는 문제이다.

풀이 조건 (가)에서

$$\overrightarrow{PQ}=\dfrac{4|\overrightarrow{AB}|}{9|\overrightarrow{PQ}|}\overrightarrow{AB}$$

이때 $\dfrac{4|\overrightarrow{AB}|}{9|\overrightarrow{PQ}|}$는 양의 상수이므로 두 벡터 $\overrightarrow{AB}$, $\overrightarrow{PQ}$의 방향은 서로 같다.　　　…… ㉠

㉠에서

$$\dfrac{\overrightarrow{PQ}}{|\overrightarrow{PQ}|}=\dfrac{\overrightarrow{AB}}{|\overrightarrow{AB}|}$$

이고,

$$9|\overrightarrow{PQ}|\overrightarrow{PQ}=9|\overrightarrow{PQ}|^2\times\dfrac{\overrightarrow{PQ}}{|\overrightarrow{PQ}|},$$

$$4|\overrightarrow{AB}|\overrightarrow{AB}=4|\overrightarrow{AB}|^2\times\dfrac{\overrightarrow{AB}}{|\overrightarrow{AB}|}$$

이므로

$$9|\overrightarrow{PQ}|^2=4|\overrightarrow{AB}|^2,\ \text{즉}\ |\overrightarrow{PQ}|=\dfrac{2}{3}|\overrightarrow{AB}|　　　…… ㉡$$

조건 (나)에서 두 벡터 $\overrightarrow{AC}$, $\overrightarrow{AQ}$가 이루는 각의 크기는 둔각이다.　　　…… ㉢

$\overline{AB}=k$라 하면 ㉠, ㉡, ㉢에서 정삼각형 APQ의 한 변의 길이는 $\dfrac{2}{3}k$이고

$$\angle CAP=\angle CAQ=\dfrac{5}{6}\pi$$

이다.

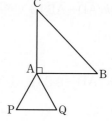

이때 두 벡터 $\overrightarrow{PQ}$, $\overrightarrow{CB}$가 이루는 각의 크기는 $\angle ABC = \dfrac{\pi}{4}$이고

$$|\overrightarrow{CB}| = \overline{CB} = \sqrt{2}k, \quad |\overrightarrow{PQ}| = \dfrac{2}{3}k$$

이므로 조건 (다)에서

$$\overrightarrow{PQ} \cdot \overrightarrow{CB} = |\overrightarrow{PQ}||\overrightarrow{CB}| \cos \dfrac{\pi}{4} = \dfrac{2}{3}k \times \sqrt{2}k \times \dfrac{\sqrt{2}}{2} = \dfrac{2}{3}k^2 = 24$$

$k^2 = 36$에서 $k = 6$

한편, 선분 AB의 중점을 M이라 하면

$$\overrightarrow{XA} + \overrightarrow{XB} = 2\overrightarrow{XM}$$

이고, 점 M에서 선분 AQ에 내린 수선의 발을 H라 하면

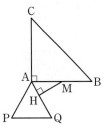

$\angle MAH = \dfrac{\pi}{3}$이므로

$$
\begin{aligned}
|\overrightarrow{XA} + \overrightarrow{XB}| &= |2\overrightarrow{XM}| \\
&\geq 2|\overrightarrow{HM}| \\
&= 2|\overrightarrow{AM}| \times \sin \dfrac{\pi}{3} = 2 \times \dfrac{6}{2} \times \dfrac{\sqrt{3}}{2} = 3\sqrt{3}
\end{aligned}
$$

(단, 등호는 점 X가 점 H와 일치할 때 성립한다.)

따라서 $m = 3\sqrt{3}$이므로 $m^2 = 27$

답 27

참고 ▷ 위의 풀이에서 $k = \overline{AB} = 6$이므로 좌표평면에서 세 점 A, B, C의 좌표를 각각 $(0, 0)$, $(6, 0)$, $(0, 6)$으로 놓을 수 있다.

이때 $\overline{PQ} = \dfrac{2}{3}k = 4$이므로 두 점 P, Q의 좌표는 각각 $(-2, -2\sqrt{3})$, $(2, -2\sqrt{3})$이다.

점 X는 선분 AQ 위의 점이므로 점 X의 좌표는

$$(t, -\sqrt{3}t) \ (0 \leq t \leq 2)$$

로 놓을 수 있다. 이때

$$
\begin{aligned}
\overrightarrow{XA} &= \overrightarrow{OA} - \overrightarrow{OX} = (0, 0) - (t, -\sqrt{3}t) = (-t, \sqrt{3}t) \\
\overrightarrow{XB} &= \overrightarrow{OB} - \overrightarrow{OX} = (6, 0) - (t, -\sqrt{3}t) = (6-t, \sqrt{3}t) \\
|\overrightarrow{XA} + \overrightarrow{XB}| &= |(-t, \sqrt{3}t) + (6-t, \sqrt{3}t)| = |(6-2t, 2\sqrt{3}t)| \\
&= \sqrt{16t^2 - 24t + 36} = \sqrt{16\left(t - \dfrac{3}{4}\right)^2 + 27}
\end{aligned}
$$

이므로 $|\overrightarrow{XA} + \overrightarrow{XB}|$는 $t = \dfrac{3}{4}$일 때 최솟값 $\sqrt{27}$을 갖는다.

따라서 $m = \sqrt{27}$이므로 $m^2 = 27$

06 공간도형

1. 공간에서 직선과 평면의 위치 관계

(1) 평면의 결정 조건

　① 한 직선 위에 있지 않은 서로 다른 세 점　　② 한 직선과 그 직선 위에 있지 않은 한 점

　③ 한 점에서 만나는 두 직선　　　　　　　④ 평행한 두 직선

(2) 서로 다른 두 직선의 위치 관계

　① 한 점에서 만난다.　　　② 평행하다.　　　　　　③ 꼬인 위치에 있다.

　　　　　　　　　　　← 한 평면 위에 있다. →

(3) 직선과 평면의 위치 관계

　① 직선이 평면에 포함된다.　② 한 점에서 만난다.　　③ 평행하다.

　　　　　　　　　　↑ ─── 만난다. ─── ↑

(4) 서로 다른 두 평면의 위치 관계

　① 만난다.　　　　　　　② 평행하다.

> **참고**　① 서로 다른 두 평면이 만날 때 두 평면의 공통부분은 직선이고, 이 직선을 두 평면의 교선이라 한다.
>
> 　　② 서로 다른 두 평면 α, β가 만나지 않을 때 두 평면 α, β는 서로 평행하다고 하고, 기호로 $\alpha /\!/ \beta$와 같이 나타낸다.

2. 공간에서 직선과 평면의 평행

(1) 두 직선 l, m이 서로 평행할 때, 직선 l을 포함하고 직선 m을 포함하지 않는 모든 평면은 직선 m과 평행하다.

(2) 두 평면 α, β가 서로 평행할 때, 평면 α 위에 있는 모든 직선은 평면 β와 평행하다.

(3) 직선 l과 평면 α가 서로 평행할 때, 직선 l을 포함하는 평면과 평면 α의 교선은 직선 l과 평행하다.

(4) 두 평면 α, β가 서로 평행할 때, 두 평면 α, β가 평면 γ와 만나서 생기는 두 교선은 서로 평행하다.

(5) 한 점에서 만나는 두 직선 l, m이 각각 평면 α와 평행할 때, 두 직선 l, m으로 결정되는 평면은 평면 α와 평행하다.

예제 1 **직선과 평면의 위치 관계** www.ebsi.co.kr

그림과 같은 정팔면체 ABC−DEF의 모든 모서리를 연장한 직선 중에서 직선 AB와 꼬인 위치에 있는 직선의 개수를 a, 평면 ABC와 평행한 직선의 개수를 b라 할 때, $a+b$의 값은?

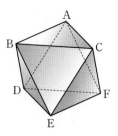

① 5   ② 6   ③ 7

④ 8   ⑤ 9

길잡이 모든 모서리를 연장한 직선 중에서 한 점에서 만나는 직선과 평행한 직선을 제외한 나머지 직선들이 꼬인 위치에 있는지 확인한다.
또 두 평면 α, β가 평행하면 평면 α 위에 있는 모든 직선은 평면 β와 평행하다는 명제를 이용한다.

풀이 직선 AB와 꼬인 위치에 있는 직선은 직선 CE, 직선 CF, 직선 DE, 직선 DF이므로

$a=4$

또 두 평면 ABC, DEF는 평행하므로 평면 DEF 위에 있는 모든 직선은 평면 ABC와 평행하다.

이때 직선 DE, 직선 EF, 직선 DF가 평면 DEF 위에 있으므로 직선 DE, 직선 EF, 직선 DF는 평면 ABC와 평행하다. 즉,

$b=3$

따라서 $a+b=4+3=7$

답 ③

참고 정팔면체의 모든 모서리의 개수는 12이다.

이 중 직선 AC, 직선 AD, 직선 AF, 직선 BC, 직선 BD, 직선 BE는 직선 AB와 만나고,

직선 EF는 직선 AB와 서로 평행하다.

또 정팔면체 ABC−DEF의 측면도는 그림과 같다.

유제 **정답과 풀이 48쪽**

1 그림과 같이 정육각기둥 ABCDEF−GHIJKL의 모든 모서리를 연장한 직선

[24012−0126] 중에서 직선 AB와 평행한 직선의 개수를 a, 직선 AB와 꼬인 위치에 있는 직선의 개수를 b라 할 때, $2a+b$의 값은?

① 12   ② 14   ③ 16

④ 18   ⑤ 20

2 그림과 같이 정사각형 ABCD를 밑면으로 하고 모든 모서리의 길이가

[24012−0127] 같은 정사각뿔 E−ABCD에 대하여 점 F를 사면체 F−ABE가 정

사면체가 되도록 잡는다. 이 입체도형의 모든 모서리를 연장한 직선과

두 직선 AE, BE 중에서 직선 EF와 평행한 직선의 개수를 a, 직선

AF와 꼬인 위치에 있는 직선의 개수를 b라 할 때, $a+b$의 값을 구하

시오. (단, 모서리 EF는 평면 ABCD와 만나지 않는다.)

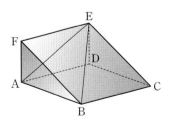

3. 공간에서 두 직선이 이루는 각

두 직선 l, m이 꼬인 위치에 있을 때, 직선 m 위에 한 점 O를 잡고, 점 O를 지나고 직선 l에 평행한 직선 l'을 그으면 두 직선 l', m은 점 O에서 만나므로 한 평면을 결정한다. 이때 두 직선 l', m이 이루는 각을 두 직선 l, m이 이루는 각이라 한다.

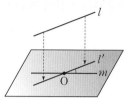

참고 ① 일반적으로 두 직선이 이루는 각의 크기는 두 각 중 크기가 크지 않은 것을 생각한다.

② 두 직선이 이루는 각이 직각일 때 두 직선 l과 m은 서로 수직이라 하고, 기호로 $l \perp m$과 같이 나타낸다.

4. 공간에서 직선과 평면의 수직 관계

공간에서 직선 l과 평면 α 위의 모든 직선이 수직일 때, 직선 l과 평면 α는 서로 수직이라 하고, 기호로 $l \perp \alpha$와 같이 나타낸다. 이때 직선 l을 평면 α의 수선, 직선 l과 평면 α가 만나는 점 O를 수선의 발이라 한다.

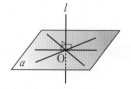

참고 직선 l이 평면 α 위의 평행하지 않은 서로 다른 두 직선과 각각 수직이면 $l \perp \alpha$이다.

5. 공간에서 직선과 평면이 이루는 각

직선 l이 평면 α와 점 O에서 만나고 수직이 아닐 때, 점 O가 아닌 직선 l 위의 임의의 점 P에서 평면 α에 내린 수선의 발을 H라 하자.

이때 $\angle POH$를 직선 l과 평면 α가 이루는 각이라 한다.

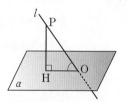

참고 ① 직선 l과 평면 α가 이루는 각의 크기는 직선 l과 직선 OH가 이루는 각의 크기와 같다.

② 점 O가 점 P의 수선의 발 H와 일치하면 직선 l과 평면 α는 서로 수직이다.

③ 직선 l이 평면 α와 평행하면 직선 l과 평면 α가 이루는 각의 크기는 0이다.

예제 2 공간에서 두 직선이 이루는 각과 직선과 평면이 이루는 각

그림과 같이 정팔면체 ABCDEF에서 선분 AB의 중점을 M, 선분 AC의 중점을 N이라 하자. 두 직선 FM, DN이 이루는 예각의 크기를 θ라 할 때, $\cos\theta$의 값은?

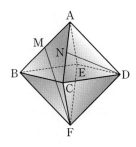

① $\dfrac{\sqrt{3}}{3}$　　　② $\dfrac{\sqrt{15}}{6}$　　　③ $\dfrac{\sqrt{2}}{2}$

④ $\dfrac{\sqrt{21}}{6}$　　　⑤ $\dfrac{\sqrt{6}}{3}$

길잡이 꼬인 위치에 있는 두 직선이 이루는 각의 크기는 어느 한 직선을 평행이동하여 두 직선이 만날 때 이루는 각의 크기와 같다.

풀이 정팔면체의 한 모서리의 길이를 $2a\,(a>0)$라 하면 $\overline{AB}=2a$

두 점 M, N은 각각 두 선분 AB, AC의 중점이므로

$$\overline{MN}=\frac{1}{2}\overline{BC}=a$$

선분 DE의 중점을 I라 하면

$$\overline{DI}=\frac{1}{2}\overline{DE}=a=\overline{MN}$$

이고 $\overline{DI}/\!/\overline{MN}$이므로 사각형 MNDI는 평행사변형이다. 즉, $\overline{ND}/\!/\overline{MI}$

따라서 두 직선 FM, DN이 이루는 예각의 크기는 두 직선 FM, MI가 이루는 예각의 크기와 같으므로

$$\theta=\angle FMI$$

이때

$$\overline{MI}=\overline{ND}=\frac{\sqrt{3}}{2}\overline{AC}=\sqrt{3}a,\ \ \overline{FI}=\frac{\sqrt{3}}{2}\overline{DE}=\sqrt{3}a$$

이고, $\overline{BF}=2a$, $\overline{BM}=a$, $\angle MBF=\dfrac{\pi}{2}$이므로

$$\overline{FM}=\sqrt{\overline{BF}^2+\overline{BM}^2}=\sqrt{5}a$$

삼각형 FMI가 $\overline{MI}=\overline{FI}$인 이등변삼각형이므로

$$\cos\theta=\cos(\angle FMI)=\frac{\frac{1}{2}\overline{FM}}{\overline{MI}}=\frac{\frac{\sqrt{5}}{2}a}{\sqrt{3}a}=\frac{\sqrt{15}}{6}$$

답 ②

유제

정답과 풀이 49쪽

3

[24012–0128]

그림과 같이 세 옆면이 모두 정사각형인 삼각기둥 ABC−DEF에 대하여 사각형 ADEB에 내접하는 원의 중심을 G라 하자. 직선 GF와 평면 DEF가 이루는 각의 크기를 α라 하고, 두 직선 AC, GF가 이루는 각의 크기를 β라 할 때, $\sin\alpha+\cos\beta$의 값은?

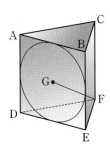

① $\dfrac{3}{4}$　　　② $\dfrac{7}{8}$　　　③ 1

④ $\dfrac{9}{8}$　　　⑤ $\dfrac{5}{4}$

6. 삼수선의 정리

평면 α 위에 있지 않은 점 P와 평면 α 위의 점 O, 점 O를 지나지 않는 평면 α 위의 직선 l, 직선 l 위의 점 H에 대하여 다음 세 가지 성질이 성립하고, 이를 삼수선의 정리라 한다.

(1) $\overline{PO}\perp\alpha$, $\overline{OH}\perp l$이면 $\overline{PH}\perp l$

(2) $\overline{PO}\perp\alpha$, $\overline{PH}\perp l$이면 $\overline{OH}\perp l$

(3) $\overline{PH}\perp l$, $\overline{OH}\perp l$, $\overline{PO}\perp\overline{OH}$이면 $\overline{PO}\perp\alpha$

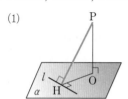 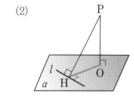 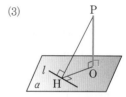

설명 (1) $\overline{PO}\perp\alpha$이므로 직선 PO는 평면 α 위의 모든 직선과 수직이고 직선 l이 평면 α 위에 있으므로 $\overline{PO}\perp l$이다.
또 $\overline{OH}\perp l$이므로 직선 l은 직선 PO와 직선 OH를 포함하는 평면 PHO와 수직이다.
즉, 직선 l은 평면 PHO 위의 모든 직선과 수직이고 직선 PH가 평면 PHO 위에 있으므로 $\overline{PH}\perp l$이다.

(2) $\overline{PO}\perp\alpha$이므로 직선 PO는 평면 α 위의 모든 직선과 수직이고 직선 l이 평면 α 위에 있으므로 $\overline{PO}\perp l$이다.
또 $\overline{PH}\perp l$이므로 직선 l은 직선 PO와 직선 PH를 포함하는 평면 PHO와 수직이다.
즉, 직선 l은 평면 PHO 위의 모든 직선과 수직이고 직선 OH가 평면 PHO 위에 있으므로 $\overline{OH}\perp l$이다.

(3) $\overline{PH}\perp l$, $\overline{OH}\perp l$이므로 직선 l은 직선 PH와 직선 OH를 포함하는 평면 PHO와 수직이다.
즉, 직선 l은 평면 PHO 위의 모든 직선과 수직이고 직선 PO가 평면 PHO 위에 있으므로 $\overline{PO}\perp l$이다.
또 $\overline{PO}\perp\overline{OH}$이므로 직선 PO는 직선 l과 직선 OH를 포함하는 평면 α와 수직이다. 즉, $\overline{PO}\perp\alpha$이다.

예 그림과 같은 직육면체 ABCD−EFGH의 한 꼭짓점 A에서 선분 FH에 내린 수선의 발을 I라 하자.
$\overline{AE}\perp\overline{EF}$, $\overline{AE}\perp\overline{EH}$이므로 $\overline{AE}\perp$ (평면 EFGH)이고 $\overline{AI}\perp\overline{FH}$이므로 삼수선의 정리 (2)에 의하여 $\overline{EI}\perp\overline{FH}$이다.

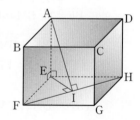

예제 3 **삼수선의 정리**

그림과 같이 한 모서리의 길이가 3인 정육면체 ABCD−EFGH가 있다. $\overline{AP}=2$인 선분 AD 위의 점 P에서 선분 EG에 내린 수선의 발을 Q라 할 때, 네 점 P, Q, G, C를 꼭짓점으로 하는 사면체 PQGC의 부피는?

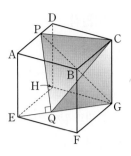

① $\dfrac{5}{3}$　　　　② $\dfrac{11}{6}$　　　　③ 2

④ $\dfrac{13}{6}$　　　　⑤ $\dfrac{7}{3}$

길잡이 평면 α 위에 있지 않은 점 P에서 평면 α에 내린 수선의 발을 O라 하고, 점 P에서 점 O를 지나지 않는 평면 α 위의 직선 l에 내린 수선의 발을 H라 하면 삼수선의 정리에 의하여 $\overline{OH}\perp l$이다.

풀이 점 P에서 선분 EH에 내린 수선의 발을 I라 하면 직선 PI와 직선 DH는 서로 평행하고, 직선 DH와 평면 EFGH가 서로 수직이므로 직선 PI와 평면 EFGH는 서로 수직이다.

이때 $\overline{PQ}\perp\overline{EG}$이므로 삼수선의 정리에 의하여

$$\overline{IQ}\perp\overline{EG}$$

$\overline{EH}=3$이고 $\angle HEG=\dfrac{\pi}{4}$이므로 직각삼각형 HEG에서

$$\overline{EG}=\frac{\overline{EH}}{\cos\dfrac{\pi}{4}}=\frac{3}{\dfrac{\sqrt{2}}{2}}=3\sqrt{2}$$

또 $\overline{EI}=2$이므로 직각삼각형 IEQ에서

$$\overline{EQ}=\overline{EI}\cos\frac{\pi}{4}=2\times\frac{\sqrt{2}}{2}=\sqrt{2},\ \overline{GQ}=\overline{EG}-\overline{EQ}=2\sqrt{2}$$

삼각형 CQG의 넓이는

$$\frac{1}{2}\times\overline{QG}\times\overline{CG}=\frac{1}{2}\times2\sqrt{2}\times3=3\sqrt{2}$$

사면체 PQGC의 밑면을 삼각형 CQG로 하면 높이는 점 P와 평면 CGQ, 즉 평면 CGEA 사이의 거리와 같고 이는 선분 IQ의 길이와 같으므로 $\overline{IQ}=\sqrt{2}$에서 사면체 PQGC의 부피는

$$\frac{1}{3}\times3\sqrt{2}\times\sqrt{2}=2$$

답 ③

유제

정답과 풀이 49쪽

4
[24012−0129]

그림과 같이 $\overline{AB}=3$, $\overline{BC}=4$, $\angle ABC=\dfrac{\pi}{2}$인 삼각형 ABC의 내접원의 중심 I에 대하여 $\overline{OI}\perp$(평면 ABC)인 사면체 O−ABC가 있다. 사면체 O−ABC의 겉넓이가 30일 때, 선분 OI의 길이는?

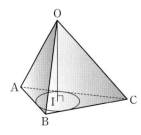

① $\sqrt{11}$　　　　② $2\sqrt{3}$　　　　③ $\sqrt{13}$

④ $\sqrt{14}$　　　　⑤ $\sqrt{15}$

7. 이면각

(1) 반평면

평면 위의 한 직선은 그 평면을 두 부분으로 나누는데, 그 각각을 반평면이라 한다.

(2) 이면각

그림과 같이 직선 l을 공유하는 두 반평면 α, β로 이루어진 도형을 이면각이라 한다.

이때 직선 l을 이면각의 변, 두 반평면 α, β를 각각 이면각의 면이라 한다.

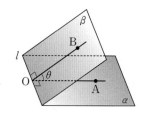

(3) 이면각의 크기

이면각의 변 l 위의 한 점 O를 지나고 직선 l에 수직인 두 반직선 OA, OB를 두

반평면 α, β 위에 각각 그을 때, $\angle$AOB의 크기는 점 O의 위치에 관계없이 일정

하다. 이 일정한 각의 크기 θ를 이면각의 크기라 한다.

(4) 두 평면이 이루는 각의 크기

서로 다른 두 평면이 만나서 생기는 4개의 이면각 중에서 크기가 크지 않은 한 이면각의 크기를 두 평면이 이

루는 각의 크기라 한다.

참고 ① 두 평면 α, β에서 이면각의 크기가 $\dfrac{\pi}{2}$일 때, 두 평면 α, β는 서로 수직이라 하고, 기호로 $\alpha \perp \beta$와 같이 나타낸다.

② 직선 l이 평면 α에 수직일 때, 직선 l을 포함하는 평면 β는 평면 α와 수직이다.

설명 위의 ②가 성립함을 보이자.

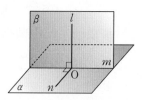

그림과 같이 두 평면 α, β의 교선을 m이라 하고, 직선 l과 평면 α의 교점을 O라 하자.

평면 α 위에 점 O를 지나고 직선 m과 수직인 직선 n을 그으면 $l \perp \alpha$이므로 $l \perp n$이다.

이때 $l \perp m$, $m \perp n$이므로 두 평면 α, β가 이루는 각의 크기는 두 직선 l, n이 이루는

각의 크기와 같다. 따라서 $\alpha \perp \beta$이다.

예 1 그림과 같은 정육면체 ABCD−EFGH에서

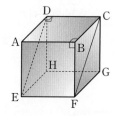

① $\overline{DC} \perp \overline{AD}$, $\overline{DC} \perp \overline{ED}$이고 $\angle$ADE$=\dfrac{\pi}{4}$이므로 두 평면 ABCD, EFCD가 이루는 예각

의 크기는 $\dfrac{\pi}{4}$이다.

② $\overline{AB} \perp \overline{BC}$, $\overline{AB} \perp \overline{BF}$이고 $\angle$CBF$=\dfrac{\pi}{2}$이므로 두 평면 ABCD, AEFB가 이루는 각의 크

기는 $\dfrac{\pi}{2}$이다. 즉, (평면 ABCD)$\perp$(평면 AEFB)이다.

예 2 그림과 같이 한 변의 길이가 2인 정삼각형을 밑면으로 하고 높이가 1인 정삼각기둥 ABC−DEF에서

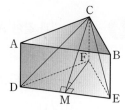

① $\overline{CF} \perp \overline{AC}$, $\overline{CF} \perp \overline{BC}$이고 $\angle$ACB$=\dfrac{\pi}{3}$이므로 두 평면 ADFC, CFEB가 이루는 각의

크기는 $\dfrac{\pi}{3}$이다.

② 선분 DE의 중점을 M이라 하면 $\overline{DF}=\overline{EF}$에서 $\overline{DE} \perp \overline{FM}$이고, $\overline{CD}=\overline{CE}$에서

$\overline{DE} \perp \overline{CM}$이므로 두 평면 CDE, FDE가 이루는 각은 $\angle$CMF이다.

이때 $\overline{FM} \perp \overline{CF}$이고 $\overline{FM}=\sqrt{3}$, $\overline{CF}=1$이므로 $\tan(\angle$CMF$)=\dfrac{\sqrt{3}}{3}$에서 $\angle$CMF$=\dfrac{\pi}{6}$

즉, 두 평면 CDE, FDE가 이루는 각의 크기는 $\dfrac{\pi}{6}$이다.

그림과 같이 밑면 ABC가 정삼각형인 삼각뿔 O−ABC가 있다. 점 O에서 평면 ABC에 내린 수선의 발이 삼각형 ABC의 무게중심 G와 일치하고, 삼각형 OAB의 넓이가 삼각형 ABC의 넓이의 $\frac{2}{3}$배일 때, 두 평면 OAB, OBC가 이루는 예각의 크기 θ에 대하여 $\cos \theta$의 값은?

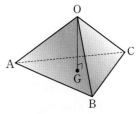

① $\frac{1}{16}$ ② $\frac{1}{8}$ ③ $\frac{3}{16}$ ④ $\frac{1}{4}$ ⑤ $\frac{5}{16}$

길잡이   두 평면이 이루는 각의 크기를 구할 때에는 두 평면의 교선 위의 한 점을 지나고 교선에 수직이 되도록 두 평면 위에 각각 그은 두 직선이 이루는 각의 크기를 구하면 된다.

풀이   정삼각형 ABC의 무게중심 G에 대하여 $\overline{OG}\perp$(평면 ABC)이고 $\overline{GA}=\overline{GB}=\overline{GC}$이므로 $\overline{OA}=\overline{OB}=\overline{OC}$

두 삼각형 OAB, ABC는 변 AB를 공유하고 선분 AB의 중점 M에 대하여 $\overline{OM}\perp\overline{AB}$, $\overline{CM}\perp\overline{AB}$이므로 두 삼각형 OAB, ABC의 넓이의 비는 두 선분 OM, CM의 길이의 비와 같다.

삼각형 OAB의 넓이가 삼각형 ABC의 넓이의 $\frac{2}{3}$이므로

$$\overline{OM}=\frac{2}{3}\overline{CM}=\frac{2}{3}\times 3\times\overline{GM}=2\overline{GM}$$

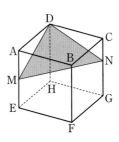

$\overline{AB}=6a\ (a>0)$이라 하면 $\overline{GM}=\frac{1}{3}\times\frac{\sqrt{3}}{2}\overline{AB}=\sqrt{3}a$, $\overline{OM}=2\overline{GM}=2\sqrt{3}a$이므로

직각삼각형 OMB에서 $\overline{OB}=\sqrt{\overline{OM}^2+\overline{MB}^2}=\sqrt{(2\sqrt{3}a)^2+(3a)^2}=\sqrt{21}a$

점 A에서 직선 OB에 내린 수선의 발을 D라 하면 점 C에서 직선 OB에 내린 수선의 발도 D와 같다.

이때 $\frac{1}{2}\times\overline{AB}\times\overline{OM}=\frac{1}{2}\times\overline{OB}\times\overline{AD}$에서 $\overline{AD}=\dfrac{6a\times 2\sqrt{3}a}{\sqrt{21}a}=\dfrac{12}{\sqrt{7}}a$

$\overline{CD}=\dfrac{12}{\sqrt{7}}a$, $\overline{AC}=6a$이므로 삼각형 DAC에서 코사인법칙에 의하여

$$\cos(\angle ADC)=\frac{\overline{AD}^2+\overline{CD}^2-\overline{AC}^2}{2\times\overline{AD}\times\overline{CD}}=\frac{\left(\dfrac{12}{\sqrt{7}}a\right)^2+\left(\dfrac{12}{\sqrt{7}}a\right)^2-(6a)^2}{2\times\dfrac{12}{\sqrt{7}}a\times\dfrac{12}{\sqrt{7}}a}=\frac{1}{8}$$

따라서 두 평면 OAB, OBC가 이루는 예각의 크기 θ에 대하여 $\cos\theta=|\cos(\angle ADC)|=\dfrac{1}{8}$

답 ②

유제

정답과 풀이 49쪽

5
[24012–0130]

정육면체 ABCD−EFGH의 모서리 AE의 중점을 M이라 하자. 모서리 CG 위의 점 N에 대하여 평면 DMN과 평면 DHGC가 이루는 예각의 크기를 α라 할 때, $\cos\alpha=\dfrac{3}{7}$이다. 평면 DMN과 평면 DMC가 이루는 예각의 크기를 β라 할 때, $\tan\beta$의 값은?

① $\dfrac{\sqrt{5}}{30}$ ② $\dfrac{\sqrt{5}}{15}$ ③ $\dfrac{\sqrt{5}}{10}$ ④ $\dfrac{2\sqrt{5}}{15}$ ⑤ $\dfrac{\sqrt{5}}{6}$

8. 정사영

(1) 정사영

한 점 P에서 평면 α에 내린 수선의 발 P′을 점 P의 평면 α 위로의 정사영이라 한다. 또 도형 F에 속하는 각 점의 평면 α 위로의 정사영 전체로 이루어진 도형 F'을 도형 F의 평면 α 위로의 정사영이라 한다.

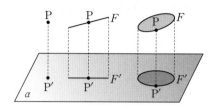

(2) 정사영의 길이

선분 AB의 평면 α 위로의 정사영을 선분 A′B′이라 하고, 직선 AB와 평면 α가 이루는 각의 크기를

$\theta \left(0 \le \theta \le \dfrac{\pi}{2} \right)$라 하면

$$\overline{A'B'} = \overline{AB} \cos \theta$$

설명 $0 < \theta < \dfrac{\pi}{2}$일 때, 선분 AB의 평면 α 위로의 정사영을 선분 A′B′이라 하면

$\overline{AA'} \perp \alpha$, $\overline{BB'} \perp \alpha$이므로 $\overline{AA'} /\!/ \overline{BB'}$이다.

점 A에서 직선 BB′에 내린 수선의 발을 C라 하면 사각형 AA′B′C는 직사각형이므로

$\overline{A'B'} = \overline{AC}$, $\overline{A'B'} /\!/ \overline{AC}$이다.

따라서 $\angle BAC = \theta$이고 직각삼각형 BAC에서 $\overline{AC} = \overline{AB} \cos \theta$이므로

$\overline{A'B'} = \overline{AB} \cos \theta$가 성립한다.

한편, $\theta = 0$ 또는 $\theta = \dfrac{\pi}{2}$일 때에도 $\overline{A'B'} = \overline{AB} \cos \theta$가 성립한다.

(3) 정사영의 넓이

평면 α 위의 도형 F의 평면 β 위로의 정사영을 F'이라 하고, 두 도형 F, F'의 넓이를 각각 S, S'이라 할 때, 두 평면 α, β가 이루는 각의 크기가 $\theta \left(0 \le \theta \le \dfrac{\pi}{2} \right)$이면

$$S' = S \cos \theta$$

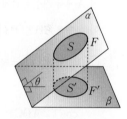

(4) 정사영의 넓이를 이용하여 이면각의 크기 구하기

등식 $S' = S \cos \theta \left(0 \le \theta \le \dfrac{\pi}{2} \right)$는 $\cos \theta = \dfrac{S'}{S}$으로 변형하여 사용할 수 있다. 즉, 넓이가 S인 평면 α 위의 도형 F의 평면 β 위로의 정사영 F'의 넓이가 S'일 때, 두 평면 α, β가 이루는 각의 크기를 θ라 하면

$$\cos \theta = \dfrac{S'}{S}$$

예 그림과 같은 정사면체 ABCD에 대하여 점 A에서 평면 BCD에 내린 수선의 발을 H라 하면 점 H는 삼각형 BCD의 무게중심과 같다.

삼각형 HBC의 넓이는 삼각형 BCD의 넓이의 $\dfrac{1}{3}$이고 두 삼각형 ABC, BCD의 넓이가 서로 같으므로 두 평면 ABC, BCD가 이루는 각의 크기를 $\theta \left(0 < \theta < \dfrac{\pi}{2} \right)$라 하면

$$\cos \theta = \dfrac{(\text{삼각형 HBC의 넓이})}{(\text{삼각형 ABC의 넓이})} = \dfrac{1}{3}$$

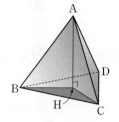

예제 5 · 정사영

그림과 같이 $\overline{AB}=3$, $\overline{BC}=2$인 사면체 ABCD에 대하여 선분 BC의 중점을 M이라 할 때, 평면 AMD는 직선 BC와 수직이고, 두 삼각형 ABC, MAD는 서로 닮은 도형이다. 삼각형 ABC에 내접하는 원의 평면 BCD 위로의 정사영의 넓이는?

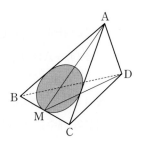

① $\dfrac{2}{9}\pi$　　　　② $\dfrac{5}{18}\pi$　　　　③ $\dfrac{\pi}{3}$

④ $\dfrac{7}{18}\pi$　　　　⑤ $\dfrac{4}{9}\pi$

길잡이 평면 α 위의 도형 F의 평면 β 위로의 정사영을 F'이라 할 때, 두 도형 F, F'의 넓이가 각각 S, S'이고 두 평면 α, β가 이루는 각의 크기가 $\theta\left(0\le\theta\le\dfrac{\pi}{2}\right)$이면 $S'=S\cos\theta$이다.

풀이 평면 AMD가 직선 BC와 수직이므로 $\overline{AM}\perp\overline{BC}$, $\overline{DM}\perp\overline{BC}$

따라서 두 삼각형 ABC, DBC는 각각 $\overline{AB}=\overline{AC}$, $\overline{DB}=\overline{DC}$인 이등변삼각형이다.

직각삼각형 ABM에서 $\overline{AM}=\sqrt{\overline{AB}^2-\overline{BM}^2}=\sqrt{3^2-1^2}=2\sqrt{2}$

삼각형 ABC의 내접원의 반지름의 길이를 r이라 하면

$$\frac{r}{2}(\overline{AB}+\overline{BC}+\overline{CA})=\frac{1}{2}\times\overline{BC}\times\overline{AM}$$

이므로

$$\frac{r}{2}(3+2+3)=\frac{1}{2}\times2\times2\sqrt{2},\ r=\frac{\sqrt{2}}{2}$$

삼각형 ABC의 내접원의 넓이는 $\left(\dfrac{\sqrt{2}}{2}\right)^2\pi=\dfrac{\pi}{2}$

한편, 삼각형 ABC에서 코사인법칙에 의하여

$$\cos(\angle BAC)=\frac{\overline{AB}^2+\overline{AC}^2-\overline{BC}^2}{2\times\overline{AB}\times\overline{AC}}=\frac{3^2+3^2-2^2}{2\times3\times3}=\frac{7}{9}$$

두 삼각형 ABC, MAD가 서로 닮은 도형이므로

$$\cos(\angle AMD)=\cos(\angle BAC)=\frac{7}{9}$$

따라서 삼각형 ABC에 내접하는 원의 평면 BCD 위로의 정사영의 넓이는

$$\frac{\pi}{2}\times\cos(\angle AMD)=\frac{\pi}{2}\times\frac{7}{9}=\frac{7}{18}\pi$$

답 ④

유제

정답과 풀이 50쪽

6
[24012–0131]

그림과 같이 정사면체 ABCD에 대하여 선분 AB를 1 : 2로 내분하는 점을 E, 선분 AC를 2 : 1로 내분하는 점을 F라 하자. 평면 DEF가 평면 BCD와 이루는 예각의 크기를 θ라 할 때, $\cos\theta$의 값은?

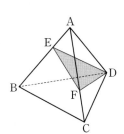

① $\dfrac{7}{10}$　　② $\dfrac{11}{15}$　　③ $\dfrac{23}{30}$　　④ $\dfrac{4}{5}$　　⑤ $\dfrac{5}{6}$

[24012–0132]

1 그림과 같이 모서리 CD를 공유하고 모든 모서리의 길이가 같은 두 정사 각뿔 O_1−ABCD, O_2−CDEF에 대하여 두 밑면 ABCD, CDEF가 한 평면 위에 있고 두 직선 O_1O_2, CD는 서로 만나지 않는다. 이 입체도 형의 모든 모서리를 연장한 직선 중에서 직선 AB와 꼬인 위치에 있는 직선의 개수를 a, 8개의 점 A, B, C, D, E, F, O_1, O_2 중 서로 다른 세 점을 지나는 평면 중에서 직선 AB와 평행한 평면의 개수를 b라 할 때, $a+b$의 값은?

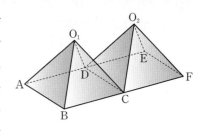

① 8 　　　　 ② 9 　　　　 ③ 10 　　　　 ④ 11 　　　　 ⑤ 12

[24012–0133]

2 그림과 같이 정육면체 ABCD−EFGH에서 두 선분 AB, BC의 중점을 각각 M, N 이라 하자. 두 직선 HM, EN이 이루는 예각의 크기를 θ라 할 때, $\cos\theta$의 값은?

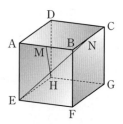

① $\dfrac{2\sqrt{3}}{9}$ 　　　　 ② $\dfrac{\sqrt{14}}{9}$ 　　　　 ③ $\dfrac{4}{9}$

④ $\dfrac{\sqrt{2}}{3}$ 　　　　 ⑤ $\dfrac{2\sqrt{5}}{9}$

[24012–0134]

3 그림과 같이 한 모서리의 길이가 6인 정사면체 ABCD에 대하여 세 삼각형 ABD, ACD, BCD의 무게중심을 각각 E, F, G라 할 때, 삼각형 EFG의 평면 BCD 위로 의 정사영의 넓이는?

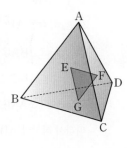

① $\dfrac{\sqrt{3}}{6}$ 　　　　 ② $\dfrac{\sqrt{3}}{5}$ 　　　　 ③ $\dfrac{\sqrt{3}}{4}$

④ $\dfrac{\sqrt{3}}{3}$ 　　　　 ⑤ $\dfrac{\sqrt{3}}{2}$

[24012–0135]

4 그림과 같이 정육면체 ABCD−EFGH에서 두 선분 BC, CD의 중점을 각각 M, N 이라 하자. 평면 AHF와 평면 MNHF가 이루는 예각의 크기를 θ라 할 때, $\cos\theta$의 값은?

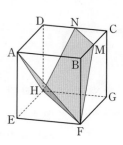

① $\dfrac{1}{3}$ 　　　　 ② $\dfrac{\sqrt{2}}{3}$ 　　　　 ③ $\dfrac{\sqrt{3}}{3}$

④ $\dfrac{2}{3}$ 　　　　 ⑤ $\dfrac{\sqrt{5}}{3}$

5 [24012-0136]

그림과 같이 한 모서리의 길이가 3인 정육면체 ABCD−EFGH에 대하여 모서리 CD 위의 점 P와 직선 EG 사이의 거리가 $\sqrt{11}$이다. 직선 PE와 평면 EFGH가 이루는 예각의 크기를 θ라 할 때, $\tan^2\theta = \dfrac{q}{p}$이다. $p+q$의 값을 구하시오.

(단, p와 q는 서로소인 자연수이다.)

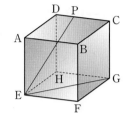

6 [24012-0137]

그림과 같이 모든 모서리의 길이가 6인 정사각뿔 O−ABCD에 대하여 삼각형 OAB의 무게중심을 G, 선분 OC의 중점을 M이라 하자. 직선 GM과 평면 ABCD가 이루는 예각의 크기를 θ라 할 때, $\tan\theta$의 값은?

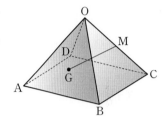

① $\dfrac{\sqrt{29}}{29}$ ② $\dfrac{\sqrt{3}}{9}$ ③ $\dfrac{1}{5}$

④ $\dfrac{\sqrt{23}}{23}$ ⑤ $\dfrac{\sqrt{21}}{21}$

7 [24012-0138]

평면 α 위의 세 점 A, B, C와 평면 α 위에 있지 않은 점 O가 다음 조건을 만족시킨다.

> (가) 두 평면 OAB, OAC는 모두 평면 α에 수직이다.
> (나) $\overline{AB}=\overline{AC}=\sqrt{6}$, $\overline{BC}=4$

삼각형 OBC의 넓이가 $4\sqrt{3}$일 때, 점 O와 평면 α 사이의 거리는?

① $\sqrt{8}$ ② 3   ③ $\sqrt{10}$ ④ $\sqrt{11}$ ⑤ $2\sqrt{3}$

8 [24012-0139]

그림과 같이 $\overline{AB}=3$, $\overline{BC}=4$인 직사각형 ABCD를 밑면으로 하고 높이가 5인 직육면체 ABCD−EFGH가 있다. 두 평면 AFG, AEG가 이루는 예각의 크기를 θ라 할 때, $\sin^2\theta=\dfrac{q}{p}$이다. $p+q$의 값을 구하시오. (단, p와 q는 서로소인 자연수이다.)

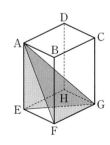

[24012–0140]

1 그림과 같이 정육면체 ABCD−EFGH의 서로 다른 두 꼭짓점을 지나는 직선 중에서 직선 DF와 수직인 직선의 개수를 a라 하고, 정육면체 ABCD−EFGH의 서로 다른 세 꼭짓점을 지나는 평면 중에서 직선 CF와 평행한 평면의 개수를 b라 할 때, $a+b$의 값은?

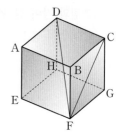

① 8 　　　　② 9 　　　　③ 10

④ 11 　　　　⑤ 12

[24012–0141]

2 그림과 같이 모든 모서리의 길이가 6인 정사각뿔 O−ABCD에 대하여 삼각형 OAC의 평면 OAB 위로의 정사영의 넓이는?

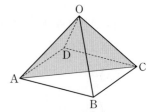

① $6\sqrt{2}$ 　　　　② $6\sqrt{3}$ 　　　　③ 12

④ $6\sqrt{5}$ 　　　　⑤ $6\sqrt{6}$

[24012–0142]

3 사면체 O−ABC가 다음 조건을 만족시킨다.

> (가) 두 삼각형 OAB, OBC는 모두 정삼각형이다.
> (나) $\angle ABC = \dfrac{\pi}{2}$

선분 OA를 2 : 1로 내분하는 점을 P, 선분 OB를 1 : 2로 내분하는 점을 Q라 하자. 직선 PQ가 평면 ABC와 이루는 예각의 크기를 θ라 할 때, $\cos\theta$의 값은?

① $\dfrac{\sqrt{2}}{2}$ 　　② $\dfrac{\sqrt{21}}{6}$ 　　③ $\dfrac{\sqrt{6}}{3}$ 　　④ $\dfrac{\sqrt{3}}{2}$ 　　⑤ $\dfrac{\sqrt{30}}{6}$

[24012–0143]

4 그림과 같이 한 변의 길이가 2인 정삼각형을 밑면으로 하는 삼각기둥 ABC−DEF에 대하여 선분 BE 위의 점 P가 $\overline{CP}=\sqrt{22}$, $\overline{DP}=\sqrt{6}$을 만족시킨다. 직선 CD와 평면 CFEB가 이루는 예각의 크기를 θ라 할 때, $\cos\theta$의 값은?

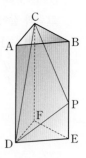

① $\dfrac{\sqrt{30}}{6}$ 　　　　② $\dfrac{\sqrt{31}}{6}$ 　　　　③ $\dfrac{2\sqrt{2}}{3}$

④ $\dfrac{\sqrt{33}}{6}$ 　　　　⑤ $\dfrac{\sqrt{34}}{6}$

5 [24012–0144]

$\overline{AB}=6$, $\overline{AC}=2\sqrt{3}$, $\angle BAC=\dfrac{\pi}{2}$인 직각삼각형을 밑면으로 하는 삼각뿔 O$-$ABC 가 $\overline{OA}\perp\overline{AB}$, $\overline{OA}\perp\overline{AC}$를 만족시킨다. 선분 BC의 중점 M과 $\overline{PM}\perp\overline{BC}$를 만족 시키는 선분 OB 위의 점 P에 대하여 삼각형 OPM의 넓이가 3일 때, 선분 OA의 길이는?

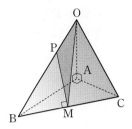

① 4
② $3\sqrt{2}$
③ $2\sqrt{5}$

④ $\sqrt{22}$
⑤ $2\sqrt{6}$

6 [24012–0145]

그림과 같이 정사면체 ABCD의 선분 AD 위의 점 E에 대하여 두 평면 ABC, BCE가 이루는 예각의 크기를 α라 하고, 선분 AC를 $1:2$로 내분하는 점 F에 대하여 직선 BF와 평면 BCE가 이루는 예각의 크기를 β라 하자. $\cos\alpha=\dfrac{\sqrt{2}}{3}$일 때, $\sin\beta$의 값은?

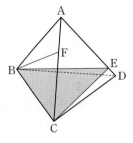

① $\dfrac{\sqrt{3}}{3}$
② $\dfrac{\sqrt{14}}{6}$
③ $\dfrac{2}{3}$

④ $\dfrac{\sqrt{2}}{2}$
⑤ $\dfrac{\sqrt{5}}{3}$

7 [24012–0146]

평면 α 위의 세 점 A, B, C와 평면 α 위에 있지 않은 점 O가 다음 조건을 만족시킨다.

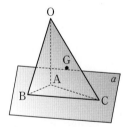

> (가) $\overline{AB}=1$, $\overline{AC}=2$, $\angle BAC=\dfrac{2}{3}\pi$
>
> (나) $\overline{OA}=3$, $\overline{OA}\perp\alpha$

삼각형 OAC의 무게중심을 G라 하자. 두 직선 BG, AC가 이루는 예각의 크기를 θ 라 할 때, $\cos\theta$의 값은?

① $\dfrac{\sqrt{6}}{4}$
② $\dfrac{\sqrt{26}}{8}$
③ $\dfrac{\sqrt{7}}{4}$
④ $\dfrac{\sqrt{30}}{8}$
⑤ $\dfrac{\sqrt{2}}{2}$

8 [24012–0147]

그림과 같이 한 모서리의 길이가 2인 정육면체 ABCD$-$EFGH에서 선분 FG의 중 점을 M이라 하자. 선분 AD 위의 점 P에 대하여 삼각형 PEM의 평면 EFGH 위로 의 정사영의 넓이가 $\sqrt{2}$일 때, 두 평면 PEM, CEF가 이루는 예각의 크기 θ에 대하여 $\cos^2\theta$의 값은?

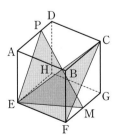

① $\dfrac{2+\sqrt{2}}{7}$
② $\dfrac{3+\sqrt{2}}{7}$
③ $\dfrac{2+2\sqrt{2}}{7}$

④ $\dfrac{4+\sqrt{2}}{7}$
⑤ $\dfrac{3+2\sqrt{2}}{7}$

[24012–0148]

1 그림과 같이 모든 모서리의 길이가 6인 정사각뿔 O−ABCD에서 선분 AB의
중점을 M, 삼각형 OCD의 무게중심을 G라 하자. 평면 OAD 위의 점 P와 평
면 OBC 위의 점 Q에 대하여 사각형 GPMQ가 마름모일 때, 사각형 GPMQ의
평면 ABCD 위로의 정사영의 넓이를 S라 하자. $60 \times S$의 값을 구하시오.

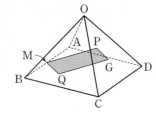

[24012–0149]

2 직사각형 ABCD를 밑면으로 하는 사각뿔 O−ABCD가 다음 조건을 만족시킨다.

> (가) 두 삼각형 OAB, OCD는 정삼각형이다.
> (나) 두 평면 OAB, OCD는 서로 수직이다.

직선 OA와 평면 OBC가 이루는 예각의 크기를 θ라 할 때, $\sin \theta$의 값은?

① $\dfrac{\sqrt{13}}{5}$
② $\dfrac{3\sqrt{6}}{10}$
③ $\dfrac{\sqrt{14}}{5}$
④ $\dfrac{\sqrt{58}}{10}$
⑤ $\dfrac{\sqrt{15}}{5}$

[24012–0150]

3 정사면체 ABCD에 대하여 두 선분 AB, BC의 중점을 각각 M, N이라 하자. 정사
면체 ABCD의 6개의 모서리 AB, AC, AD, BC, BD, CD 위를 움직이는 점 P
에 대하여 두 직선 AN, MP가 서로 평행하도록 하는 점 P의 개수는 1이고, 두 직
선 AN, MP가 서로 수직이 되도록 하는 점 P의 개수는 2이다. 이 세 점을 각각 P_1,
P_2, P_3이라 하자. 평면 $P_1P_2P_3$과 평면 ABC가 이루는 예각의 크기를 θ라 할 때,
$\cos^2 \theta = \dfrac{q}{p}$이다. $p+q$의 값을 구하시오.

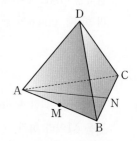

(단, 점 P는 점 M과 일치하지 않고, p와 q는 서로소인 자연수이다.)

대표 기출 문제

출제경향 두 직선이 이루는 각, 직선과 평면이 이루는 각에 대한 삼각함수의 값이 주어진 상황에서 삼수선의 정리를 이용하여 두 평면이 이루는 각의 크기의 삼각함수의 값을 구하는 문제가 출제된다.

2023학년도 수능

좌표공간에 직선 AB를 포함하는 평면 α가 있다. 평면 α 위에 있지 않은 점 C에 대하여 직선 AB와 직선 AC가 이루는 예각의 크기를 θ_1이라 할 때 $\sin \theta_1 = \dfrac{4}{5}$이고, 직선 AC와 평면 α가 이루는 예각의 크기는 $\dfrac{\pi}{2} - \theta_1$이다. 평면 ABC와 평면 α가 이루는 예각의 크기를 θ_2라 할 때, $\cos \theta_2$의 값은? [3점]

① $\dfrac{\sqrt{7}}{4}$ ② $\dfrac{\sqrt{7}}{5}$ ③ $\dfrac{\sqrt{7}}{6}$ ④ $\dfrac{\sqrt{7}}{7}$ ⑤ $\dfrac{\sqrt{7}}{8}$

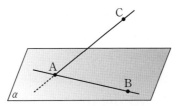

출제 의도 삼수선의 정리를 이용하여 두 평면이 이루는 예각의 크기의 코사인 값을 구할 수 있는지를 묻는 문제이다.

풀이 점 C에서 직선 AB에 내린 수선의 발을 G라 하고, 점 C에서 평면 α에 내린 수선의 발을 H라 하면 삼수선의 정리에 의하여

$$\overline{HG} \perp \overline{AB}$$

직선 AB와 직선 AC가 이루는 예각의 크기가 θ_1이므로

$$\angle CAG = \theta_1$$

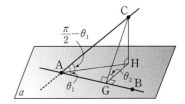

$\overline{AC} = 5a \ (a > 0)$이라 하면 $\sin \theta_1 = \dfrac{4}{5}$이므로 직각삼각형 CAG에서

$$\overline{CG} = \overline{AC} \sin \theta_1 = 5a \times \dfrac{4}{5} = 4a$$

직선 AC와 평면 α가 이루는 예각의 크기가 $\dfrac{\pi}{2} - \theta_1$이므로 $\angle CAH = \dfrac{\pi}{2} - \theta_1$

직각삼각형 CAH에서

$$\overline{CH} = \overline{AC} \sin \left(\dfrac{\pi}{2} - \theta_1 \right) = \overline{AC} \cos \theta_1 = \overline{AC} \times \sqrt{1 - \sin^2 \theta_1} = 5a \times \sqrt{1 - \left(\dfrac{4}{5} \right)^2} = 5a \times \dfrac{3}{5} = 3a$$

평면 ABC와 평면 α가 이루는 예각의 크기 θ_2는 $\theta_2 = \angle CGH$

따라서 $\sin \theta_2 = \sin (\angle CGH) = \dfrac{\overline{CH}}{\overline{CG}} = \dfrac{3}{4}$이므로

$$\cos \theta_2 = \sqrt{1 - \sin^2 \theta_2} = \sqrt{1 - \left(\dfrac{3}{4} \right)^2} = \dfrac{\sqrt{7}}{4}$$

답 ①

07 공간좌표

1. 공간좌표

(1) **좌표공간**

그림과 같이 공간의 한 점 O에서 서로 직교하는 세 수직선을 그어 각각 x축, y축, z축이라 하고, 점 O를 원점이라 한다. 이때 x축, y축, z축을 통틀어 좌표축이라 하고, 좌표축으로 정해진 공간을 좌표공간이라 한다. 또 x축과 y축을 포함하는 평면을 xy평면, y축과 z축을 포함하는 평면을 yz평면, z축과 x축을 포함하는 평면을 zx평면이라 하고, 이 세 평면을 통틀어 좌표평면이라 한다.

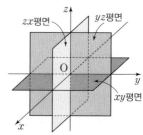

(2) **공간좌표**

그림과 같이 좌표공간의 한 점 P에 대하여 점 P를 지나면서 x축, y축, z축과 수직인 평면이 각각 x축, y축, z축과 만나는 점을 각각 A, B, C라 하자. 이때 세 점 A, B, C의 x축, y축, z축 위에서의 좌표를 각각 a, b, c라 하면 점 P와 세 실수 a, b, c의 순서쌍 (a, b, c)는 일대일로 대응된다.

이와 같이 좌표공간의 점 P에 대응하는 세 실수 a, b, c의 순서쌍 (a, b, c)를 점 P의 공간좌표라 하고, 기호로 $\mathrm{P}(a, b, c)$와 같이 나타낸다. 이때 a, b, c를 각각 점 P의 x좌표, y좌표, z좌표라 한다.

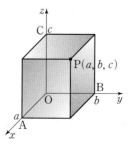

(3) **좌표공간의 점 $\mathrm{P}(a, b, c)$에서 좌표축 또는 좌표평면에 내린 수선의 발의 좌표**

① 점 $\mathrm{P}(a, b, c)$에서 x축, y축, z축에 내린 수선의 발의 좌표는 각각

$$(a, 0, 0), \ (0, b, 0), \ (0, 0, c)$$

② 점 $\mathrm{P}(a, b, c)$에서 xy평면, yz평면, zx평면에 내린 수선의 발의 좌표는 각각

$$(a, b, 0), \ (0, b, c), \ (a, 0, c)$$

> **예** 점 $\mathrm{P}(1, 2, -3)$에서 x축에 내린 수선의 발의 좌표는 $(1, 0, 0)$이고, yz평면에 내린 수선의 발의 좌표는 $(0, 2, -3)$이다.

(4) **좌표공간의 점 $\mathrm{P}(a, b, c)$를 좌표축 또는 좌표평면 또는 원점에 대하여 대칭이동시킨 점의 좌표**

① 점 $\mathrm{P}(a, b, c)$를 x축, y축, z축에 대하여 대칭이동시킨 점의 좌표는 각각

$$(a, -b, -c), \ (-a, b, -c), \ (-a, -b, c)$$

② 점 $\mathrm{P}(a, b, c)$를 xy평면, yz평면, zx평면에 대하여 대칭이동시킨 점의 좌표는 각각

$$(a, b, -c), \ (-a, b, c), \ (a, -b, c)$$

③ 점 $\mathrm{P}(a, b, c)$를 원점에 대하여 대칭이동시킨 점의 좌표는

$$(-a, -b, -c)$$

> **예** 점 $\mathrm{P}(2, 3, 1)$을 x축에 대하여 대칭이동시킨 점의 좌표는 $(2, -3, -1)$이고, yz평면에 대하여 대칭이동시킨 점의 좌표는 $(-2, 3, 1)$이며, 원점에 대하여 대칭이동시킨 점의 좌표는 $(-2, -3, -1)$이다.

좌표공간의 점 $A(3, -2, a)$를 zx평면에 대하여 대칭이동시킨 점을 P라 하자. 점 $B(b, c, 5)$를 x축에 대하여 대칭이동시킨 점이 점 P와 일치할 때, $a+b+c$의 값은?

① -4 ② -2 ③ 0 ④ 2 ⑤ 4

길잡이 점 (a, b, c)를 x축, y축, z축, 원점에 대하여 대칭이동시킨 점의 좌표는 각각
$(a, -b, -c)$, $(-a, b, -c)$, $(-a, -b, c)$, $(-a, -b, -c)$이다.
또 점 (a, b, c)를 xy평면, yz평면, zx평면에 대하여 대칭이동시킨 점의 좌표는 각각 $(a, b, -c)$, $(-a, b, c)$, $(a, -b, c)$이다.

풀이 점 P는 점 $A(3, -2, a)$를 zx평면에 대하여 대칭이동시킨 점이므로 점 P의 좌표는
$(3, 2, a)$
한편, 점 $B(b, c, 5)$를 x축에 대하여 대칭이동시킨 점의 좌표는
$(b, -c, -5)$
두 점 $(3, 2, a)$, $(b, -c, -5)$가 서로 일치하므로
$a = -5$, $b = 3$, $c = -2$
따라서
$a+b+c = -5+3+(-2) = -4$

답 ①

유제

정답과 풀이 62쪽

1
[24012–0151]
좌표공간의 점 $A(3, a, 5)$에서 x축에 내린 수선의 발을 P라 하고, 점 A에서 zx평면에 내린 수선의 발을 Q라 하자. 사면체 OAPQ의 부피가 10일 때, 양수 a의 값은? (단, O는 원점이다.)

① 1 ② 2 ③ 3 ④ 4 ⑤ 5

2
[24012–0152]
좌표공간의 점 $A(\sqrt{3}, a, 3)$에 대하여 직선 OA와 xy평면이 이루는 예각의 크기가 $\dfrac{\pi}{4}$일 때, 양수 a의 값은? (단, O는 원점이다.)

① 2 ② $\sqrt{5}$ ③ $\sqrt{6}$ ④ $\sqrt{7}$ ⑤ $2\sqrt{2}$

2. 좌표공간에서 두 점 사이의 거리

(1) 좌표공간의 두 점 $A(x_1, y_1, z_1)$, $B(x_2, y_2, z_2)$ 사이의 거리는
$$\overline{AB}=\sqrt{(x_2-x_1)^2+(y_2-y_1)^2+(z_2-z_1)^2}$$

(2) 좌표공간의 원점 O와 점 $A(x_1, y_1, z_1)$ 사이의 거리는
$$\overline{OA}=\sqrt{{x_1}^2+{y_1}^2+{z_1}^2}$$

설명 좌표공간의 두 점 $A(x_1, y_1, z_1)$, $B(x_2, y_2, z_2)$에 대하여 직선 AB가 xy평면, yz평면, zx평면 중 어느 평면과도 평행하지 않은 경우, 그림과 같이 두 점 A, B 를 꼭짓점으로 하고 xy평면, yz평면, zx평면에 각각 평행한 6개의 평면으로 이루어진 직육면체를 생각하면 선분 AB는 이 직육면체의 대각선이다.

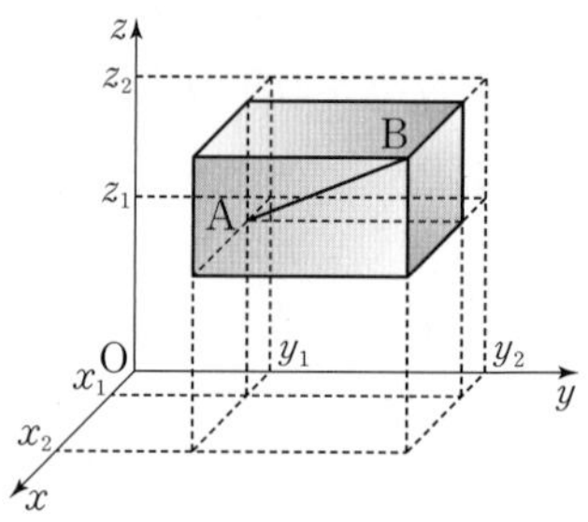

이때 직육면체의 세 모서리의 길이가
$$|x_2-x_1|, \ |y_2-y_1|, \ |z_2-z_1|$$
이므로 두 점 A, B 사이의 거리는 다음과 같다.
$$\overline{AB}=\sqrt{(x_2-x_1)^2+(y_2-y_1)^2+(z_2-z_1)^2}$$

또한 직선 AB가 xy평면, yz평면, zx평면 중 어느 한 평면에 평행한 경우에도 위의 식은 성립한다.

참고 ① 두 점 A, B가 xy평면 위의 점인 경우, 두 점 A, B의 z좌표가 모두 0이므로
$$\overline{AB}=\sqrt{(x_2-x_1)^2+(y_2-y_1)^2}$$
즉, 좌표평면 위의 두 점 사이의 거리 공식과 일치한다.

② 두 점 A, B가 x축 위의 점인 경우, 두 점 A, B의 y좌표와 z좌표가 모두 0이므로
$$\overline{AB}=\sqrt{(x_2-x_1)^2}=|x_2-x_1|$$
즉, 수직선 위의 두 점 사이의 거리 공식과 일치한다.

예 ① 두 점 $A(0, -1, 2)$, $B(3, 2, -1)$ 사이의 거리는
$$\overline{AB}=\sqrt{(3-0)^2+\{2-(-1)\}^2+(-1-2)^2}=3\sqrt{3}$$

② 원점 O와 점 $A(3, -2, -6)$ 사이의 거리는
$$\overline{OA}=\sqrt{3^2+(-2)^2+(-6)^2}=7$$

예제 **2** 좌표공간에서 두 점 사이의 거리

좌표공간의 두 점 A$(1, 2, 2)$, B$(-1, -2, 1)$에 대하여 삼각형 OAB의 넓이는? (단, O는 원점이다.)

① $\dfrac{\sqrt{42}}{2}$　　　② $\dfrac{3\sqrt{5}}{2}$　　　③ $2\sqrt{3}$　　　④ $\dfrac{\sqrt{51}}{2}$　　　⑤ $\dfrac{3\sqrt{6}}{2}$

길잡이 (1) 좌표공간의 두 점 A(x_1, y_1, z_1), B(x_2, y_2, z_2) 사이의 거리는 $\overline{AB}=\sqrt{(x_2-x_1)^2+(y_2-y_1)^2+(z_2-z_1)^2}$

(2) 삼각형 OAB에 대하여 $\cos(\angle AOB)=\dfrac{\overline{OA}^2+\overline{OB}^2-\overline{AB}^2}{2\times\overline{OA}\times\overline{OB}}$, $\sin(\angle AOB)=\sqrt{1-\cos^2(\angle AOB)}$

풀이 $\overline{OA}=\sqrt{1^2+2^2+2^2}=3$

$\overline{OB}=\sqrt{(-1)^2+(-2)^2+1^2}=\sqrt{6}$

$\overline{AB}=\sqrt{(-1-1)^2+(-2-2)^2+(1-2)^2}=\sqrt{21}$

이므로 삼각형 OAB에서 코사인법칙에 의하여

$\cos(\angle AOB)=\dfrac{\overline{OA}^2+\overline{OB}^2-\overline{AB}^2}{2\times\overline{OA}\times\overline{OB}}$

$=\dfrac{3^2+(\sqrt{6})^2-(\sqrt{21})^2}{2\times3\times\sqrt{6}}=-\dfrac{\sqrt{6}}{6}$

$\sin(\angle AOB)=\sqrt{1-\cos^2(\angle AOB)}$

$=\sqrt{1-\left(-\dfrac{\sqrt{6}}{6}\right)^2}=\dfrac{\sqrt{30}}{6}$

따라서 삼각형 OAB의 넓이는

$\dfrac{1}{2}\times\overline{OA}\times\overline{OB}\times\sin(\angle AOB)=\dfrac{1}{2}\times3\times\sqrt{6}\times\dfrac{\sqrt{30}}{6}=\dfrac{3\sqrt{5}}{2}$

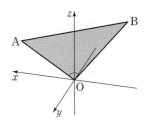

답 ②

유제

정답과 풀이 62쪽

3
[24012–0153]
좌표공간의 두 점 A$(3, -1, 2)$, B$(1, 3, -4)$에 대하여 x축 위의 점 P가 $\overline{PA}=\overline{PB}$를 만족시킬 때, 삼각형 PAB의 넓이는?

① $4\sqrt{21}$　　　② $5\sqrt{14}$　　　③ $2\sqrt{91}$　　　④ $3\sqrt{42}$　　　⑤ $14\sqrt{2}$

4
[24012–0154]
좌표공간에 세 점 A$(2, 3, 1)$, B$(2, -2, 1)$, C$(-2, 0, a)$가 있다. 직선 AC가 xy평면과 이루는 예각의 크기가 $\dfrac{\pi}{4}$일 때, 직선 BC가 xy평면과 이루는 예각의 크기 θ에 대하여 $a\times\cos\theta$의 값을 구하시오.

(단, $a>0$)

3. 좌표공간에서 선분의 내분점과 외분점

(1) **좌표공간에서 선분의 내분점과 외분점**

좌표공간의 두 점 $A(x_1, y_1, z_1)$, $B(x_2, y_2, z_2)$에 대하여

① 선분 AB를 $m : n \, (m > 0, n > 0)$으로 내분하는 점의 좌표는

$$\left(\frac{mx_2 + nx_1}{m+n}, \, \frac{my_2 + ny_1}{m+n}, \, \frac{mz_2 + nz_1}{m+n} \right)$$

② 선분 AB를 $m : n \, (m > 0, n > 0, m \neq n)$으로 외분하는 점의 좌표는

$$\left(\frac{mx_2 - nx_1}{m-n}, \, \frac{my_2 - ny_1}{m-n}, \, \frac{mz_2 - nz_1}{m-n} \right)$$

③ 선분 AB의 중점의 좌표는

$$\left(\frac{x_1 + x_2}{2}, \, \frac{y_1 + y_2}{2}, \, \frac{z_1 + z_2}{2} \right)$$

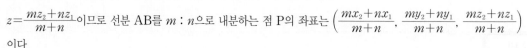

설명 좌표공간의 두 점 $A(x_1, y_1, z_1)$, $B(x_2, y_2, z_2)$에 대하여 선분 AB를
$m : n \, (m > 0, n > 0)$으로 내분하는 점을 $P(x, y, z)$라 하자.
세 점 A, B, P의 xy평면 위로의 정사영을 각각 A', B', P'이라 하면 세 점
A', B', P'의 좌표는 $A'(x_1, y_1, 0)$, $B'(x_2, y_2, 0)$, $P'(x, y, 0)$이고
$\overline{A'P'} : \overline{B'P'} = \overline{AP} : \overline{BP} = m : n$이다.
따라서 선분 $A'B'$의 내분점의 좌표를 xy평면 위에서 생각하면
$x = \dfrac{mx_2 + nx_1}{m+n}$, $y = \dfrac{my_2 + ny_1}{m+n}$이다. 마찬가지로 세 점 A, B, P의

yz평면(또는 zx평면) 위로의 정사영을 이용하여 점 P의 z좌표를 구하면

$z = \dfrac{mz_2 + nz_1}{m+n}$이므로 선분 AB를 $m : n$으로 내분하는 점 P의 좌표는 $\left(\dfrac{mx_2 + nx_1}{m+n}, \, \dfrac{my_2 + ny_1}{m+n}, \, \dfrac{mz_2 + nz_1}{m+n} \right)$

이다.

또 선분 AB를 $m : n \, (m > 0, n > 0, m \neq n)$으로 외분하는 점의 좌표도 같은 방법으로 구할 수 있다.

(2) **좌표공간에서 삼각형의 무게중심**

좌표공간의 세 점 $A(x_1, y_1, z_1)$, $B(x_2, y_2, z_2)$, $C(x_3, y_3, z_3)$을 꼭짓점으로 하는 삼각형 ABC의 무게중심의 좌표는

$$\left(\frac{x_1 + x_2 + x_3}{3}, \, \frac{y_1 + y_2 + y_3}{3}, \, \frac{z_1 + z_2 + z_3}{3} \right)$$

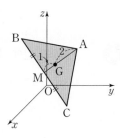

설명 변 BC의 중점을 $M(x_4, y_4, z_4)$라 하면 $x_4 = \dfrac{x_2 + x_3}{2}$, $y_4 = \dfrac{y_2 + y_3}{2}$, $z_4 = \dfrac{z_2 + z_3}{2}$

무게중심 G의 좌표를 (x, y, z)라 하면 점 G는 선분 AM을 $2 : 1$로 내분하는 점이므로

$x = \dfrac{2x_4 + x_1}{2+1} = \dfrac{x_1 + x_2 + x_3}{3}$, $y = \dfrac{2y_4 + y_1}{2+1} = \dfrac{y_1 + y_2 + y_3}{3}$,

$z = \dfrac{2z_4 + z_1}{2+1} = \dfrac{z_1 + z_2 + z_3}{3}$

즉, $G\left(\dfrac{x_1 + x_2 + x_3}{3}, \, \dfrac{y_1 + y_2 + y_3}{3}, \, \dfrac{z_1 + z_2 + z_3}{3} \right)$이다.

좌표공간의 두 점 $A(a, 4, -9)$, $B(4, b, c)$에 대하여 선분 AB의 중점이 xy평면 위에 있고, 선분 AB를 $1 : 2$로 내분하는 점이 z축 위에 있을 때, $a+b+c$의 값은?

① -2　　　② -1　　　③ 0　　　④ 1　　　⑤ 2

길잡이　좌표공간의 두 점 $A(x_1, y_1, z_1)$, $B(x_2, y_2, z_2)$에 대하여

(1) 선분 AB를 $m : n$ $(m>0, n>0)$으로 내분하는 점의 좌표는 $\left(\dfrac{mx_2+nx_1}{m+n}, \dfrac{my_2+ny_1}{m+n}, \dfrac{mz_2+nz_1}{m+n} \right)$

(2) 선분 AB를 $m : n$ $(m>0, n>0, m \neq n)$으로 외분하는 점의 좌표는 $\left(\dfrac{mx_2-nx_1}{m-n}, \dfrac{my_2-ny_1}{m-n}, \dfrac{mz_2-nz_1}{m-n} \right)$

(3) 선분 AB의 중점의 좌표는 $\left(\dfrac{x_1+x_2}{2}, \dfrac{y_1+y_2}{2}, \dfrac{z_1+z_2}{2} \right)$

풀이　선분 AB의 중점을 M이라 하면 점 M의 좌표는

$$\left(\dfrac{a+4}{2}, \dfrac{4+b}{2}, \dfrac{-9+c}{2} \right)$$

점 M이 xy평면 위의 점이므로 점 M의 z좌표는 0이다. 즉,

$$\dfrac{-9+c}{2}=0, \ c=9$$

한편, 선분 AB를 $1 : 2$로 내분하는 점을 P라 하면 점 P의 좌표는

$$\left(\dfrac{1 \times 4+2 \times a}{1+2}, \dfrac{1 \times b+2 \times 4}{1+2}, \dfrac{1 \times 9+2 \times (-9)}{1+2} \right), \ \text{즉} \ \left(\dfrac{2a+4}{3}, \dfrac{b+8}{3}, -3 \right)$$

점 P가 z축 위의 점이므로 점 P의 x좌표와 y좌표는 모두 0이다. 즉,

$$\dfrac{2a+4}{3}=0, \ \dfrac{b+8}{3}=0$$

$$a=-2, \ b=-8$$

따라서

$$a+b+c=-2+(-8)+9=-1$$

답 ②

유제

정답과 풀이 63쪽

5
[24012-0155]
그림과 같이 한 모서리의 길이가 6인 정육면체 $ABCD-EFGH$가 있다. 선분 EF의 중점을 M이라 하고, 삼각형 AMH의 무게중심을 I라 하자. 선분 AC를 $2 : 1$로 내분하는 점 J에 대하여 선분 IJ의 길이는?

① 5　　　② $\sqrt{26}$　　　③ $3\sqrt{3}$
④ $2\sqrt{7}$　　　⑤ $\sqrt{29}$

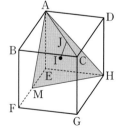

6
[24012-0156]
좌표공간의 세 점 $A(-4, 3, 1)$, $B(0, -1, 5)$, $C(2, 1, 3)$에 대하여 선분 AB가 zx평면과 만나는 점을 P라 하고, 선분 AC의 연장선이 zx평면과 만나는 점을 Q라 하자. 선분 PQ의 길이를 구하시오.

4. 구의 방정식

(1) 구

공간에서 한 정점으로부터 일정한 거리에 있는 점 전체의 집합을 구라 한다. 이때 정점을 구의 중심, 구의 중심과 구 위의 한 점을 이은 선분을 구의 반지름이라 한다.

(2) 구의 방정식

좌표공간에서 중심이 점 $C(a, b, c)$이고 반지름의 길이가 $r\ (r>0)$인 구의 방정식은

$$(x-a)^2+(y-b)^2+(z-c)^2=r^2$$

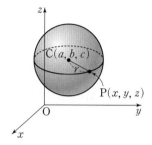

특히 중심이 원점이고 반지름의 길이가 r인 구의 방정식은

$$x^2+y^2+z^2=r^2$$

> **예** ① 중심이 점 $(2, -3, 0)$이고 반지름의 길이가 4인 구의 방정식은
> $$(x-2)^2+(y+3)^2+z^2=16$$
> ② 중심이 원점이고 반지름의 길이가 5인 구의 방정식은
> $$x^2+y^2+z^2=25$$

(3) 방정식 $x^2+y^2+z^2+Ax+By+Cz+D=0$이 나타내는 도형

방정식 $x^2+y^2+z^2+Ax+By+Cz+D=0$을 변형하면

$$\left(x+\frac{A}{2}\right)^2+\left(y+\frac{B}{2}\right)^2+\left(z+\frac{C}{2}\right)^2=\frac{A^2+B^2+C^2-4D}{4}$$

이므로 $A^2+B^2+C^2-4D>0$이면 이 방정식은 중심의 좌표가 $\left(-\dfrac{A}{2}, -\dfrac{B}{2}, -\dfrac{C}{2}\right)$이고 반지름의 길이가

$\dfrac{\sqrt{A^2+B^2+C^2-4D}}{2}$인 구를 나타낸다.

> **예** 방정식 $x^2+y^2+z^2+2x+4y-6z+10=0$을 변형하면
> $$(x+1)^2+(y+2)^2+(z-3)^2=2^2$$
> 이므로 이 방정식은 중심의 좌표가 $(-1, -2, 3)$이고 반지름의 길이가 2인 구를 나타낸다.

예제 4 구의 방정식

양수 a에 대하여 좌표공간의 두 구

$$S_1:\ x^2+y^2+z^2+2x-4y+2az=0,\ S_2:\ (x-a)^2+y^2+(z-4)^2=9$$

의 반지름의 길이가 서로 같을 때, 두 구 S_1, S_2의 중심 사이의 거리는?

① $\sqrt{46}$ ② $\sqrt{47}$ ③ $4\sqrt{3}$ ④ 7 ⑤ $5\sqrt{2}$

길잡이 좌표공간에서 중심이 점 $C(a,\ b,\ c)$이고 반지름의 길이가 r $(r>0)$인 구의 방정식은 $(x-a)^2+(y-b)^2+(z-c)^2=r^2$이다.

방정식 $x^2+y^2+z^2+Ax+By+Cz+D=0$ $(A^2+B^2+C^2-4D>0)$이 나타내는 도형은 중심의 좌표가 $\left(-\dfrac{A}{2},\ -\dfrac{B}{2},\ -\dfrac{C}{2}\right)$이고

반지름의 길이가 $\dfrac{\sqrt{A^2+B^2+C^2-4D}}{2}$인 구이다.

풀이 $S_1:\ x^2+y^2+z^2+2x-4y+2az=0$에서

$$(x+1)^2+(y-2)^2+(z+a)^2=1^2+2^2+a^2$$
$$=a^2+5$$

이므로 구 S_1의 반지름의 길이는 $\sqrt{a^2+5}$이다.

이때 구 $S_2:\ (x-a)^2+y^2+(z-4)^2=9$의 반지름의 길이가 3이고 두 구 S_1, S_2의 반지름의 길이가 서로 같으므로

$$\sqrt{a^2+5}=3$$
$$a^2+5=9$$

$a>0$이므로 $a=2$

즉, 두 구 S_1, S_2의 방정식은 각각

$$S_1:\ (x+1)^2+(y-2)^2+(z+2)^2=9,$$
$$S_2:\ (x-2)^2+y^2+(z-4)^2=9$$

이므로 두 구 S_1, S_2의 중심을 각각 C_1, C_2라 하면 두 점 C_1, C_2의 좌표는 각각

$$C_1(-1,\ 2,\ -2),\ C_2(2,\ 0,\ 4)$$

따라서 두 구 S_1, S_2의 중심 사이의 거리는

$$\overline{C_1C_2}=\sqrt{\{2-(-1)\}^2+(0-2)^2+\{4-(-2)\}^2}=7$$

답 ④

유제

정답과 풀이 63쪽

7 [24012–0157] 좌표공간의 두 점 $A(-1,\ 2,\ 4)$, $B(3,\ 0,\ 2)$를 지름의 양 끝점으로 하는 구가 z축과 만나는 두 점을 각각 P, Q라 할 때, $\overline{OP}\times\overline{OQ}$의 값은? (단, O는 원점이다.)

① 3   ② 4   ③ 5   ④ 6   ⑤ 7

8 [24012–0158] 좌표공간의 구 $x^2+y^2+z^2-12x+4y-8z+k=0$ 위의 점 P와 xy평면 위에 있는 원 $(x+2)^2+(y-2)^2=20$ 위의 점 Q 사이의 거리의 최댓값이 17일 때, 상수 k의 값을 구하시오.

5. 구와 평면, 구와 직선의 위치 관계

(1) 구와 평면의 위치 관계

좌표공간에서 중심이 점 $C(a, b, c)$이고 반지름의 길이가 r $(r>0)$인 구

$$S: (x-a)^2+(y-b)^2+(z-c)^2=r^2$$

과 평면 α에 대하여 구의 중심 C와 평면 α 사이의 거리를 d라 하면 구 S와 평면 α의 위치 관계는 다음과 같다.

① $d>r$이면 구 S와 평면 α는 만나지 않는다.

② $d=r$이면 구 S와 평면 α는 한 점에서 만난다. (접한다.)

③ $d<r$이면 구 S와 평면 α는 만나서 원이 생긴다.

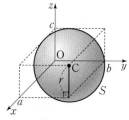

> 참고 구 $(x-a)^2+(y-b)^2+(z-c)^2=r^2$ $(r>0)$이 좌표평면에 접할 조건은 다음과 같다.
> ① xy평면에 접하는 경우: $r=|c|$
> ② yz평면에 접하는 경우: $r=|a|$
> ③ zx평면에 접하는 경우: $r=|b|$

(xy평면에 접하는 경우)

(2) 구와 평면의 위치 관계의 성질

① 중심이 점 C이고 반지름의 길이가 r인 구 위의 점 P에서 평면 α가 접하는 경우 $\overline{CP}\perp\alpha$이다.

② 중심이 점 C이고 반지름의 길이가 r인 구와 평면 β가 만나서 생기는 원을 C_1이라

하면 원 C_1의 중심은 점 C에서 평면 β에 내린 수선의 발 H와 같다.

> 참고 원 C_1의 반지름의 길이는 $\sqrt{r^2-\overline{CH}^2}$이다.

(3) 구와 직선의 위치 관계

좌표공간에서 중심이 점 $C(a, b, c)$이고 반지름의 길이가 r $(r>0)$인 구

$$S: (x-a)^2+(y-b)^2+(z-c)^2=r^2$$

과 직선 l에 대하여 구의 중심 C와 직선 l 사이의 거리를 d라 하면 구 S와 직선 l의 위치 관계는 다음과 같다.

① $d>r$이면 구 S와 직선 l은 만나지 않는다.

② $d=r$이면 구 S와 직선 l은 한 점에서 만난다. (접한다.)

③ $d<r$이면 구 S와 직선 l은 두 점에서 만난다.

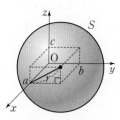

> 참고 구 $(x-a)^2+(y-b)^2+(z-c)^2=r^2$ $(r>0)$이 좌표축에 접할 조건은 다음과 같다.
> ① x축에 접하는 경우: $r=\sqrt{b^2+c^2}$
> ② y축에 접하는 경우: $r=\sqrt{a^2+c^2}$
> ③ z축에 접하는 경우: $r=\sqrt{a^2+b^2}$

(x축에 접하는 경우)

(4) 구와 직선의 위치 관계의 성질

① 중심이 점 C이고 반지름의 길이가 r인 구 위의 점 P에 직선 l이 접하는 경우 $\overline{CP}\perp l$이다.

② 중심이 점 C이고 반지름의 길이가 r인 구가 직선 m과 두 점 A, B에서 만나는 경우 점 C에서 직선 m에 내린 수선의 발을 H라 하면 점 H는 선분 AB의 중점과 같다.

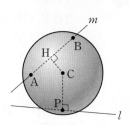

좌표공간의 구

$$S: x^2+y^2+z^2-4x+2ay-8z+3a-3=0$$

이 x축과 두 점에서 만나고 그 두 점 사이의 거리가 2일 때, 구 S가 yz평면과 만나서 생기는 도형의 넓이는?

① 16π ② 17π ③ 18π ④ 19π ⑤ 20π

길잡이

(1) 중심이 점 C이고 반지름의 길이가 r인 구와 평면 β가 만나서 원 C_1이 생기는 경우, 점 C에서 평면 β에 내린 수선의 발을 H라 하면 점 H는 원 C_1의 중심과 같다. 이때 원 C_1의 반지름의 길이는 $\sqrt{r^2-\overline{\text{CH}}^2}$이다.

(2) 중심이 점 C이고 반지름의 길이가 r인 구가 직선 m과 두 점 A, B에서 만나는 경우, 점 C에서 직선 m에 내린 수선의 발을 H라 하면 점 H는 선분 AB의 중점과 같다.

풀이

$x^2+y^2+z^2-4x+2ay-8z+3a-3=0$에서

$$(x-2)^2+(y+a)^2+(z-4)^2=a^2-3a+23$$

이므로 구 S의 중심을 C라 하면 점 C의 좌표는 $(2,\ -a,\ 4)$이고 반지름의 길이는 $\sqrt{a^2-3a+23}$이다.

점 C에서 x축에 내린 수선의 발을 H라 하면 점 H의 좌표는 $(2,\ 0,\ 0)$이므로

$$\overline{\text{CH}}=\sqrt{(2-2)^2+\{0-(-a)\}^2+(0-4)^2}=\sqrt{a^2+16}$$

구 S가 x축과 만나는 두 점을 P, Q라 하면 $\overline{\text{PQ}}=2$이고

점 H는 선분 PQ를 이등분하므로 $\overline{\text{PH}}=\dfrac{1}{2}\overline{\text{PQ}}=1$

직각삼각형 CHP에서 $\overline{\text{CP}}^2=\overline{\text{CH}}^2+\overline{\text{PH}}^2$이므로

$$(\sqrt{a^2-3a+23})^2=(\sqrt{a^2+16})^2+1^2,\ 3a=6,\ a=2$$

즉, 구 S의 중심 C의 좌표는 $(2,\ -2,\ 4)$이고 반지름의 길이는 $\sqrt{21}$이다.

구 S와 yz평면이 만나서 생기는 도형은 원이고 점 C에서 yz평면에 내린 수선의 발은 이 원의 중심이다.

이 점을 I라 하면 점 I의 좌표는 $(0,\ -2,\ 4)$이므로 $\overline{\text{CI}}=2$

원 위의 점 R에 대하여 삼각형 CIR은 직각삼각형이므로

$$\overline{\text{IR}}=\sqrt{\overline{\text{CR}}^2-\overline{\text{CI}}^2}=\sqrt{(\sqrt{21})^2-2^2}=\sqrt{17}$$

따라서 구 S가 yz평면과 만나서 생기는 원의 넓이는

$$(\sqrt{17})^2\pi=17\pi$$

답 ②

유제

정답과 풀이 64쪽

9
[24012-0159]

좌표공간의 점 $C(1,\ a,\ 3)$을 중심으로 하고 반지름의 길이가 2인 구 S가 있다. 원점 O를 지나는 평면 α가 구 S와 한 점 P에서만 만나고 $\overline{\text{OP}}=3$일 때, a^2의 값을 구하시오.

10
[24012-0160]

좌표공간의 점 $C(2,\ -4,\ a)$를 중심으로 하고 반지름의 길이가 5인 구 S가 x축과 한 점에서만 만날 때, 구 S가 y축과 만나는 두 점 사이의 거리는? (단, $a>0$)

① $4\sqrt{3}$ ② $2\sqrt{14}$ ③ 8 ④ $6\sqrt{2}$ ⑤ $4\sqrt{5}$

[24012–0161]

1 좌표공간의 점 $A(4, -2, 1)$에서 yz평면에 내린 수선의 발을 P라 하고, 점 A를 원점에 대하여 대칭이동시킨 점을 Q라 할 때, 선분 PQ의 길이는?

① 6   ② $2\sqrt{10}$ ③ $2\sqrt{11}$ ④ $4\sqrt{3}$ ⑤ $2\sqrt{13}$

[24012–0162]

2 좌표공간의 점 $A(\sqrt{2}, a, 3)$을 x축에 대하여 대칭이동한 점을 P라 하고, 점 P를 yz평면에 대하여 대칭이동한 점을 Q라 하자. $\overline{AQ}=8$일 때, 양수 a의 값은?

① 1   ② $\sqrt{2}$ ③ $\sqrt{3}$ ④ 2   ⑤ $\sqrt{5}$

[24012–0163]

3 좌표공간의 두 점 $A(4, -3, 1)$, $B(0, 0, 2)$와 xy평면 위의 점 P에 대하여 $\overline{AP}+\overline{BP}$의 값이 최소가 되도록 하는 점 P를 $P_1(a, b, c)$라 할 때, $a+b+c$의 값은?

① $\dfrac{1}{3}$ ② $\dfrac{2}{3}$ ③ 1   ④ $\dfrac{4}{3}$ ⑤ $\dfrac{5}{3}$

[24012–0164]

4 좌표공간의 세 점 $A(4, 0, -1)$, $B(0, 0, 3)$, $C(2, a, b)$에 대하여 삼각형 ABC의 무게중심을 G라 하자. 점 G는 xy평면 위의 점이고 $\overline{AG}=\sqrt{6}$일 때, 선분 BC의 길이는?

① $\sqrt{30}$ ② $4\sqrt{2}$ ③ $\sqrt{34}$ ④ 6   ⑤ $\sqrt{38}$

5 [24012-0165]
좌표공간의 점 $A(4, 2, a)$와 xy평면 위의 직선 $l : 3x+4y+5=0$이 있다. 점 A와 직선 l 사이의 거리가 6일 때, 양수 a의 값은?

① $2\sqrt{2}$ ② 3 ③ $\sqrt{10}$ ④ $\sqrt{11}$ ⑤ $2\sqrt{3}$

6 [24012-0166]
평면 α 위에 있는 세 점 A, B, C에 대하여 $\overline{AB}=6$, $\overline{AC}=12$, $\angle BAC=\dfrac{\pi}{2}$이고, 평면 α 위에 있지 않은 점 D에 대하여 $\overline{AD}\perp\alpha$이다. 선분 BC를 $1:2$로 내분하는 점을 P, $2:1$로 내분하는 점을 Q라 하고, 선분 PD를 $3:1$로 내분하는 점을 R이라 하자. 직선 PD가 평면 α와 이루는 예각의 크기를 θ_1, 직선 QR이 평면 α와 이루는 예각의 크기를 θ_2라 하자. $\tan\theta_1 \times \tan\theta_2 = \dfrac{9}{10}$일 때, 선분 AD의 길이는?

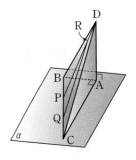

① $2\sqrt{10}$ ② $2\sqrt{11}$ ③ $4\sqrt{3}$
④ $2\sqrt{13}$ ⑤ $2\sqrt{14}$

7 [24012-0167]
좌표공간의 두 점 $A(-5, -1, 0)$, $B(-1, k, 2)$를 지름의 양 끝점으로 하고 원점을 지나는 구의 반지름의 길이는 r이다. $k+r^2$의 값을 구하시오.

8 [24012-0168]
좌표공간의 구
$$x^2+y^2+z^2-2ax+2ay-2az=0$$
이 xy평면, yz평면, zx평면과 만나서 생기는 세 원의 넓이의 합이 π일 때, 양수 a의 값은?

① $\dfrac{\sqrt{2}}{4}$ ② $\dfrac{\sqrt{7}}{7}$ ③ $\dfrac{\sqrt{6}}{6}$ ④ $\dfrac{\sqrt{5}}{5}$ ⑤ $\dfrac{1}{2}$

[24012–0169]

1 좌표공간의 점 $A(a, -\sqrt{15}, a)$를 x축에 대하여 대칭이동시킨 점을 P라 하고, 점 A를 yz평면에 대하여 대칭이동시킨 점을 Q라 하자. $\cos(\angle AQP) = \dfrac{\sqrt{5}}{5}$일 때, 삼각형 APQ의 넓이는? (단, $a > 0$)

① $4\sqrt{15}$ ② $8\sqrt{5}$ ③ 20 ④ $4\sqrt{30}$ ⑤ $4\sqrt{35}$

[24012–0170]

2 좌표공간의 두 점 $A(-2, 4, -8)$, $B(4, -2, 4)$와 다음 조건을 만족시키는 점 P 중에서 $\overline{AP}$의 값이 최소가 되도록 하는 점 P를 Q라 하자.

(가) 점 P는 xy평면 위의 점이다.
(나) $\overline{AP} = \overline{BP}$

선분 OQ의 길이는? (단, O는 원점이다.)

① $\sqrt{6}$ ② $\sqrt{7}$ ③ $2\sqrt{2}$ ④ 3 ⑤ $\sqrt{10}$

[24012–0171]

3 한 변의 길이가 4인 정사각형 ABCD를 밑면으로 하고 높이가 4인 사각뿔 P−ABCD가 있다. 점 P에서 평면 ABCD에 내린 수선의 발이 선분 AC를 1 : 3으로 내분한다. 삼각형 PAB의 무게중심을 G라 하고 선분 BC의 중점을 M이라 할 때, 선분 GM의 길이는?

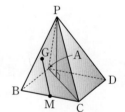

① $2\sqrt{2}$ ② $\sqrt{10}$ ③ $2\sqrt{3}$
④ $\sqrt{14}$ ⑤ 4

[24012–0172]

4 좌표공간에 두 점 $A(0, 0, 3)$, $B(a, b, 0)$이 있다. 점 B에서 y축에 내린 수선의 발을 H라 하고, 점 H에서 직선 AB에 내린 수선의 발을 I라 하자. 세 점 B, H, I가 다음 조건을 만족시킬 때, $a^2 + b^2$의 값을 구하시오.

(단, $a > 0$, $b > 0$)

(가) 점 I는 선분 AB를 1 : 2로 내분하는 점이다.
(나) 삼각형 BHI의 xy평면 위로의 정사영의 넓이는 $2\sqrt{5}$이다.

5 [24012–0173]
좌표공간의 구

$$S: x^2+y^2+z^2-4x+2y-2z=0$$

위의 점 A$(1, 1, 2)$와 원점 O에 대하여 두 점 O, A를 지나는 평면을 α라 하자. 평면 α가 구 S와 만나서 생기는 원의 넓이의 최댓값과 최솟값을 각각 M, m이라 할 때, $M+m$의 값은?

① 7π ② $\dfrac{15}{2}\pi$ ③ 8π ④ $\dfrac{17}{2}\pi$ ⑤ 9π

6 [24012–0174]
점 C$(-2, 3, \sqrt{5})$를 중심으로 하는 구 S가 있다. 다음 조건을 만족시키는 구 S 위의 점 P가 나타내는 도형의 길이가 $3\sqrt{2}\pi$일 때, 구 S가 xy평면과 만나서 생기는 원의 넓이는?

> 원점 O에 대하여 직선 OP는 구 S와 점 P에서만 만난다.

① π ② 2π ③ 3π ④ 4π ⑤ 5π

7 [24012–0175]
좌표공간에 중심이 C$(a, -4, b)$이고 원점 O를 지나는 구 S가 있다. 구 S가 x축과 만나는 점 중 O가 아닌 점을 A라 하자. 구 S 위의 점 P가 다음 조건을 만족시킬 때, $a^2 \times b^2$의 값을 구하시오. (단, $a>0$, $b>0$)

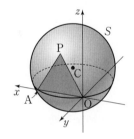

> (가) 평면 PAO는 xy평면에 수직이다.
> (나) 삼각형 PAO는 넓이가 $9\sqrt{3}$인 정삼각형이다.

8 [24012–0176]
좌표공간의 구

$$S: (x-1)^2+(y-2)^2+(z+3)^2=16$$

이 xy평면과 만나서 생기는 원을 C라 하자. 원 C 위의 점 중에서 x좌표가 최대인 점을 P라 하고, 구 S와 점 P에서 접하는 평면을 α라 하자. 원 C의 평면 α 위로의 정사영을 도형 C_1이라 할 때, 도형 C_1의 yz평면 위로의 정사영의 넓이는 $\dfrac{q}{p}\sqrt{7}\pi$이다. $p+q$의 값을 구하시오. (단, p와 q는 서로소인 자연수이고, $\sqrt{7}\pi$는 무리수이다.)

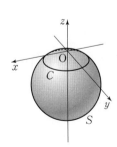

[24012–0177]

1 그림과 같이 모든 모서리의 길이가 6인 삼각기둥 ABC−DEF에 대하여 삼각형 BFD의 무게중심을 G라 하자. 선분 AC를 1 : 2로 내분하는 점 P에 대하여 직선 PG가 평면 DEF와 만나는 점을 Q라 할 때, 선분 QD의 길이는?

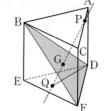

① 4
② $\sqrt{17}$
③ $3\sqrt{2}$
④ $\sqrt{19}$
⑤ $2\sqrt{5}$

[24012–0178]

2 좌표공간의 점 C$(0,\ 4,\ k)\ (k<5\sqrt{2}\,)$를 중심으로 하고 반지름의 길이가 r인 구 S 위의 점 P에 대하여 점 P에서 구 S에 접하는 평면이 z축과 한 점 A에서만 만난다. 세 점 A, P, C가 다음 조건을 만족시킬 때, k^2+r^2의 값을 구하시오.

(가) 삼각형 APC는 이등변삼각형이고, 삼각형 APC의 xy평면 위로의 정사영은 정삼각형이다.
(나) 점 A의 z좌표는 $5\sqrt{2}$이다.

[24012–0179]

3 좌표공간에서 구

$$S:\ (x+1)^2+(y-5)^2+(z-4\sqrt{2}\,)^2=18$$

의 중심을 지나고 xy평면 위의 직선 $x-y=0$을 포함하는 평면이 구 S와 만나서 생기는 원을 C라 하자. 원 C 위의 점 중에서 z좌표가 최대인 점과 최소인 점을 각각 P, Q라 하고, 직선 OQ가 구 S와 만나는 점 중 Q가 아닌 점을 R이라 할 때, 삼각형 POR의 yz평면 위로의 정사영의 넓이는 k이다. k^2의 값을 구하시오.

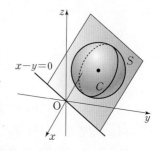

(단, O는 원점이다.)

대표 기출 문제

출제경향 | 좌표공간에서 구와 평면, 구와 직선의 위치 관계가 주어진 상황에서 내분점, 두 점 사이의 거리, 삼수선의 정리 등을 이용하여 두 평면이 이루는 각의 크기의 삼각함수의 값 또는 정사영의 넓이를 구하는 문제가 출제된다.

2023학년도 수능

좌표공간에 정사면체 ABCD가 있다. 정삼각형 BCD의 외심을 중심으로 하고 점 B를 지나는 구를 S라 하자. 구 S와 선분 AB가 만나는 점 중 B가 아닌 점을 P, 구 S와 선분 AC가 만나는 점 중 C가 아닌 점을 Q, 구 S와 선분 AD가 만나는 점 중 D가 아닌 점을 R이라 하고, 점 P에서 구 S에 접하는 평면을 α라 하자. 구 S의 반지름의 길이가 6일 때, 삼각형 PQR의 평면 α 위로의 정사영의 넓이는 k이다. k^2의 값을 구하시오. [4점]

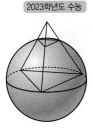

출제 의도 > 정사면체와 구의 정의 및 구와 평면의 위치 관계를 이해하여 삼각형의 평면 위로의 정사영의 넓이를 구할 수 있는지를 묻는 문제이다.

풀이 > 구 S의 중심, 즉 삼각형 BCD의 외심을 O라 하면 $\overline{OB}=6$이므로 직각삼각형 ABO에서

$$\overline{AB}=\frac{2}{\sqrt{3}}\times\frac{3}{2}\overline{OB}=\sqrt{3}\,\overline{OB}=6\sqrt{3},\ \overline{AO}=\sqrt{(6\sqrt{3})^2-6^2}=6\sqrt{2}$$

이때 선분 AB 위의 점 P가 구 S 위에 있으므로 $\overline{OP}=6$

즉, 삼각형 OBP가 이등변삼각형이므로 점 O에서 선분 AB에 내린 수선의 발을 H라 하면 점 H는 선분 BP의 중점이다. 두 삼각형 ABO, OBH가 서로 닮은 도형이므로 $\overline{AB}:\overline{BO}=\overline{OB}:\overline{BH}$에서

$$\overline{BH}=\frac{6^2}{6\sqrt{3}}=2\sqrt{3}$$

따라서

$$\overline{AP}=\overline{AB}-\overline{BP}=\overline{AB}-2\times\overline{BH}=6\sqrt{3}-2\times2\sqrt{3}=2\sqrt{3}$$

이고 두 점 P, H는 선분 AB를 삼등분한다.

사면체 APQR은 정사면체이므로 삼각형 PQR은 한 변의 길이가 $2\sqrt{3}$인 정삼각형이고 넓이는

$$\frac{\sqrt{3}}{4}\times(2\sqrt{3})^2=3\sqrt{3}$$

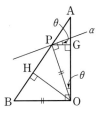

한편, 정삼각형 PQR의 외심을 G라 하면 점 G는 선분 AO를 1 : 2로 내분하는 점이므로

$$\overline{OG}=\frac{2}{3}\overline{AO}=\frac{2}{3}\times6\sqrt{2}=4\sqrt{2}$$

평면 α와 평면 PQR이 이루는 각의 크기를 θ라 하면 $\angle GOP=\theta$이므로

$$\cos\theta=\frac{\overline{OG}}{\overline{PO}}=\frac{2\sqrt{2}}{3}$$

따라서 구하는 정사영의 넓이 k는

$$k=3\sqrt{3}\cos\theta=3\sqrt{3}\times\frac{2\sqrt{2}}{3}=2\sqrt{6}$$

이므로 $k^2=(2\sqrt{6})^2=24$

답 24

한눈에 보는 정답

01 포물선

유제 본문 5~9쪽
1 ③ 2 153 3 4 4 ① 5 ⑤
6 ⑤

기초 연습 본문 10~11쪽
1 ② 2 20 3 ② 4 24 5 ③
6 ⑤ 7 ③ 8 ⑤

기본 연습 본문 12~13쪽
1 27 2 ② 3 ④ 4 ③ 5 ④
6 ②

실력 완성 본문 14쪽
1 ⑤ 2 146 3 72

02 타원

유제 본문 17~21쪽
1 ④ 2 ⑤ 3 ③ 4 24 5 9
6 ④

기초 연습 본문 22~23쪽
1 ④ 2 ① 3 ③ 4 ④ 5 ③
6 ② 7 ① 8 ①

기본 연습 본문 24~25쪽
1 ① 2 ④ 3 10 4 45 5 ①
6 ③

실력 완성 본문 26쪽
1 73 2 ① 3 ④

03 쌍곡선

유제 본문 29~33쪽
1 27 2 ② 3 ① 4 ⑤ 5 ③
6 23

기초 연습 본문 34~35쪽
1 ③ 2 ① 3 ② 4 20 5 ⑤
6 ③ 7 ③ 8 ②

기본 연습 본문 36~37쪽
1 ① 2 ② 3 ③ 4 ① 5 28
6 ③

실력 완성 본문 38쪽
1 ③ 2 ① 3 32

04 벡터의 연산

유제 본문 41~49쪽
1 ④ 2 ② 3 ① 4 ⑤ 5 ①
6 3 7 ② 8 ④ 9 ⑤ 10 ⑤

기초 연습 본문 50~51쪽
1 ③ 2 ④ 3 ③ 4 ② 5 ④
6 ③ 7 ① 8 18

기본 연습 본문 52~53쪽
1 ① 2 ⑤ 3 ③ 4 ③ 5 ④
6 ③ 7 ⑤

실력 완성 본문 54쪽
1 ② 2 ③ 3 13

05 벡터의 내적

유제 본문 57~63쪽
1 ① 2 ⑤ 3 ① 4 ⑤ 5 ②
6 ② 7 ② 8 ①

기초 연습 본문 64~65쪽
1 ④ 2 ⑤ 3 ① 4 ② 5 ④
6 ④ 7 ④ 8 ①

기본 연습 본문 66~67쪽
1 ③ 2 ④ 3 ② 4 ⑤ 5 ①
6 ③ 7 ①

실력 완성 본문 68~69쪽
1 ① 2 20 3 ② 4 ⑤ 5 ①

06 공간도형

유제 본문 73~81쪽
1 ② 2 6 3 ⑤ 4 ⑤ 5 ④
6 ②

기초 연습 본문 82~83쪽
1 ③ 2 ③ 3 ④ 4 ③ 5 19
6 ① 7 ③ 8 26

기본 연습 본문 84~85쪽
1 ② 2 ② 3 ⑤ 4 ④ 5 ②
6 ① 7 ③ 8 ⑤

실력 완성 본문 86쪽
1 750 2 ⑤ 3 16

07 공간좌표

유제 본문 89~97쪽
1 ④ 2 ③ 3 ④ 4 4 5 ⑤
6 6 7 ③ 8 47 9 3 10 ①

기초 연습 본문 98~99쪽
1 ① 2 ③ 3 ② 4 ⑤ 5 ④
6 ③ 7 19 8 ③

기본 연습 본문 100~101쪽
1 ③ 2 ⑤ 3 ② 4 36 5 ②
6 ④ 7 27 8 37

실력 완성 본문 102쪽
1 ④ 2 26 3 288

총신대학교
CHONGSHIN UNIVERSITY

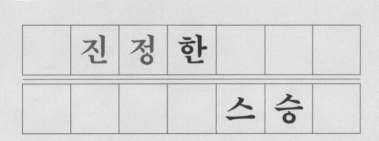

지식을 전달하는 스승이 있습니다.

기술을 전수하는 스승이 있습니다.

삶으로 가르치는 스승이 있습니다.

모두가 우리의 인생에 필요한 분들입니다.

그러나 무엇보다도 진정한 스승은

생명을 살리는 스승입니다.

또 비유로 말씀하시되 소경이 소경을 인도할 수 있느냐 둘이 다 구덩이에 빠지지 아니하겠느냐

— 누가복음 6장 39절 —

국립 강릉원주대학교

글로컬대학 30 선정

KTX 개통으로 수도권과 더 가까워진 국립대학교
국립이라 가능해, 그래서 특별해!

입학상담 033-640-2739~2741, 033-640-2941~2942

정답과 풀이

수능특강 | 수학영역
기하

2025학년도 수능 연계교재 본 교재는 대학수학능력시험을 준비하는 데 도움을 드리고자 수학과 교육과정을 토대로 제작된 교재입니다.
학교에서 선생님과 함께 교과서의 기본 개념을 충분히 익힌 후 활용하시면 더 큰 학습 효과를 얻을 수 있습니다.

3학년 편입학 사관학교
육군3사관학교
Korea Army Academy at Yeongcheon

59기 사관생도
심동주

59기 사관생도
이태은

대학생이 지원가능한
"편입학 사관학교"
육군3사관학교

모집인원	**550명** (여 65명 포함)	교육기간	**2년** (3·4학년 과정)

학과소개

정시생도	학력	4년제 대학 2학년 이상 수료(예정) 및 2·3년제 대학 졸업(예정)자
	연령	대한민국 국적을 가진 19세 이상 25세 미만 미혼남·여
예비생도	학력	2·4년제 대학 1학년 재학생 / 3년제 대학 2학년 재학생
	연령	대한민국 국적을 가진 18세 이상 24세 미만 미혼남·여

일반전공		인문학			사회학			이학			공학		
	영어학	심리학	군사사학	경제경영학	정치외교학	법정학	컴퓨터과학	국방시스템과학	화학환경과학	기계공학	전자공학	건설공학
융합전공	안보통상학, 로봇공학, 인공지능학											

★ 제대 군인은 복무기간에 따라 지원 연령을 최대 3세까지 연장 가능

입시문의 (054) 330-3720 ~ 3723

수능특강

수학영역 기하

정답과 풀이

①1 포물선

1 포물선 $x^2=4y$의 초점은 $F(0, 1)$이고 준선의 방정식은
$y=-1$이다.
점 P의 좌표를 (a, b)라 하면 점 P가 포물선 $x^2=4y$ 위의
점이므로
$a^2=4b$
포물선의 정의에 의하여 $\overline{PF}=b+1=5$이므로
$b=4$
$a^2=16$
따라서 $\overline{OP}=\sqrt{a^2+b^2}=\sqrt{16+16}=4\sqrt{2}$

답 ③

2 포물선 $y^2=8x$의 초점은 $F(2, 0)$이고 준선의 방정식은
$x=-2$이다.
$\overline{AC}=6$이므로 점 A의 x좌표는 4이고, 점 A는 포물선
$y^2=8x$ 위의 제1사분면에 있는 점이므로 점 A의 좌표는
$(4, 4\sqrt{2})$이다.
두 점 $A(4, 4\sqrt{2})$, $F(2, 0)$을 지나는 직선의 방정식은
$y=2\sqrt{2}(x-2)$
이므로 점 B의 x좌표는
$\{2\sqrt{2}(x-2)\}^2=8x$에서
$x^2-5x+4=0$, $(x-1)(x-4)=0$
$x=1$ 또는 $x=4$
$x<4$이므로 $x=1$이고,
점 B는 포물선 $y^2=8x$ 위의 제4사분면에 있는 점이므로
점 B의 좌표는 $(1, -2\sqrt{2})$
포물선의 정의에 의하여
$\overline{AC}=\overline{AF}$, $\overline{BD}=\overline{BF}$이고, $\overline{AC}=6$, $\overline{BD}=3$이므로
$\overline{AB}=\overline{AF}+\overline{BF}=6+3=9$
$\overline{CD}=2\sqrt{2}+4\sqrt{2}=6\sqrt{2}$
따라서
$\overline{AB}^2+\overline{CD}^2=9^2+(6\sqrt{2})^2=153$

답 153

다른 풀이

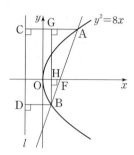

그림과 같이 점 B에서 선분 AC와 x축에 내린 수선의 발을
각각 G, H라 하자.
포물선의 정의에 의하여
$\overline{AF}=\overline{AC}=6$
$\overline{BF}=\overline{BD}$
이때 $\overline{BF}=\overline{BD}=a$라 하면 $y^2=8x$에서 초점은 $F(2, 0)$이
므로
$\overline{FH}=4-a$
$\overline{AG}=6-a$
삼각형 BFH와 삼각형 BAG가 서로 닮음이므로
$\overline{BF}:\overline{BA}=\overline{FH}:\overline{AG}$
$a:(a+6)=(4-a):(6-a)$
$(a+6)(4-a)=a(6-a)$
$a=3$
삼각형 BAG에서
$\overline{BA}=\overline{BF}+\overline{FA}=3+6=9$
$\overline{AG}=3$
$\overline{BG}=\sqrt{\overline{BA}^2-\overline{AG}^2}=\sqrt{9^2-3^2}=6\sqrt{2}$
따라서
$\overline{AB}^2+\overline{CD}^2=\overline{BA}^2+\overline{BG}^2$
$=9^2+(6\sqrt{2})^2$
$=153$

3 포물선 $(x-a)^2=by+c$는 포물선 $x^2=by$를 x축의 방향으
로 a만큼, y축의 방향으로 $-\dfrac{c}{b}$만큼 평행이동한 것이다.
포물선 $x^2=by$의 초점의 좌표가 $\left(0, \dfrac{b}{4}\right)$이고 준선의 방정식
이 $y=-\dfrac{b}{4}$이므로 포물선 $(x-a)^2=by+c$의 초점의 좌표
는 $\left(a, \dfrac{b}{4}-\dfrac{c}{b}\right)$이고 준선의 방정식은 $y=-\dfrac{b}{4}-\dfrac{c}{b}$이다.
즉, $a=2$, $\dfrac{b}{4}-\dfrac{c}{b}=2$이고, $k=-\dfrac{b}{4}-\dfrac{c}{b}$이다.
$a+b+c=10$에서 $c=8-b$이므로

$\dfrac{b}{4}-\dfrac{8-b}{b}=2$

$b^2-4b-32=0$, $(b+4)(b-8)=0$

$b=-4$ 또는 $b=8$

$b=8$일 때 $c=0$이므로 $c\neq0$이라는 조건을 만족시키지 않는다.

따라서 $b=-4$, $c=12$이므로

$k=-\dfrac{-4}{4}-\dfrac{12}{-4}=4$

답 4

다른 풀이

포물선 위의 임의의 점 $P(x, y)$에서 준선 $y=k$에 내린 수선의 발을 H라 하면 점 H의 좌표는 (x, k)이다.

점 $(2, 2)$를 F라 하면 포물선의 정의에 의하여 $\overline{PF}=\overline{PH}$이므로

$\sqrt{(x-2)^2+(y-2)^2}=|y-k|$

이 식의 양변을 제곱하여 정리하면

$(x-2)^2=(4-2k)y+k^2-4$

즉, $a=2$, $b=4-2k$, $c=k^2-4$이므로

$a+b+c=k^2-2k+2=10$에서

$k^2-2k-8=0$, $(k+2)(k-4)=0$

$k=-2$ 또는 $k=4$

이때 $k=-2$이면 $c=0$이 되어 $c\neq0$이라는 조건을 만족시키지 않는다.

따라서 $k=4$

4 $y=x+n$을 $y^2=kx$에 대입하면

$(x+n)^2=kx$

$x^2+(2n-k)x+n^2=0$ ······ ㉠

x에 대한 이차방정식 ㉠의 판별식을 D라 하면

$D=(2n-k)^2-4n^2=k^2-4nk=k(k-4n)<0$

$0<k<4n$에서 $f(n)=4n-1$

따라서 $f(1)+f(2)+f(3)=3+7+11=21$

답 ①

5

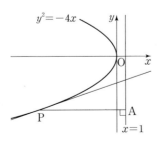

포물선 $y^2=-4x$의 초점의 좌표는 $(-1, 0)$이고, 준선 l의 방정식은 $x=1$이다.

점 P의 좌표를 (a, b)라 하면 점 P는 포물선 $y^2=-4x$ 위의 점이므로 $b^2=-4a$이고, $a\leq0$이다.

점 P에서 준선 l에 내린 수선의 발 A에 대하여 $\overline{PA}=10$이므로

$-a+1=10$에서 $a=-9$

$b^2=-4a=36$에서 $b=-6$ 또는 $b=6$

이때 점 P에서의 접선의 기울기가 양수이므로 점 P의 좌표는 $(-9, -6)$이다.

따라서 점 P에서의 접선의 방정식은

$-6y=2\times(-1)(x-9)$, 즉 $y=\dfrac{1}{3}x-3$

이므로 접선의 y절편은 -3이다.

답 ⑤

6 접점의 좌표를 (x_1, y_1)이라 하면 접선의 방정식은

$y_1y=6(x+x_1)$

이고, 점 $A(-3, a)$가 이 접선 위에 있으므로

$ay_1=6(-3+x_1)$ ······ ㉠

또 점 (x_1, y_1)은 포물선 $y^2=12x$ 위의 점이므로

$y_1^2=12x_1$ ······ ㉡

㉠에서 $y_1=\dfrac{6(-3+x_1)}{a}$이고, 이 식을 ㉡에 대입하면

$\dfrac{36(x_1-3)^2}{a^2}=12x_1$

$3x_1^2-(18+a^2)x_1+27=0$

이때 선분 PQ의 중점 M의 x좌표가 5이므로 두 점 P, Q의 x좌표의 합은 10이다.

즉, $\dfrac{18+a^2}{3}=10$이므로 $a^2=12$

$a>0$이므로 $a=2\sqrt{3}$

이차방정식 $3x_1^2-30x_1+27=0$, 즉 $x_1^2-10x_1+9=0$에서

$(x_1-1)(x_1-9)=0$

$x_1=1$ 또는 $x_1=9$

㉠에서

$x_1=1$일 때 $y_1=-2\sqrt{3}$이고, $x_1=9$일 때 $y_1=6\sqrt{3}$

즉, 점 M의 좌표는 $(5, 2\sqrt{3})$이고, 점 A의 좌표가 $(-3, 2\sqrt{3})$이므로

$\overline{AM}=5-(-3)=8$

따라서 $a^2=12$, $b=8$이므로

$a^2+b^2=12+64=76$

답 ⑤

참고

㉠에서 $x_1 = \dfrac{ay_1 + 18}{6}$이고, 이 식을 ㉡에 대입하면

$y_1^2 = 12 \times \dfrac{ay_1 + 18}{6}$, $y_1^2 - 2ay_1 - 36 = 0$

즉, 두 점 P, Q의 y좌표의 곱은 -36이다.

접점 (x_1, y_1)에서의 접선의 방정식이 $y_1 y = 6(x + x_1)$이므로 두 점 P, Q의 y좌표를 각각 α, β라 하면 두 접선의 기울기의 곱은

$\dfrac{6}{\alpha} \times \dfrac{6}{\beta} = \dfrac{36}{\alpha\beta} = -\dfrac{36}{36} = -1$

에서 두 접선은 서로 수직이다.

즉, $\angle PAQ = \dfrac{\pi}{2}$이고, 세 점 P, A, Q는 중심이 M, 지름이 선분 PQ인 원 위에 있다.

Level ① 기초 연습

본문 10~11쪽

| 1 ② | 2 20 | 3 ② | 4 24 | 5 ③ |
| 6 ⑤ | 7 ③ | 8 ⑤ | | |

1 포물선 $y^2 = 4x$의 초점은 F$(1, 0)$이고 준선의 방정식은 $x = -1$이므로 점 P의 좌표는 $(-1, 0)$이다.

한편, 포물선의 정의에 의하여 선분 BF의 길이는 점 B와 직선 $x = -1$ 사이의 거리와 같고, $\overline{BF} = 4$이므로 점 B의 x좌표는 3이다. 점 B가 포물선 $y^2 = 4x$ 위의 점이므로 $y^2 = 12$에서 점 B의 y좌표는 $2\sqrt{3}$이다.

즉, 점 B의 좌표는 $(3, 2\sqrt{3})$이다.

이때 두 점 P, B를 지나는 직선의 방정식은

$y = \dfrac{\sqrt{3}}{2}(x + 1)$

이 직선이 포물선 $y^2 = 4x$와 만나는 두 점이 A, B이므로

$\left\{ \dfrac{\sqrt{3}}{2}(x + 1) \right\}^2 = 4x$에서

$3x^2 - 10x + 3 = 0$, $(3x - 1)(x - 3) = 0$

$x = \dfrac{1}{3}$ 또는 $x = 3$

즉, 점 A의 x좌표는 $\dfrac{1}{3}$이다.

따라서 포물선의 정의에 의하여 선분 AF의 길이는 점 A와 직선 $x = -1$ 사이의 거리와 같으므로 선분 AF의 길이는

$1 + \dfrac{1}{3} = \dfrac{4}{3}$

답 ②

2

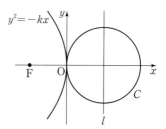

원과 포물선이 만나는 한 점을 A라 하면 포물선의 정의에 의하여 점 A와 준선 사이의 거리는 선분 AF의 길이와 같으므로 포물선과 만나는 점이 존재하는 원의 넓이가 최소이려면 이 원의 중심은 점 F를 y축에 대하여 대칭이동시킨 점이어야 하고 원점 O에 대하여 반지름의 길이는 선분 FO의 길이와 같아야 한다.

한편, $\overline{PF}$의 최댓값이 15이므로

$3 \times \overline{FO} = 15$, $\overline{FO} = 5$

따라서 $y^2 = -kx = 4 \times \left(-\dfrac{k}{4} \right) x$이므로 점 F의 좌표는

$\left(-\dfrac{k}{4}, 0 \right)$이고, $\dfrac{k}{4} = 5$에서 $k = 20$

답 20

3

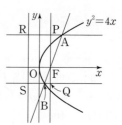

포물선 $y^2 = 4x$에서 초점은 F$(1, 0)$, 준선의 방정식은 $x = -1$이다.

그림과 같이 초점 F를 지나고 y축에 평행한 직선이 점 A를 지나고 x축에 평행한 직선과 만나는 점을 P, 점 B를 지나고 x축에 평행한 직선과 만나는 점을 Q라 하자.

또 준선과 직선 PA가 만나는 점을 R, 준선과 직선 BQ가 만나는 점을 S라 하자.

포물선의 정의에 의하여

$\overline{AR} = \overline{AF} = 3$, $\overline{BS} = \overline{BF}$

이므로 $\overline{AP} = 1$, $\overline{BQ} = 2 - \overline{BF}$

이때 삼각형 APF와 삼각형 BQF가 서로 닮음이므로
$\overline{AP} : \overline{BQ} = \overline{AF} : \overline{BF}$에서
$1 : (2 - \overline{BF}) = 3 : \overline{BF}$
$3(2 - \overline{BF}) = \overline{BF}$
$\overline{BF} = \dfrac{3}{2}$

답 ②

4

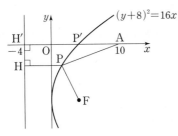

포물선 $(y+8)^2 = 16x$는 포물선 $y^2 = 16x$를 y축의 방향으로 -8만큼 평행이동한 것이므로 점 F는 포물선 $y^2 = 16x$의 초점 $(4, 0)$을 y축의 방향으로 -8만큼 평행이동한 것이다.
즉, 점 F의 좌표는 $(4, -8)$이고 준선의 방정식은 $x = -4$이다.
한편, 점 P와 점 A에서 준선 $x = -4$에 내린 수선의 발을 각각 H, H′이라 하면 포물선의 정의에 의하여
$\overline{PF} = \overline{PH}$이므로
$\overline{AP} + \overline{PF} = \overline{AP} + \overline{PH} \geq \overline{AH'} = 4 + 10 = 14$
그러므로 $\overline{AP} + \overline{PF}$의 값이 최소가 되는 점 P, 즉 점 P′은 선분 AH′과 포물선이 만나는 점이다.
삼각형 AP′F의 둘레의 길이는
$\overline{AP'} + \overline{P'F} + \overline{FA} = 14 + \overline{FA}$
이고, 점 F와 점 A의 좌표가 각각 $(4, -8)$, $(10, 0)$이므로
$\overline{FA} = \sqrt{6^2 + 8^2} = 10$
따라서 삼각형 AP′F의 둘레의 길이는 24이다.

답 24

5

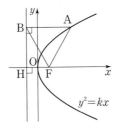

포물선 $y^2 = kx$의 초점은 $F\left(\dfrac{k}{4}, 0\right)$이고 준선의 방정식은
$x = -\dfrac{k}{4}$이다.
점 F에서 준선에 내린 수선의 발을 H라 하면
$\overline{FH} = 2 \times \dfrac{k}{4} = \dfrac{k}{2}$
한편, 포물선의 정의에 의하여 $\overline{AB} = \overline{AF}$이고, 주어진 조건에서 $\overline{AF} = \overline{BF}$이므로 삼각형 ABF는 정삼각형이다.
$\angle ABF = \angle BFH = \dfrac{\pi}{3}$이므로
삼각형 BFH에서 $\cos(\angle BFH) = \dfrac{\overline{FH}}{\overline{BF}}$
$\dfrac{1}{2} = \dfrac{\dfrac{k}{2}}{\overline{BF}}$, 즉 $\overline{BF} = k$
따라서 삼각형 ABF의 넓이가 $10\sqrt{3}$이므로
$\dfrac{\sqrt{3}}{4} \times k^2 = 10\sqrt{3}$, $k^2 = 40$
$k > 0$이므로 $k = 2\sqrt{10}$

답 ③

6

$y = kx + 1$을 $y^2 = 12x$에 대입하면
$(kx + 1)^2 = 12x$, $k^2 x^2 + 2(k-6)x + 1 = 0$
이때 k는 자연수이므로 $k \neq 0$이다.
x에 대한 이차방정식 $k^2 x^2 + 2(k-6)x + 1 = 0$의 판별식을 D라 할 때
$\dfrac{D}{4} = (k-6)^2 - k^2 = -12k + 36$
$1 \leq k < 3$이면 $\dfrac{D}{4} > 0$이므로 $f(k) = 2$
$k = 3$이면 $\dfrac{D}{4} = 0$이므로 $f(3) = 1$
$k > 3$이면 $\dfrac{D}{4} < 0$이므로 $f(k) = 0$
따라서 $f(1) + f(2) + f(3) + f(4) = 2 + 2 + 1 + 0 = 5$

답 ⑤

7

꼭짓점이 원점이고 준선의 방정식이 $x = 4$인 포물선의 초점의 좌표는 $(-4, 0)$이므로 이 포물선의 방정식은
$y^2 = -16x$이다.
포물선 $y^2 = -16x$ 위의 점 (a, b)에서의 접선의 방정식은
$by = 2 \times (-4) \times (x + a)$, 즉 $by = -8(x + a)$
이 접선의 기울기가 -2이므로

$y=-\dfrac{8}{b}x-\dfrac{8a}{b}$에서 $-\dfrac{8}{b}=-2$, $b=4$

또 점 $(a, 4)$가 포물선 $y^2=-16x$ 위의 점이므로

$16=-16a$에서 $a=-1$

따라서 $a+b=-1+4=3$

답 ③

다른 풀이

꼭짓점이 원점이고 준선의 방정식이 $x=4$인 포물선의 초점의 좌표는 $(-4, 0)$이므로 이 포물선의 방정식은

$y^2=-16x$이다.

포물선 $y^2=-16x$에 접하고 기울기가 -2인 직선의 방정식은

$y=-2x+\dfrac{-4}{-2}$, 즉 $y=-2x+2$

이 직선이 점 (a, b)를 지나므로

$b=-2a+2$ ······ ㉠

또 점 (a, b)는 포물선 $y^2=-16x$ 위의 점이므로

$b^2=-16a$ ······ ㉡

㉠을 ㉡에 대입하면

$(-2a+2)^2=-16a$, $a^2-2a+1=-4a$, $(a+1)^2=0$

$a=-1$, $b=4$

따라서 $a+b=-1+4=3$

8 접점의 좌표를 (x_1, y_1)이라 하면 접선의 방정식은

$y_1 y=2\times\dfrac{1}{2}\times(x+x_1)$, 즉 $y_1 y=x+x_1$

이 직선이 점 $(-2, 0)$을 지나므로 $x_1=2$

이때 점 (x_1, y_1)은 포물선 $y^2=2x$ 위의 점이므로

$y_1^2=2x_1$에서 $y_1^2=4$

$y_1=2$ 또는 $y_1=-2$

즉, 두 접점의 좌표는 $(2, 2)$, $(2, -2)$이다.

점 $(-2, 0)$을 P, 원의 중심을 Q, 점 $(2, 2)$를 A라 하면

직선 PA의 방정식은 $2y=x+2$, 즉 $y=\dfrac{1}{2}x+1$이므로

PA의 기울기는 $\dfrac{1}{2}$이다.

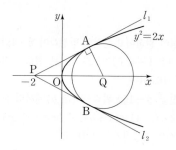

삼각형 APQ에서 $\angle PAQ=\dfrac{\pi}{2}$이고 $\tan(\angle APQ)=\dfrac{1}{2}$

이므로

$\dfrac{\overline{AQ}}{\overline{PA}}=\dfrac{\overline{AQ}}{2\sqrt5}=\dfrac{1}{2}$

$\overline{AQ}=\sqrt5$

따라서 원의 반지름의 길이는 $\sqrt5$이므로 구하는 원의 넓이는

5π

답 ⑤

다른 풀이

접점의 좌표를 (x_1, y_1)이라 하면 접선의 방정식은

$y_1 y=2\times\dfrac{1}{2}\times(x+x_1)$, 즉 $y_1 y=x+x_1$

이 직선이 점 $(-2, 0)$을 지나므로 $x_1=2$

이때 점 (x_1, y_1)은 포물선 $y^2=2x$ 위의 점이므로

$y_1^2=2x_1$에서 $y_1^2=4$

$y_1=2$ 또는 $y_1=-2$

즉, 두 접점의 좌표는 $(2, 2)$, $(2, -2)$이다.

또 점 $(-2, 0)$을 P, 원의 중심을 Q, 점 $(2, 2)$를 A라 하면 직선 PA의 방정식은

$2y=x+2$, 즉 $y=\dfrac{1}{2}x+1$

직선 PA와 수직이고 점 A를 지나는 직선이 x축과 만나는 점이 Q이므로 직선 PA와 수직이고 점 A를 지나는 직선의 방정식은

$y-2=-2(x-2)$, 즉 $y=-2x+6$

$y=0$을 대입하면 $x=3$이므로 점 Q의 좌표는 $(3, 0)$이다.

따라서 $\overline{AQ}=\sqrt{(3-2)^2+(0-2)^2}=\sqrt5$이므로 구하는 원의 넓이는 5π

Level ② 기본 연습

본문 12~13쪽

| 1 | 27 | 2 | ② | 3 | ④ | 4 | ③ | 5 | ④ |
| 6 | ② |

1

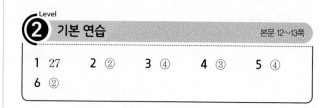

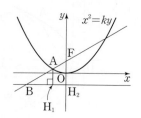

점 A에서 포물선의 준선에 내린 수선의 발을 H_1, 포물선의 준선이 y축과 만나는 점을 H_2라 하고, 두 점 A, F를 지나는 직선이 포물선의 준선과 만나는 점을 B라 하자.

포물선의 정의에 의하여 $\overline{AH_1}=\overline{AF}=\sqrt{3}$이고,

$\angle BAH_1=\angle AFO=\dfrac{\pi}{3}$이므로 삼각형 ABH_1에서

$\overline{BA}=\dfrac{\overline{AH_1}}{\cos\dfrac{\pi}{3}}=2\sqrt{3}$

포물선 $x^2=ky$의 초점은 $F\left(0,\ \dfrac{k}{4}\right)$, 준선의 방정식은

$y=-\dfrac{k}{4}$이므로 삼각형 FBH_2에서

$\overline{BF}=\dfrac{\overline{FH_2}}{\cos\dfrac{\pi}{3}}=2\left(\dfrac{k}{4}+\dfrac{k}{4}\right)=k$

따라서 $k=\overline{BF}=\overline{BA}+\overline{AF}=2\sqrt{3}+\sqrt{3}=3\sqrt{3}$이므로
$k^2=27$

탑 27

2

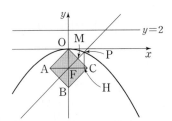

정사각형 OABC에서 $\overline{OA}=2\sqrt{2}$이므로 $\overline{OF}=2$이고, 점 F의 좌표는 $(0,\ -2)$이다.

점 P를 지나고 y축에 평행한 직선이 선분 AC와 만나는 점을 H라 하고 $\overline{PH}=t$라 하면 $\angle MFC=\dfrac{\pi}{4}$이므로 $\overline{FH}=t$이다.

즉, 점 F의 좌표가 $(0,\ -2)$이므로 점 P의 좌표는
$(t,\ -2+t)$

한편, 꼭짓점이 O이고 초점이 F인 포물선에서 $\overline{OF}=2$이므로 직선 $y=2$는 이 포물선의 준선이고 포물선의 정의에 의하여 점 P와 직선 $y=2$ 사이의 거리는 선분 PF의 길이와 같다.

이때 점 P의 좌표가 $(t,\ -2+t)$이므로 점 P와 직선 $y=2$ 사이의 거리는 $2-(-2+t)=4-t$이고,
$\overline{PF}=\sqrt{2}t$

즉, $4-t=\sqrt{2}t$에서 $t>0$이므로 $t=-4+4\sqrt{2}$

따라서 점 P와 직선 $y=2$ 사이의 거리는
$4-t=4-(-4+4\sqrt{2})=8-4\sqrt{2}$

탑 ②

다른 풀이

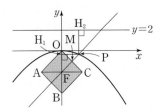

정사각형 OABC에서 $\overline{OA}=2\sqrt{2}$이므로 $\overline{OF}=2$이고, 점 F의 좌표는 $(0,\ -2)$이다.

점 P에서 y축과 직선 $y=2$에 내린 수선의 발을 각각 H_1, H_2라 하고, $\overline{PF}=k$라 하면 포물선의 정의에 의하여
$\overline{PH_2}=\overline{PF}=k$

삼각형 PH_1F에서 $\angle PFH_1=\dfrac{\pi}{4}$이므로

$\overline{PH_1}=k\times\sin\dfrac{\pi}{4}=\dfrac{\sqrt{2}}{2}k$, $\overline{PH_1}=\overline{FH_1}$

점 F와 직선 $y=2$ 사이의 거리는 4이므로

$\overline{FH_1}+\overline{PH_2}=\dfrac{\sqrt{2}}{2}k+k=4$

$k=\dfrac{8}{\sqrt{2}+2}=8-4\sqrt{2}$

따라서 점 P와 직선 $y=2$ 사이의 거리는
$\overline{PH_2}=8-4\sqrt{2}$

3

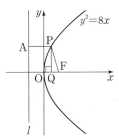

포물선 $y^2=8x$의 초점은 $F(2,\ 0)$, 준선의 방정식은 $x=-2$이다.

점 P를 지나고 x축에 평행한 직선이 준선 l과 만나는 점을 A라 할 때, 포물선의 정의에 의하여 $\overline{PA}=\overline{PF}=3$이고, 원점 O와 준선 l 사이의 거리가 2이므로 점 Q의 좌표는 $(1,\ 0)$이다.

이때 점 F와 점 Q를 x축의 방향으로 -2만큼 평행이동한 점을 각각 F′, Q′이라 하면 점 F′과 점 Q′의 좌표는 각각 $(0, 0)$, $(-1, 0)$

꼭짓점이 F′이고 초점이 Q′인 포물선의 방정식은 $y^2=-4x$이고, 이 포물선을 다시 x축의 방향으로 2만큼 평행이동한 포물선을 C라 하면 포물선 C의 방정식은 $y^2=-4(x-2)$

직선 l의 방정식이 $x=-2$이므로

$y^2=-4(x-2)$에 $x=-2$를 대입하면

$y^2=-4 \times (-2-2)=16$

$y=4$ 또는 $y=-4$

즉, 포물선 C가 직선 l과 만나는 두 점 사이의 거리는 8이다.

답 ④

4 포물선 P_1: $x^2+4x-4y+16=0$은

$x^2+4x+4=4y-12$

$(x+2)^2=4(y-3)$

이므로 포물선 P_1은 포물선 $x^2=4y$를 x축의 방향으로 -2만큼, y축의 방향으로 3만큼 평행이동한 것이다.

이때 포물선 $x^2=4y$의 초점의 좌표는 $(0, 1)$이고 준선의 방정식은 $y=-1$이므로 포물선 P_1의 초점 F_1의 좌표는 $(-2, 4)$이고 준선의 방정식은 $y=2$이다.

포물선 P_2: $(y+a)^2=4x-16$은

$(y+a)^2=4(x-4)$

이므로 포물선 P_2는 포물선 $y^2=4x$를 x축의 방향으로 4만큼, y축의 방향으로 $-a$만큼 평행이동한 것이다.

이때 포물선 $y^2=4x$의 초점의 좌표는 $(1, 0)$이고 준선의 방정식은 $x=-1$이므로 포물선 P_2의 초점 F_2의 좌표는 $(5, -a)$이고 준선의 방정식은 $x=3$이다.

두 포물선 P_1, P_2의 준선의 교점 $(3, 2)$를 중심으로 하는 원이 두 점 F_1, F_2를 지나므로 원의 중심 $(3, 2)$와 두 점 F_1, F_2에 이르는 거리가 같다.

즉, $\sqrt{(-2-3)^2+(4-2)^2}=\sqrt{(5-3)^2+(-a-2)^2}$

이 식의 양변을 제곱하여 정리하면

$(a+2)^2=25$

$a+2=-5$ 또는 $a+2=5$

$a=-7$ 또는 $a=3$

따라서 모든 실수 a의 값의 곱은

$-7 \times 3=-21$

답 ③

5

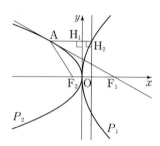

포물선 P_1: $y^2=28x$의 초점은 $F_1(7, 0)$ ······ ㉠

이고 준선의 방정식은 $x=-7$이다.

포물선 P_2: $y^2=kx$의 초점은 $F_2\left(\dfrac{k}{4}, 0\right)$이고 준선의 방정식은 $x=-\dfrac{k}{4}$이다.

점 A의 좌표를 (x_1, y_1)이라 하면 점 A는 포물선 $y^2=kx$ 위에 있으므로 $y_1^2=kx_1$

또 점 $A(x_1, y_1)$에서의 접선의 방정식은

$y_1y=2 \times \dfrac{k}{4}(x+x_1)$, 즉 $y_1y=\dfrac{k}{2}(x+x_1)$

이 접선이 점 $F_1(7, 0)$을 지나므로 $0=\dfrac{k}{2}(7+x_1)$

$k \neq 0$이므로 $x_1=-7$

점 A에서 y축과 포물선 P_2의 준선에 내린 수선의 발을 각각 H_1, H_2라 하면 포물선의 정의에 의하여

$\overline{AH_2}=\overline{AF_2}=9$이고,

$\overline{AH_2}=\overline{AH_1}+\overline{H_1H_2}=7+\overline{H_1H_2}=9$

에서 $\overline{H_1H_2}=2$

즉, 포물선 P_2: $y^2=kx$의 준선의 방정식이 $x=2$이므로

포물선 P_2의 초점은 $F_2(-2, 0)$ ······ ㉡

$\dfrac{k}{4}=-2$이므로 $k=-8$

점 $A(-7, y_1)$은 포물선 P_2: $y^2=-8x$ 위의 점이므로

$y_1^2=56$

$y_1>0$이므로 $y_1=\sqrt{56}=2\sqrt{14}$

즉, 점 A의 좌표는 $(-7, 2\sqrt{14})$ ······ ㉢

따라서 ㉠, ㉡, ㉢에서 삼각형 AF_2F_1의 넓이는

$\dfrac{1}{2} \times 9 \times 2\sqrt{14}=9\sqrt{14}$

답 ④

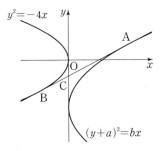

두 점 A, B의 좌표를 각각 (x_1, y_1), (x_2, y_2)라 하자.

$\overline{AC}=2\overline{BC}$에서 $\overline{AC}:\overline{BC}=2:1$이므로

선분 AB를 $2:1$로 내분하는 점

$\left(\dfrac{2x_2+x_1}{2+1}, \dfrac{2y_2+y_1}{2+1}\right)$이 점 C$(0, -2)$이다.

즉, $2x_2+x_1=0$, $2y_2+y_1=-6$이므로

$x_1=-2x_2$, $y_1=-2y_2-6$ ...... ㉠

또 포물선 $y^2=-4x$ 위의 점 B(x_2, y_2)에서의 접선의 방정식은 $y_2y=-2(x+x_2)$이고,

점 B가 포물선 $y^2=-4x$ 위의 점이므로

$y_2^2=-4x_2$ ...... ㉡

점 C$(0, -2)$가 직선 $y_2y=-2(x+x_2)$ 위의 점이므로

$-2y_2=-2x_2$, 즉 $x_2=y_2$

㉡에서 $y_2^2=-4y_2$

$y_2\ne0$이므로 $y_2=-4$, $x_2=-4$

이것을 ㉠에 대입하면 $x_1=8$, $y_1=2$

즉, 점 A의 좌표는 $(8, 2)$, 점 B의 좌표는 $(-4, -4)$이고,

직선 AB의 방정식은 $y=\dfrac{1}{2}x-2$이다.

한편, 직선 $y=\dfrac{1}{2}x-2$는 포물선 $(y+a)^2=bx$의 접선이므로 $x=2y+4$를 $(y+a)^2=bx$에 대입하면

$(y+a)^2=b(2y+4)$

$y^2+2(a-b)y+a^2-4b=0$

y에 대한 이차방정식 $y^2+2(a-b)y+a^2-4b=0$의 판별식을 D라 하면

$\dfrac{D}{4}=(a-b)^2-a^2+4b=b^2+4b-2ab$

$=b(b+4-2a)=0$

$b>0$이므로 $b=2a-4$

이때 점 A$(8, 2)$는 포물선 $(y+a)^2=bx$ 위의 점이므로

$(2+a)^2=8b$, $(2+a)^2=8(2a-4)$

$a^2-12a+36=0$, $(a-6)^2=0$

$a=6$, $b=8$

따라서 $a+b=6+8=14$

답 ②

참고

포물선 $(y+a)^2=bx$의 꼭짓점을 D, 점 A에서 y축에 내린 수선의 발을 H라 하면 $\overline{CH}=\overline{CD}$이므로 점 D의 좌표는 $(0, -6)$이다.

즉, $a=6$

한편, 점 A$(8, 2)$가 포물선 $(y+6)^2=bx$ 위의 점이므로

$64=8b$에서 $b=8$

따라서 $a+b=6+8=14$

Level 3 실력 완성

본문 14쪽

1 ⑤	2 146	3 72

1

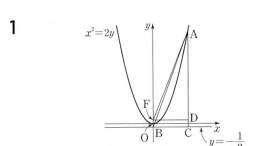

포물선 $x^2=2y$의 초점은 F$\left(0, \dfrac{1}{2}\right)$, 준선의 방정식은 $y=-\dfrac{1}{2}$이다.

점 A를 지나고 y축에 평행한 직선이 준선과 만나는 점을 C, 점 F를 지나고 x축에 평행한 직선이 직선 AC와 만나는 점을 D라 하면 삼각형 AFD에서 포물선의 정의에 의하여

$\overline{AF}=\overline{AC}=13$이므로 점 A의 y좌표는 $13-\dfrac{1}{2}=\dfrac{25}{2}$

점 A의 x좌표를 x_1이라 하면

$x_1^2=2\times\dfrac{25}{2}=25$이고 $x_1>0$이므로 $x_1=5$

$\overline{AC}=13$이므로

$\overline{AB}=\sqrt{\overline{BC}^2+\overline{AC}^2}=\sqrt{5^2+13^2}=\sqrt{194}$

그러므로 중심이 A이고 초점 F를 지나는 원의 반지름의 길이를 r이라 할 때,

선분 PB의 길이의 최댓값은

$\overline{AB}+r=\overline{AB}+\overline{AF}=\sqrt{194}+13$

선분 PB의 길이의 최솟값은

$\overline{AB}-r=\overline{AB}-\overline{AF}=\sqrt{194}-13$

따라서 $\sqrt{194}-13\leq\overline{PB}\leq\sqrt{194}+13$에서

$\sqrt{13^2}-13<\sqrt{194}-13<\sqrt{14^2}-13$

$\sqrt{13^2}+13<\sqrt{194}+13<\sqrt{14^2}+13$

이므로 $\overline{PB}$의 값이 자연수일 때 $1\leq\overline{PB}\leq26$

이때 선분 PB의 길이가 자연수 k $(1\leq k\leq26)$인 점 P는

각각 2개씩 존재하므로 구하는 점 P의 개수는

$26\times2=52$

답 ⑤

2

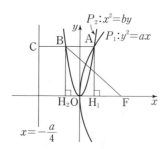

포물선 $P_1: y^2=ax$의 초점 F의 좌표는 $\left(\dfrac{a}{4},\ 0\right)$이고 준선

의 방정식은 $x=-\dfrac{a}{4}$이다.

점 A의 좌표를 $(x_1,\ y_1)$이라 하면 포물선 P_2는 y축에 대하

여 대칭이므로 $\overline{AB}=2x_1$이고, $\overline{AB}=\overline{BC}$이므로 $\overline{AC}=4x_1$

직선 $x=-\dfrac{a}{4}$는 포물선 P_1의 준선이므로 포물선의 정의에

의하여 $\overline{AF}=\overline{AC}=4x_1$이고, $\dfrac{a}{4}=\overline{BC}+\dfrac{\overline{AB}}{2}=3x_1$

두 점 A, B에서 x축에 내린 수선의 발을 각각 H_1, H_2라 하면

$\overline{FH_2}=\dfrac{a}{4}+\dfrac{\overline{AB}}{2}=4x_1$

$\overline{FH_1}=2x_1$이므로 $\overline{AH_1}=2\sqrt{3}x_1$

즉, 점 A의 좌표는 $(x_1,\ 2\sqrt{3}x_1)$ ...... ㉠

삼각형 BH_2F에서 $\overline{BH_2}=2\sqrt{3}x_1$, $\overline{FH_2}=4x_1$이므로

$\overline{BF}=2\sqrt{7}x_1=4\sqrt{7}$에서 $x_1=2$

㉠에서 점 A의 좌표가 $(2,\ 4\sqrt{3})$이고, 점 A는 두 포물선

$P_1: y^2=ax$, $P_2: x^2=by$의 교점이므로

$(4\sqrt{3})^2=2a$에서 $a=24$

$2^2=4\sqrt{3}b$에서 $b=\dfrac{1}{\sqrt{3}}=\dfrac{\sqrt{3}}{3}$

따라서 $6(a+b^2)=6\times\left(24+\dfrac{1}{3}\right)=146$

답 146

다른 풀이

선분 AB의 중점을 M이라 하면 $\overline{AB}=\overline{BC}$이므로

$\overline{CM}=\overline{BC}+\overline{BM}=\overline{AB}+\overline{AM}=3\overline{AM}$

즉, $\overline{AM}=\dfrac{1}{3}\overline{CM}=\dfrac{1}{3}\times\dfrac{a}{4}=\dfrac{a}{12}$이므로 세 점 A, B, F의

좌표는 각각 $\left(\dfrac{a}{12},\ \dfrac{\sqrt{3}}{6}a\right)$, $\left(-\dfrac{a}{12},\ \dfrac{\sqrt{3}}{6}a\right)$, $\left(\dfrac{a}{4},\ 0\right)$이다.

이때 $\overline{BF}=\sqrt{\left(-\dfrac{a}{12}-\dfrac{a}{4}\right)^2+\left(\dfrac{\sqrt{3}}{6}a\right)^2}=\dfrac{\sqrt{7}}{6}a=4\sqrt{7}$에서

$a=24$

점 $A(2,\ 4\sqrt{3})$은 포물선 $x^2=by$ 위의 점이므로 $b=\dfrac{\sqrt{3}}{3}$

따라서 $6(a+b^2)=6\times\left(24+\dfrac{1}{3}\right)=146$

3 점 A의 좌표를 $(p,\ q)$ $(p>0,\ q>0)$이라 하고, 포물선 P_1

의 방정식을

$(y-q)^2=t(x-p)$ $(t<0)$

이라 하면 포물선 P_1이 원점을 지나므로

$q^2=-tp$ ...... ㉠

포물선 P_2의 방정식을 $y^2=kx$ $(k>0)$이라 하면 포물선

P_2가 점 $A(p,\ q)$를 지나므로

$q^2=kp$ ...... ㉡

㉠, ㉡을 연립하면 $-tp=kp$에서 $p\neq0$이므로 $t=-k$

즉, 포물선 P_1의 방정식은 $(y-q)^2=-k(x-p)$이고, 포

물선 P_1은 포물선 P_2를 y축에 대하여 대칭이동한 후 x축의

방향으로 p만큼, y축의 방향으로 q만큼 평행이동한 것이므

로 사각형 AF_1OF_2는 직사각형이다. 점 $F_2(p,\ 0)$이 포물선

$y^2=kx$의 초점이고 꼭짓점이 원점이므로 $k=4p$이다.

이때 $k=4p$를 ㉡에 대입하면

$q^2=4p^2$, $q=2p$

직선 OA의 방정식은 $y=2x$이다.

한편, 기울기가 2인 포물선 $P_2: y^2=4px$의 접선의 방정식은

$y=2x+\dfrac{p}{2}$, 즉 $2x-y+\dfrac{p}{2}=0$

직선 $2x-y+\dfrac{p}{2}=0$ 위의 점 $\left(0,\ \dfrac{p}{2}\right)$와 직선 $2x-y=0$ 사

이의 거리는

$\dfrac{\left|-\dfrac{p}{2}\right|}{\sqrt{2^2+(-1)^2}}=\dfrac{p}{2\sqrt{5}}$

이므로 삼각형 ACO의 넓이의 최댓값은

$$\frac{1}{2} \times \overline{AO} \times \frac{p}{2\sqrt{5}} = \frac{1}{2} \times \sqrt{5}p \times \frac{p}{2\sqrt{5}} = \frac{p^2}{4}$$

두 점 A, O가 각각 포물선 P_1, P_2의 꼭짓점이므로 삼각형 AOB의 넓이의 최댓값도 $\dfrac{p^2}{4}$이다.

따라서 사각형 ACOB의 넓이의 최댓값은 $\dfrac{p^2}{4} \times 2 = \dfrac{p^2}{2}$이 므로

조건 (다)에서 $\dfrac{p^2}{2} = 18$, $p^2 = 36$

$p > 0$이므로 $p = 6$

이때 사각형 $\mathrm{AF_1OF_2}$는 직사각형이므로

$$\overline{\mathrm{AF_2}} \times \overline{\mathrm{OF_2}} = 2p \times p = 12 \times 6 = 72$$

目 72

참고

$k = 4p = 2q$이므로 포물선 P_1의 방정식

$(y - q)^2 = -k(x - p)$는

$(y - 2p)^2 = -4p(x - p)$

이때 기울기가 2인 포물선 P_1의 접선의 방정식을

$y = 2x + s$ (s는 실수)로 놓고, $x = \dfrac{y-s}{2}$를 포물선 P_1의

방정식 $(y - 2p)^2 = -4p(x - p)$에 대입하면

$y^2 - 2py - 2ps = 0$

y에 대한 이차방정식 $y^2 - 2py - 2ps = 0$의 판별식을 D라 하면

$$\frac{D}{4} = p^2 + 2ps = p(p + 2s) = 0$$

$p \neq 0$이므로 $s = -\dfrac{p}{2}$

따라서 기울기가 2인 포물선 P_1의 접선의 방정식은

$y = 2x - \dfrac{p}{2}$, 즉 $2x - y - \dfrac{p}{2} = 0$

직선 $2x - y - \dfrac{p}{2} = 0$ 위의 점 $\left(0, -\dfrac{p}{2}\right)$와 직선 $2x - y = 0$

사이의 거리는

$$\frac{\left|\dfrac{p}{2}\right|}{\sqrt{2^2 + (-1)^2}} = \frac{p}{2\sqrt{5}}$$

이므로 삼각형 AOB의 넓이의 최댓값은

$$\frac{1}{2} \times \overline{AO} \times \frac{p}{2\sqrt{5}} = \frac{1}{2} \times \sqrt{5}p \times \frac{p}{2\sqrt{5}} = \frac{p^2}{4}$$

02 타원

유제

1 ④　　**2** ⑤　　**3** ③　　**4** 24　　**5** 9
6 ④

1 두 초점이 F(2, 0), F′(−2, 0)이고 점 (3, 0)을 지나는 타원의 방정식을 $\dfrac{x^2}{a^2} + \dfrac{y^2}{b^2} = 1$ ($a > b > 0$)이라 하면 이 타원이 점 (3, 0)을 지나므로

$\dfrac{9}{a^2} = 1$, $a^2 = 9$

$a > 0$이므로 $a = 3$

삼각형 PF′F에서 코사인법칙에 의하여

$$\overline{\mathrm{FF'}}^2 = \overline{\mathrm{PF}}^2 + \overline{\mathrm{PF'}}^2 - 2 \times \overline{\mathrm{PF}} \times \overline{\mathrm{PF'}} \times \cos(\angle \mathrm{FPF'})$$

$$16 = \overline{\mathrm{PF}}^2 + \overline{\mathrm{PF'}}^2 - 2 \times \overline{\mathrm{PF}} \times \overline{\mathrm{PF'}} \times \frac{1}{4}$$

$$16 = (\overline{\mathrm{PF}} + \overline{\mathrm{PF'}})^2 - \frac{5}{2} \times \overline{\mathrm{PF}} \times \overline{\mathrm{PF'}}$$

이때 타원의 장축의 길이는 $2a = 2 \times 3 = 6$이므로 타원의 정의에 의하여 $\overline{\mathrm{PF}} + \overline{\mathrm{PF'}} = 6$

따라서 $36 - \dfrac{5}{2} \times \overline{\mathrm{PF}} \times \overline{\mathrm{PF'}} = 16$이므로

$$\overline{\mathrm{PF}} \times \overline{\mathrm{PF'}} = 8$$

目 ④

2 타원 $\dfrac{x^2}{16} + \dfrac{y^2}{25} = 1$의 두 초점의 좌표를

$(0, c)$, $(0, -c)$ ($c > 0$)이라 하면 $c^2 = 25 - 16 = 9$이므로 두 초점의 좌표는 $(0, 3)$, $(0, -3)$이다.

직선 $x - y - 3 = 0$은 x절편이 3, y절편이 -3이므로 점 $(0, -3)$을 D라 하면 직선 $x - y - 3 = 0$은 점 D를 지나고, 삼각형 ABC의 둘레의 길이는

$$\overline{\mathrm{AB}} + \overline{\mathrm{BC}} + \overline{\mathrm{CA}} = \overline{\mathrm{AD}} + \overline{\mathrm{BD}} + \overline{\mathrm{BC}} + \overline{\mathrm{AC}}$$
$$= \overline{\mathrm{AD}} + \overline{\mathrm{AC}} + \overline{\mathrm{BD}} + \overline{\mathrm{BC}}$$

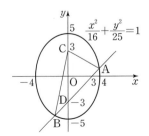

이때 타원 $\dfrac{x^2}{16}+\dfrac{y^2}{25}=1$의 장축의 길이는 $2\times5=10$이므로 타원의 정의에 의하여

$\overline{\mathrm{AD}}+\overline{\mathrm{AC}}=10$, $\overline{\mathrm{BC}}+\overline{\mathrm{BD}}=10$

따라서 삼각형 ABC의 둘레의 길이는

$10+10=20$

답 ⑤

3 타원 $\dfrac{x^2}{18}+\dfrac{y^2}{9}=1$의 두 초점을

$\mathrm{F}(c,\,0)$, $\mathrm{F}'(-c,\,0)$ $(c>0)$

이라 하면 $c^2=18-9=9$이므로 두 초점은

$\mathrm{F}(3,\,0)$, $\mathrm{F}'(-3,\,0)$이다.

타원 $\dfrac{x^2}{18}+\dfrac{y^2}{9}=1$을 x축의 방향으로 m만큼, y축의 방향으로 n만큼 평행이동한 타원의 두 초점의 좌표가

$(3+m,\,n)$, $(-3+m,\,n)$이므로

$3+m=-2$, $n=4$ 또는 $-3+m=-2$, $n=4$

즉, $m=-5$, $n=4$ 또는 $m=1$, $n=4$

따라서 $m>0$이므로 $m+n=1+4=5$

답 ③

4 조건 (가)와 조건 (나)에서 타원의 중심의 좌표가 $(0,\,-5)$이므로 이 타원은 중심이 원점인 타원을 y축의 방향으로 -5만큼 평행이동한 것이다.

이때 직선 FF'이 x축에 평행하고 장축의 길이가 26이므로 타원의 방정식을

$\dfrac{x^2}{13^2}+\dfrac{(y+5)^2}{a}=1\ (0<a<13^2)$

으로 놓을 수 있다.

타원 $\dfrac{x^2}{169}+\dfrac{(y+5)^2}{a}=1$이 원점을 지나므로 $a=25$이고,

$169-25=144$이므로 타원 $\dfrac{x^2}{169}+\dfrac{(y+5)^2}{25}=1$의 두 초점의 좌표는 $(12,\,-5)$, $(-12,\,-5)$이다.

따라서 $\overline{\mathrm{FF}'}=24$

답 24

5 기울기가 $\dfrac{1}{3}$인 타원 $\dfrac{x^2}{18}+\dfrac{y^2}{8}=1$의 접선의 방정식은

$y=\dfrac{1}{3}x\pm\sqrt{18\times\dfrac{1}{9}+8}$, $y=\dfrac{1}{3}x\pm\sqrt{10}$

$x-3y\pm3\sqrt{10}=0$

이 직선이 원 $x^2+y^2=r^2$에 접하므로 원 $x^2+y^2=r^2$의 중심 $(0,\,0)$과 직선 $x-3y\pm3\sqrt{10}=0$ 사이의 거리가 반지름의 길이 $|r|$과 같다.

$\dfrac{|\pm3\sqrt{10}|}{\sqrt{1+9}}=|r|$에서 $|r|=3$이므로 $r^2=9$

답 9

6 접점의 좌표를 $(x_1,\,y_1)$이라 하면 접선의 방정식은

$\dfrac{x_1 x}{2}+y_1 y=1$

이 접선이 점 $\mathrm{A}(0,\,3)$을 지나므로 $y_1=\dfrac{1}{3}$

또 점 $(x_1,\,y_1)$은 타원 $\dfrac{x^2}{2}+y^2=1$ 위의 점이므로

$\dfrac{x_1{}^2}{2}+\left(\dfrac{1}{3}\right)^2=1$에서

$x_1=-\dfrac{4}{3}$ 또는 $x_1=\dfrac{4}{3}$

즉, $\mathrm{B}\!\left(-\dfrac{4}{3},\,\dfrac{1}{3}\right)$, $\mathrm{C}\!\left(\dfrac{4}{3},\,\dfrac{1}{3}\right)$ 또는

$\mathrm{B}\!\left(\dfrac{4}{3},\,\dfrac{1}{3}\right)$, $\mathrm{C}\!\left(-\dfrac{4}{3},\,\dfrac{1}{3}\right)$

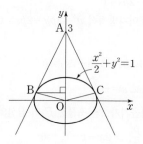

이때 점 B와 y축 사이의 거리가 $\dfrac{4}{3}$이므로 삼각형 ABO의 넓이는

$\dfrac{1}{2}\times\overline{\mathrm{AO}}\times\dfrac{4}{3}=\dfrac{1}{2}\times3\times\dfrac{4}{3}=2$

따라서 두 삼각형 ABO, AOC의 넓이가 같으므로 사각형 ABOC의 넓이는 4이다.

답 ④

다른 풀이

접점의 좌표를 $(x_1,\,y_1)$이라 하면 접선의 방정식은

$\dfrac{x_1 x}{2}+y_1 y=1$

이 접선이 점 $\mathrm{A}(0,\,3)$을 지나므로 $y_1=\dfrac{1}{3}$

또 점 $(x_1,\,y_1)$은 타원 $\dfrac{x^2}{2}+y^2=1$ 위의 점이므로

$\dfrac{{x_1}^2}{2}+\left(\dfrac{1}{3}\right)^2=1$에서

$x_1=-\dfrac{4}{3}$ 또는 $x_1=\dfrac{4}{3}$

즉, 두 접점의 좌표는 $\left(-\dfrac{4}{3},\ \dfrac{1}{3}\right)$, $\left(\dfrac{4}{3},\ \dfrac{1}{3}\right)$이다.

이때 $B\left(-\dfrac{4}{3},\ \dfrac{1}{3}\right)$, $C\left(\dfrac{4}{3},\ \dfrac{1}{3}\right)$이라 하면 두 점 B, C에서의 접선의 방정식은 각각

$2x-y+3=0$, $2x+y-3=0$

이때 원점과 직선 $2x-y+3=0$ 사이의 거리는

$\dfrac{3}{\sqrt{2^2+(-1)^2}}=\dfrac{3\sqrt5}{5}$

이고, $\overline{AB}=\sqrt{\left\{0-\left(-\dfrac{4}{3}\right)\right\}^2+\left(3-\dfrac{1}{3}\right)^2}=\dfrac{4\sqrt5}{3}$이므로 삼각형 ABO의 넓이는

$\dfrac{1}{2}\times\dfrac{3\sqrt5}{5}\times\dfrac{4\sqrt5}{3}=2$

따라서 두 삼각형 ABO, AOC의 넓이가 같으므로 사각형 ABOC의 넓이는 4이다.

---

① 기초 연습 본문 22~23쪽

| 1 ④ | 2 ① | 3 ③ | 4 ④ | 5 ③ |
| 6 ② | 7 ① | 8 ① | | |

1 두 초점이 F, F′인 타원 $\dfrac{x^2}{a^2}+\dfrac{y^2}{b^2}=1\ (a>b>0)$의 장축의 길이가 6이므로 $2a=6$에서 $a=3$

타원의 방정식이 $\dfrac{x^2}{9}+\dfrac{y^2}{b^2}=1$이고, 점 $\left(1,\ \dfrac{4}{3}\right)$가 타원 위의 점이므로 $\dfrac{1}{9}+\dfrac{16}{9b^2}=1$, $\dfrac{16}{9b^2}=\dfrac{8}{9}$, $b^2=2$

즉, 타원의 방정식은 $\dfrac{x^2}{9}+\dfrac{y^2}{2}=1$이다.

이때 두 초점의 좌표를 $(c,\ 0)$, $(-c,\ 0)\ (c>0)$이라 하면

$c=\sqrt{9-2}=\sqrt7$

따라서 $F(\sqrt7,\ 0)$, $F'(-\sqrt7,\ 0)$ 또는

$F(-\sqrt7,\ 0)$, $F'(\sqrt7,\ 0)$이므로

$\overline{FF'}=2\sqrt7$

답 ④

2 장축의 길이가 $2\times8=16$이므로 타원의 정의에 의하여

$\overline{PF'}+\overline{PF}=16$ ······ ㉠

점 F의 좌표를 $(c,\ 0)\ (c>0)$이라 하면

$c^2=64-24=40$이므로 점 F의 좌표는 $(2\sqrt{10},\ 0)$이고,

$\overline{FO}=2\sqrt{10}$

한편, 두 삼각형 FOR, FF′P에서

$\angle FRO=\angle FPF'=\dfrac{\pi}{2}$, $\angle OFR$이 공통이므로 두 삼각형은 서로 닮음이고, $\overline{OF'}=\overline{OF}$이므로 닮음비는 1 : 2이다.

즉, $\overline{PF'}=2\overline{OR}$, $\overline{PF}=2\overline{OQ}$

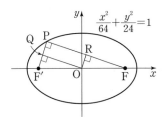

㉠에서

$\overline{PF'}+\overline{PF}=2\overline{OR}+2\overline{OQ}=16$

이므로 $\overline{OR}+\overline{OQ}=8$

삼각형 ORF에서 $\angle ORF=\dfrac{\pi}{2}$이므로

$\overline{OR}^2+\overline{RF}^2=\overline{FO}^2$에서

$\overline{OR}^2+\overline{RF}^2=40$

$(\overline{OR}+\overline{RF})^2-2\times\overline{OR}\times\overline{RF}=40$

이때 $\overline{PR}=\overline{RF}=\overline{OQ}$이므로

$8^2-2\times\overline{OR}\times\overline{PR}=40$, $\overline{OR}\times\overline{PR}=12$

따라서 사각형 PQOR은 $\angle RPQ=\angle ORP=\dfrac{\pi}{2}$인 직사각형이므로 이 사각형의 넓이는

$\overline{OR}\times\overline{PR}=12$

답 ①

3 장축의 길이가 $2\times6=12$이므로 타원의 정의에 의하여

$\overline{PF}+\overline{PF'}=12$이고, 조건에서 $\overline{PF}=2\overline{PF'}$이므로

$\overline{PF}=8$, $\overline{PF'}=4$

한편, 삼각형 PFF′에서 $\angle FPF'=\dfrac{\pi}{2}$이므로

$\overline{FF'}=\sqrt{\overline{PF}^2+\overline{PF'}^2}=\sqrt{8^2+4^2}=\sqrt{80}=4\sqrt5$

이때 점 F의 좌표를 $(0,\ c)\ (c>0)$이라 하면 $c=2\sqrt5$이므로

$36-a^2=20$에서

$a^2=16$

답 ③

4 장축의 길이가 $2 \times 4 = 8$이므로 타원의 정의에 의하여 $\overline{PF'} + \overline{PF} = 8$이고, 조건에서 $\overline{PF} = 2$이므로 $\overline{PF'} = 6$

점 F의 좌표를 $(c, 0)$ $(c > 0)$이라 하면 $c^2 = 16 - 7 = 9$이므로 점 F의 좌표는 $(3, 0)$이고, $\overline{F'F} = 6$

즉, 삼각형 PF'F는 $\overline{PF'} = \overline{F'F}$인 이등변삼각형이므로 점 F'에서 선분 PF에 내린 수선의 발을 H라 하면 $\overline{PH} = 1$이고

$\overline{F'H} = \sqrt{\overline{PF'}^2 - \overline{PH}^2} = \sqrt{36 - 1} = \sqrt{35}$

따라서 삼각형 PF'F의 넓이는

$\dfrac{1}{2} \times 2 \times \sqrt{35} = \sqrt{35}$

답 ④

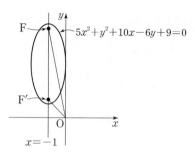

따라서 F$(-1, 5)$, F'$(-1, 1)$이라 하면 삼각형 OFF'에서 $\overline{FF'} = 5 - 1 = 4$이고, 점 O와 직선 $x = -1$ 사이의 거리는 1이므로 삼각형 OFF'의 넓이는

$\dfrac{1}{2} \times 4 \times 1 = 2$

답 ②

5 타원 $\dfrac{x^2}{10} + y^2 = 1$의 두 초점의 좌표를 $(c, 0)$, $(-c, 0)$ $(c > 0)$이라 하면 $c^2 = 10 - 1 = 9$이므로 두 초점의 좌표는 $(3, 0)$, $(-3, 0)$이다.

타원 $\dfrac{(x+3)^2}{10} + (y+3)^2 = 1$은 타원 $\dfrac{x^2}{10} + y^2 = 1$을 x축의 방향으로 -3만큼, y축의 방향으로 -3만큼 평행이동한 것이므로 타원 $\dfrac{(x+3)^2}{10} + (y+3)^2 = 1$의 두 초점의 좌표는 $(0, -3)$, $(-6, -3)$이다.

따라서 삼각형 OF'F의 둘레의 길이는

$\sqrt{(-6)^2 + (-3)^2} + 6 + 3 = 9 + 3\sqrt{5}$

답 ③

6 $5x^2 + y^2 + 10x - 6y + 9 = 0$에서

$5(x^2 + 2x + 1) + (y^2 - 6y + 9) = 5$

$(x+1)^2 + \dfrac{(y-3)^2}{5} = 1$

이므로 이 타원은 타원 $x^2 + \dfrac{y^2}{5} = 1$을 x축의 방향으로 -1만큼, y축의 방향으로 3만큼 평행이동한 것이다.

타원 $x^2 + \dfrac{y^2}{5} = 1$의 두 초점의 좌표를 $(0, c)$, $(0, -c)$ $(c > 0)$이라 하면 $c^2 = 5 - 1 = 4$이므로 두 초점의 좌표는 $(0, 2)$, $(0, -2)$이다.

그러므로 타원 $5x^2 + y^2 + 10x - 6y + 9 = 0$의 두 초점의 좌표는 $(-1, 5)$, $(-1, 1)$이다.

7

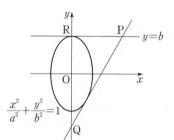

타원 $\dfrac{x^2}{a^2} + \dfrac{y^2}{b^2} = 1$ 위의 점 $(1, -\sqrt{3})$에서의 접선의 방정식은

$\dfrac{x}{a^2} - \dfrac{\sqrt{3}y}{b^2} = 1$, 즉 $y = \dfrac{\sqrt{3}b^2}{3a^2}x - \dfrac{\sqrt{3}b^2}{3}$ ······ ㉠

한편, $\sin(\angle OQP) = \dfrac{1}{2}$이므로 $\angle OQP = \dfrac{\pi}{6}$

점 $(0, b)$를 R이라 하면 $\angle QPR = \dfrac{\pi}{3}$이므로 직선 PQ와 직선 $y = b$가 이루는 예각의 크기가 $\dfrac{\pi}{3}$이고 직선 PQ의 기울기는 $\tan \dfrac{\pi}{3} = \sqrt{3}$이다.

㉠에서 $\dfrac{\sqrt{3}b^2}{3a^2} = \sqrt{3}$이므로 $b^2 = 3a^2$

점 $(1, -\sqrt{3})$이 타원 $\dfrac{x^2}{a^2} + \dfrac{y^2}{b^2} = 1$ 위의 점이므로

$\dfrac{1}{a^2} + \dfrac{3}{b^2} = 1$, $\dfrac{1}{a^2} + \dfrac{3}{3a^2} = 1$

$a^2 = 2$, $b^2 = 6$

따라서 $a^2 + b^2 = 2 + 6 = 8$

답 ①

8 타원 $\dfrac{x^2}{20}+\dfrac{y^2}{5}=1$ 위의 점 $(4,\ -1)$에서의 접선의 방정식은

$\dfrac{4x}{20}-\dfrac{y}{5}=1$, 즉 $y=x-5$ ······ ㉠

기울기가 1이고 포물선 $y^2=ax$에 접하는 접선의 방정식은

$y=x+\dfrac{a}{4}$ ······ ㉡

㉠, ㉡이 일치하므로 $\dfrac{a}{4}=-5$

따라서 $a=-20$

답 ①

Level ② 기본 연습

본문 24~25쪽

1 ①	**2** ④	**3** 10	**4** 45	**5** ①
6 ③				

---

1 타원 $\dfrac{x^2}{16}+\dfrac{y^2}{6}=1$의 두 초점 F, F′의 좌표를 각각 $(c,\ 0)$,

$(-c,\ 0)\ (c>0)$이라 하면 $c^2=16-6=10$이므로

$F(\sqrt{10},\ 0)$, $F'(-\sqrt{10},\ 0)$이고, $\overline{FF'}=2\sqrt{10}$

이때 $\overline{OF'}=\overline{OF}=\overline{OP}=\sqrt{10}$이므로 세 점 P, F′, F는 중심

이 O인 한 원 위에 있고 $\angle F'PF=\dfrac{\pi}{2}$이다.

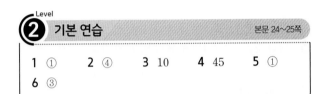

즉, 직각삼각형 FPF′에서 $\overline{PF'}^2+\overline{PF}^2=(2\sqrt{10})^2$

이때 타원의 정의에 의하여 $\overline{PF'}+\overline{PF}=8$이므로

$\overline{PF'}=8-\overline{PF}$를 $\overline{PF'}^2+\overline{PF}^2=40$에 대입하면

$(8-\overline{PF})^2+\overline{PF}^2=40$, $\overline{PF}^2-8\overline{PF}+12=0$

$(\overline{PF}-2)(\overline{PF}-6)=0$

$\overline{PF'}>\overline{PF}$이므로 $\overline{PF'}=6$, $\overline{PF}=2$

따라서 삼각형 PF′F의 넓이는

$\dfrac{1}{2}\times\overline{PF}\times\overline{PF'}=\dfrac{1}{2}\times2\times6=6$

이고 삼각형 OPF′의 넓이는 $\dfrac{1}{2}\times6=3$

답 ①

---

2 장축의 길이가 $2\times7=14$이므로 타원의 정의에 의하여

$\overline{PF}+\overline{PF'}=14$

$\overline{PF}=12$이므로 $\overline{PF'}=2$

이때 $\overline{QF'}=1$이므로 $\overline{PQ}=1$

$\angle PFQ=\angle QFF'$이므로 각의 이등분선의 성질에 의하여

$\overline{PF}:\overline{FF'}=\overline{PQ}:\overline{QF'}$

$12:\overline{FF'}=1:1$에서 $\overline{FF'}=12$

따라서 점 F의 좌표는 $(6,\ 0)$이므로

$49-a=36$, $a=13$

답 ④

---

3 타원 $\dfrac{x^2}{9}+\dfrac{y^2}{5}=1$의 두 초점을

$F(c,\ 0)$, $F'(-c,\ 0)\ (c>0)$이라 하면 $c^2=9-5=4$이므

로 두 초점은 $F(2,\ 0)$, $F'(-2,\ 0)$이고, $\overline{FF'}=4$

타원의 정의에 의하여 $\overline{PF}+\overline{PF'}=6$이므로

$\overline{PF}=6-\overline{PF'}$

$\overline{AP}-\overline{PF}=\overline{AP}-(6-\overline{PF'})$

$\qquad\qquad\quad=\overline{AP}+\overline{PF'}-6$

이때 $\overline{AP}+\overline{PF'}\geq\overline{AF'}$이므로

$\overline{AP}-\overline{PF}=\overline{AP}+\overline{PF'}-6$

$\qquad\qquad\quad\geq\overline{AF'}-6=9-6=3$

에서 $m=3$

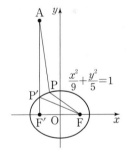

한편, 점 P′은 직선 $x=-2$ 위에 있으므로

$\dfrac{x^2}{9}+\dfrac{y^2}{5}=1$에 $x=-2$를 대입하면 $y^2=\dfrac{25}{9}$

점 P′은 제2사분면 위의 점이므로 점 P′의 좌표는 $\left(-2,\ \dfrac{5}{3}\right)$

따라서 삼각형 P′F′F의 넓이 S는

$S=\dfrac{1}{2}\times4\times\dfrac{5}{3}=\dfrac{10}{3}$

이므로

$m\times S=3\times\dfrac{10}{3}=10$

답 10

4 삼각형 PHF에서 $\cos(\angle FPF')=\dfrac{2}{3}$이므로 $\dfrac{\overline{PH}}{\overline{PF}}=\dfrac{2}{3}$

이때 $\overline{PH}=\dfrac{8}{3}$이므로 $\overline{PF}=\dfrac{\frac{8}{3}}{\frac{2}{3}}=4$

삼각형 $PF'F$에서 코사인법칙에 의하여

$\overline{F'F}^2=\overline{PF'}^2+\overline{PF}^2-2\times\overline{PF'}\times\overline{PF}\times\cos(\angle FPF')$

$(2\sqrt5)^2=\overline{PF'}^2+4^2-2\times\overline{PF'}\times4\times\dfrac{2}{3}$

$3\overline{PF'}^2-16\overline{PF'}-12=0$

$(\overline{PF'}-6)(3\overline{PF'}+2)=0$

$\overline{PF'}>0$이므로 $\overline{PF'}=6$

타원의 정의에 의하여 $\overline{PF}+\overline{PF'}=2a$이므로

$2a=4+6=10$

$a=5$이므로 $a^2=25$

초점 F의 x좌표를 c라 하면 $c^2=a^2-b^2$에서

$\left(\dfrac{2\sqrt5}{2}\right)^2=25-b^2$, $b^2=20$

따라서 $a^2+b^2=25+20=45$

답 45

5 두 점 $A(3, 2)$, $B(5, -2)$를 지나는 직선의 방정식은
$y=-2x+8$이고,

$\overline{AB}=\sqrt{(5-3)^2+(-2-2)^2}=2\sqrt5$

한편, 타원 $\dfrac{x^2}{4}+\dfrac{y^2}{9}=1$에 접하고 기울기가 -2인 접선의
방정식은

$y=-2x\pm\sqrt{4\times4+9}$, 즉 $y=-2x\pm5$

이때 삼각형 APB의 넓이가 최소가 되려면 점 P는 직선
$y=-2x+5$ 위에 있어야 하고, 최대가 되려면 점 P는 직
선 $y=-2x-5$ 위에 있어야 한다.

두 직선 $y=-2x+8$, $y=-2x+5$ 사이의 거리는 점 $(0, 8)$
과 직선 $2x+y-5=0$ 사이의 거리와 같으므로

$\dfrac{|8-5|}{\sqrt{2^2+1^2}}=\dfrac{3\sqrt5}{5}$

즉, 삼각형 APB의 넓이의 최솟값은

$\dfrac{1}{2}\times2\sqrt5\times\dfrac{3\sqrt5}{5}=3$

두 직선 $y=-2x+8$, $y=-2x-5$ 사이의 거리는 점 $(0, 8)$
과 직선 $2x+y+5=0$ 사이의 거리와 같으므로

$\dfrac{|8+5|}{\sqrt{2^2+1^2}}=\dfrac{13\sqrt5}{5}$

즉, 삼각형 APB의 넓이의 최댓값은

$\dfrac{1}{2}\times2\sqrt5\times\dfrac{13\sqrt5}{5}=13$

따라서

$n=3$일 때, $f(3)=1$

$n=13$일 때, $f(13)=1$

$4\le n\le12$일 때, $f(n)=2$

$n\ge14$일 때, $f(n)=0$

이므로 $\displaystyle\sum_{n=3}^{15}f(n)=1+2\times9+1=20$

답 ①

6 타원 $\dfrac{x^2}{24}+\dfrac{y^2}{8}=1$의 두 초점 F, F'의 좌표를 각각
$(c, 0)$, $(-c, 0)$ $(c>0)$이라 하면 $c^2=24-8=16$이므로
$F(4, 0)$, $F'(-4, 0)$

타원 $\dfrac{x^2}{24}+\dfrac{y^2}{8}=1$ 위의 점 $P(a, b)$ $(a<0, b>0)$에서의
접선의 방정식은

$\dfrac{ax}{24}+\dfrac{by}{8}=1$, 즉 $y=-\dfrac{a}{3b}x+\dfrac{8}{b}$

이므로 이 접선에 수직이고 점 P를 지나는 직선의 방정식은

$y=\dfrac{3b}{a}(x-a)+b$, 즉 $y=\dfrac{3b}{a}x-2b$

이 직선이 x축과 만나는 점의 x좌표가 $\dfrac{2a}{3}$이고

$-2\sqrt6<a<0$에서

$-4<-\dfrac{4\sqrt6}{3}<\dfrac{2a}{3}<0$

이므로 점 Q는 선분 FF' 위에 있다.

이때 $\overline{F'Q}=\dfrac{2a}{3}+4$, $\overline{FQ}=4-\dfrac{2a}{3}$이고

$\overline{F'Q}:\overline{FQ}=1:(2+\sqrt3)$이므로

$\left(\dfrac{2a}{3}+4\right):\left(4-\dfrac{2a}{3}\right)=1:(2+\sqrt3)$

$4-\dfrac{2a}{3}=(2+\sqrt3)\times\left(\dfrac{2a}{3}+4\right)$

$(3+\sqrt3)a=-6-6\sqrt3$

$a=-2\sqrt3$, $a^2=12$

점 $P(-2\sqrt3, b)$가 타원 $\dfrac{x^2}{24}+\dfrac{y^2}{8}=1$ 위의 점이므로

$\dfrac{12}{24}+\dfrac{b^2}{8}=1$, $\dfrac{b^2}{8}=\dfrac{1}{2}$, $b^2=4$

따라서 $a^2+b^2=12+4=16$

답 ③

③ 실력 완성　　　　　　본문 26쪽

1 73　　**2** ①　　**3** ④

---

1 타원의 두 초점이 F′(-6, 0), F(6, 0)이므로 $\overline{F'F}=12$이고, 중심이 F′이고 반지름의 길이가 $\overline{F'F}$인 원 위에 점 P가 있으므로 $\overline{F'F}=\overline{PF'}=12$이다.

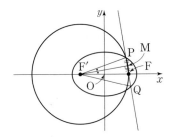

즉, 삼각형 PF′F는 이등변삼각형이므로 ∠PF′F의 이등분선은 선분 PF를 수직이등분한다.

선분 PF의 중점을 M이라 하면

$\cos(\angle PFF')=\dfrac{\overline{FM}}{12}=\dfrac{1}{6}$이므로 $\overline{FM}=2$, $\overline{PF}=4$

$\overline{PF'}=12$, $\overline{PF}=4$이므로 타원의 장축의 길이는 16이다.

한편, $\overline{QF}=a$라 하면 $\overline{QF'}=16-a$

삼각형 QFF′에서

$\cos(\angle QFF')=\cos(\pi-\angle PFF')=-\dfrac{1}{6}$

이므로 코사인법칙에 의하여

$(16-a)^2=12^2+a^2-2\times12\times a\times\left(-\dfrac{1}{6}\right)$

$a=\dfrac{28}{9}$

따라서 $\overline{PQ}=4+\dfrac{28}{9}=\dfrac{64}{9}$이므로

$p=9$, $q=64$에서 $p+q=9+64=73$

답 73

---

2 두 초점 F, F′의 좌표를 각각 $(c, 0)$, $(-c, 0)$ $(c>0)$이라 하면 $c^2=5-1=4$이므로 F(2, 0), F′(-2, 0)

선분 FF′을 지름으로 하는 원이 타원 $\dfrac{x^2}{5}+y^2=1$과 만나는 점 중에서 제1사분면에 있는 점을 C, 제2사분면에 있는 점을 D라 하면 $\angle FCF'=\dfrac{\pi}{2}$, $\angle FDF'=\dfrac{\pi}{2}$이다.

이때 점 P의 y좌표가 0 또는 양수이고 $\cos(\angle F'PF)\leq0$

이므로 점 P는 타원 위에 있으면서 점 C와 점 D 사이의 제1사분면 또는 제2사분면 위에 있거나 점 C 또는 점 D 또는 점 $(0, 1)$과 일치한다. 직선 FP의 기울기가 최소인 점 P가 A, 직선 FP의 기울기가 최대인 점 P가 B이므로 점 C가 A이고 점 D가 B이다.

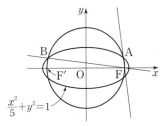

선분 FF′을 지름으로 하는 원의 방정식은 $x^2+y^2=4$이고,

$x^2=4-y^2$을 $\dfrac{x^2}{5}+y^2=1$에 대입하면

$\dfrac{4-y^2}{5}+y^2=1$에서 $y^2=\dfrac{1}{4}$이고, $y>0$이므로 $y=\dfrac{1}{2}$

$x=-\dfrac{\sqrt{15}}{2}$ 또는 $x=\dfrac{\sqrt{15}}{2}$

즉, A$\left(\dfrac{\sqrt{15}}{2}, \dfrac{1}{2}\right)$, B$\left(-\dfrac{\sqrt{15}}{2}, \dfrac{1}{2}\right)$

따라서 $\overline{OA}=\overline{OB}=\overline{OF}=2$, $\overline{AB}=2\times\dfrac{\sqrt{15}}{2}=\sqrt{15}$이므로

삼각형 OAB에서 코사인법칙에 의하여

$\cos(\angle AOB)=\dfrac{2^2+2^2-(\sqrt{15})^2}{2\times2\times2}=-\dfrac{7}{8}$

답 ①

다른 풀이

두 초점 F, F′의 좌표를 각각 $(c, 0)$, $(-c, 0)$ $(c>0)$이라 하면 $c^2=5-1=4$이므로 F(2, 0), F′(-2, 0)

조건을 만족시키는 점 A는 $\angle FAF'=\dfrac{\pi}{2}$인 제1사분면에 있는 점이고, 점 B는 $\angle FBF'=\dfrac{\pi}{2}$인 제2사분면에 있는 점이다. 또한 점 A와 점 B는 y축에 대하여 대칭이다.

한편, $\overline{F'A}^2+\overline{FA}^2=4^2$이고, 타원의 정의에 의하여

$\overline{F'A}+\overline{FA}=2\sqrt5$이므로

$(\overline{F'A}+\overline{FA})^2=\overline{F'A}^2+\overline{FA}^2+2\times\overline{F'A}\times\overline{FA}$에서

$20=16+2\times\overline{F'A}\times\overline{FA}$

$\overline{F'A}\times\overline{FA}=2$

점 A의 y좌표를 y_1이라 하면 삼각형 AF′F에서

$\dfrac{1}{2}\times\overline{F'A}\times\overline{FA}=\dfrac{1}{2}\times\overline{F'F}\times y_1$

$\dfrac{1}{2}\times2=\dfrac{1}{2}\times4\times y_1$, $y_1=\dfrac{1}{2}$

점 A는 타원 $\dfrac{x^2}{5}+y^2=1$ 위의 점이므로

$\dfrac{x^2}{5}+\left(\dfrac{1}{2}\right)^2=1,\ x^2=\dfrac{15}{4}$

$x=-\dfrac{\sqrt{15}}{2}$ 또는 $x=\dfrac{\sqrt{15}}{2}$

즉, $A\left(\dfrac{\sqrt{15}}{2},\ \dfrac{1}{2}\right)$, $B\left(-\dfrac{\sqrt{15}}{2},\ \dfrac{1}{2}\right)$

따라서 $\overline{OA}=\overline{OB}=\overline{OF}=2$, $\overline{AB}=2\times\dfrac{\sqrt{15}}{2}=\sqrt{15}$이므로

삼각형 OAB에서 코사인법칙에 의하여

$\cos(\angle AOB)=\dfrac{2^2+2^2-(\sqrt{15})^2}{2\times2\times2}=-\dfrac{7}{8}$

이므로 $\overline{AP}+\overline{BP}=\dfrac{5}{2}+\dfrac{11}{10}=\dfrac{18}{5}$

따라서 타원 E_2의 장축의 길이는 $\dfrac{18}{5}$이다.

답 ④

3 타원 E_1: $\dfrac{x^2}{16}+\dfrac{y^2}{12}=1$의 두 초점 F, F′의 좌표를 각각

$(c,\ 0)$, $(-c,\ 0)$ $(c>0)$이라 하면 $c^2=16-12=4$이므로

F$(2,\ 0)$, F′$(-2,\ 0)$이고, $\overline{FF'}=4$이다.

점 P는 타원 E_1 위의 점이므로 타원의 정의에 의하여

$\overline{PF'}+\overline{PF}=8$이고, 조건 (가)에서 $\overline{PA}+\overline{PF'}=8$이므로

$\overline{PF}=\overline{PA}$

즉, 점 P의 x좌표는 3이다.

점 P는 타원 E_1: $\dfrac{x^2}{16}+\dfrac{y^2}{12}=1$ 위의 점이므로

$\dfrac{9}{16}+\dfrac{y^2}{12}=1$에서 $y^2=\dfrac{21}{4}$

$y>0$에서 $y=\dfrac{\sqrt{21}}{2}$이므로 점 P의 좌표는 $\left(3,\ \dfrac{\sqrt{21}}{2}\right)$이다.

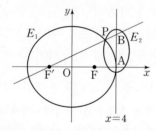

이때 직선 PF′의 방정식은 $y=\dfrac{\sqrt{21}}{10}(x+2)$이고, 이 식에

$x=4$를 대입하면 $y=\dfrac{3\sqrt{21}}{5}$이므로 점 B의 좌표는

$\left(4,\ \dfrac{3\sqrt{21}}{5}\right)$이다.

$\overline{BP}=\sqrt{(4-3)^2+\left(\dfrac{3\sqrt{21}}{5}-\dfrac{\sqrt{21}}{2}\right)^2}=\dfrac{11}{10}$,

$\overline{AP}=\sqrt{(3-4)^2+\left(\dfrac{\sqrt{21}}{2}\right)^2}=\dfrac{5}{2}$

03 쌍곡선

유제
본문 29~33쪽

1 27 **2** ② **3** ① **4** ⑤ **5** ③
6 23

1 쌍곡선의 정의에 의하여
$\overline{PF} - \overline{PF'} = 6$ ······ ㉠
이때 $2(\overline{PF} - \overline{PF'}) = \overline{PF} + \overline{PF'}$이므로
$\overline{PF} + \overline{PF'} = 12$ ······ ㉡
㉠, ㉡에서 $\overline{PF} = 9$, $\overline{PF'} = 3$이므로
$\overline{PF} \times \overline{PF'} = 9 \times 3 = 27$

답 27

2 쌍곡선의 정의에 의하여 $|\overline{PF'} - \overline{PF}| = 4$이고 $\overline{PF} = 3$이므로 $\overline{PF'} > 3$이다.
즉, $\overline{PF'} = 7$
한편, 초점 F의 y좌표를 c라 하면 $c^2 = 12 + 4 = 16$에서
$c = 4$ 또는 $c = -4$
즉, $\overline{FF'} = 8$
따라서 삼각형 PFF'의 둘레의 길이는
$\overline{PF} + \overline{PF'} + \overline{FF'} = 3 + 7 + 8 = 18$

답 ②

3 쌍곡선 $\dfrac{x^2}{a^2} - \dfrac{y^2}{b^2} = 1$의 주축의 길이가 $2\sqrt{2}$이므로
$2a = 2\sqrt{2}$에서 $a = \sqrt{2}$
쌍곡선 $\dfrac{x^2}{2} - \dfrac{y^2}{b^2} = 1$의 두 초점의 좌표를
$(c, 0)$, $(-c, 0)$ $(c > 0)$이라 하면
$2c = 4\sqrt{2}$에서 $c = 2\sqrt{2}$
$2 + b^2 = c^2$에서 $2 + b^2 = 8$, $b = \sqrt{6}$
따라서 $\dfrac{x^2}{2} - \dfrac{y^2}{6} = 1$의 두 점근선의 방정식이 $y = \sqrt{3}x$, $y = -\sqrt{3}x$이고, $\tan\theta_1 \times \tan\theta_2$의 값은 두 점근선의 기울기의 곱이므로
$\tan\theta_1 \times \tan\theta_2 = -3$

답 ①

4 두 초점의 좌표가 $(2, 1)$, $(2, -7)$이므로
쌍곡선 $\dfrac{(x-a)^2}{b^2} - \dfrac{(y+3)^2}{4} = -1$의 중심의 좌표는
$\left(\dfrac{2+2}{2}, \dfrac{1-7}{2}\right)$, 즉 $(2, -3)$
쌍곡선 $\dfrac{(x-a)^2}{b^2} - \dfrac{(y+3)^2}{4} = -1$은 쌍곡선
$\dfrac{x^2}{b^2} - \dfrac{y^2}{4} = -1$을 x축의 방향으로 a만큼, y축의 방향으로 -3만큼 평행이동한 것이므로 중심의 좌표는 $(a, -3)$이다.
즉, $a = 2$
쌍곡선 $\dfrac{(x-a)^2}{b^2} - \dfrac{(y+3)^2}{4} = -1$의 두 초점의 좌표가
$(2, 1)$, $(2, -7)$이므로 쌍곡선 $\dfrac{x^2}{b^2} - \dfrac{y^2}{4} = -1$의 두 초점의 좌표는 $(0, 4)$, $(0, -4)$이다.
즉, $b^2 + 4 = 16$에서 $b^2 = 12$
따라서 쌍곡선 $\dfrac{x^2}{12} - \dfrac{y^2}{4} = -1$의 기울기가 양수인 점근선의 방정식이 $y = \dfrac{x}{\sqrt{3}}$이므로 쌍곡선
$\dfrac{(x-2)^2}{12} - \dfrac{(y+3)^2}{4} = -1$의 기울기가 양수인 점근선의 방정식은
$y + 3 = \dfrac{1}{\sqrt{3}}(x-2)$, 즉 $y = \dfrac{\sqrt{3}}{3}x - \dfrac{2\sqrt{3}}{3} - 3$
이고, 이 직선의 x절편은 $2 + 3\sqrt{3}$이다.

답 ⑤

5

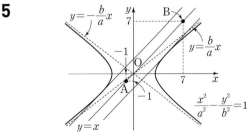

두 점 A, B를 지나는 직선의 방정식이 $y = x$이고, 쌍곡선
$\dfrac{x^2}{a^2} - \dfrac{y^2}{b^2} = 1$의 점근선의 방정식은
$y = \dfrac{b}{a}x$, $y = -\dfrac{b}{a}x$이다.
$0 < b < a$에서 $\dfrac{b}{a} < 1$이므로 두 점 A, B를 지나는 직선은
쌍곡선 $\dfrac{x^2}{a^2} - \dfrac{y^2}{b^2} = 1$과 만나지 않는다.

한편, $\overline{AB}=\sqrt{64+64}=8\sqrt{2}$이고, 삼각형 PAB의 넓이의 최솟값이 8이므로 점 P와 직선 AB 사이의 거리의 최솟값이 $\sqrt{2}$이어야 한다.

점 P와 직선 AB 사이의 거리의 최솟값은 쌍곡선 $\dfrac{x^2}{a^2}-\dfrac{y^2}{b^2}=1$에 접하고 기울기가 1인 직선과 직선 $y=x$ 사이의 거리와 같다.

쌍곡선 $\dfrac{x^2}{a^2}-\dfrac{y^2}{b^2}=1$에 접하고 기울기가 1인 직선의 방정식은

$y=x\pm\sqrt{a^2-b^2}$

이때 직선 $y=x$에서 두 직선 $y=x+\sqrt{a^2-b^2}$, $y=x-\sqrt{a^2-b^2}$에 이르는 거리는 서로 같다.

따라서 직선 $y=x$ 위의 점 $(0,0)$과 직선 $x-y+\sqrt{a^2-b^2}=0$ 사이의 거리는 $\sqrt{2}$이므로

$\dfrac{\sqrt{a^2-b^2}}{\sqrt{2}}=\sqrt{2}$

$a^2-b^2=4$

답 ③

6 $3x^2-2y^2+6=0$에서 $\dfrac{x^2}{2}-\dfrac{y^2}{3}=-1$

점 $A(1,0)$에서 쌍곡선 $\dfrac{x^2}{2}-\dfrac{y^2}{3}=-1$에 그은 접선의 접점의 좌표를 (x_1,y_1)이라 하면 접선의 방정식은

$\dfrac{x_1x}{2}-\dfrac{y_1y}{3}=-1$

점 $A(1,0)$이 이 접선 위의 점이므로 $x_1=-2$

또 점 (x_1,y_1)은 쌍곡선 위의 점이므로

$\dfrac{x_1^{\,2}}{2}-\dfrac{y_1^{\,2}}{3}=-1$에서 $2-\dfrac{y_1^{\,2}}{3}=-1$

$y_1=3$ 또는 $y_1=-3$

즉, 접점의 좌표는 $(-2,3)$, $(-2,-3)$이다.

이때 점 $(-2,3)$을 B, 원의 중심 $(-a,0)$을 D라 하면

삼각형 ABD에서 $\angle ABD=\dfrac{\pi}{2}$이고,

$\overline{AB}=\sqrt{(-2-1)^2+3^2}=3\sqrt{2}$

$\overline{BD}=\sqrt{(-2+a)^2+3^2}$

$\overline{AD}=1+a$

이므로

$18+\{(-2+a)^2+3^2\}=(1+a)^2$에서 $a=5$

$r=\overline{BD}=3\sqrt{2}$

따라서 $a+r^2=5+18=23$

답 23

1 ③	2 ①	3 ②	4 20	5 ⑤
6 ③	7 ③	8 ②		

1 $\overline{OF'}=\overline{OF}$이므로 $2\overline{OF'}=\overline{FF'}$이고, 직선 OQ와 직선 PF가 평행하므로

$\overline{PF}=2\overline{OQ}=2$, $\overline{PF'}=2\overline{QF'}=10$

쌍곡선의 정의에 의하여 주축의 길이는 $\overline{PF'}-\overline{PF}$의 값과 같으므로

$\overline{PF'}-\overline{PF}=10-2=8$

답 ③

2 쌍곡선 $\dfrac{x^2}{9}-\dfrac{y^2}{16}=1$의 두 초점 F, F'의 좌표를 각각 $(c,0)$, $(-c,0)$ $(c>0)$이라 하면 $c^2=9+16=25$이므로 F$(5,0)$, F'$(-5,0)$이고, $\overline{FF'}=10$이다.

점 P는 선분 FF'을 지름으로 하는 원 위의 점이므로

$\angle F'PF=\dfrac{\pi}{2}$

직각삼각형 PF'F에서

$\overline{PF}^2+\overline{PF'}^2=\overline{FF'}^2=100$

점 P는 쌍곡선 $\dfrac{x^2}{9}-\dfrac{y^2}{16}=1$ 위의 점이므로 쌍곡선의 정의에 의하여 $\overline{PF}-\overline{PF'}=6$

양변을 제곱하면 $(\overline{PF}-\overline{PF'})^2=36$

$\overline{PF}^2+\overline{PF'}^2-2\times\overline{PF}\times\overline{PF'}=36$

$100-2\times\overline{PF}\times\overline{PF'}=36$

$\overline{PF}\times\overline{PF'}=32$

따라서 삼각형 PF'F의 넓이는

$\dfrac{1}{2}\times\overline{PF}\times\overline{PF'}=\dfrac{1}{2}\times32=16$

답 ①

3 쌍곡선 $\dfrac{x^2}{24}-y^2=-1$의 두 초점 F, F'의 좌표를 각각 $(0,c)$, $(0,-c)$ $(c>0)$이라 하면 $c^2=24+1=25$이므로 F$(0,5)$, F'$(0,-5)$

점 P의 좌표를 (a,b) $(a>0,b>0)$이라 하면 두 직선 PF, PF'이 서로 수직이므로

$\dfrac{b-5}{a}\times\dfrac{b+5}{a}=-1$

즉, $a^2+b^2=25$ ...... ㉠

한편, 점 $P(a, b)$는 쌍곡선 $\dfrac{x^2}{24}-y^2=-1$ 위의 점이므로

$\dfrac{a^2}{24}-b^2=-1$ ...... ㉡

㉠, ㉡에서 $\dfrac{a^2}{24}-(25-a^2)=-1$

$a^2=\dfrac{24\times24}{25}$에서 $a>0$이므로 $a=\dfrac{24}{5}$이고,

$b^2=\dfrac{49}{25}$에서 $b>0$이므로 $b=\dfrac{7}{5}$

따라서 점 P의 좌표가 $\left(\dfrac{24}{5}, \dfrac{7}{5}\right)$이므로 직선 OP의 기울기는

$\dfrac{\dfrac{7}{5}}{\dfrac{24}{5}}=\dfrac{7}{24}$

답 ②

다른 풀이

쌍곡선 $\dfrac{x^2}{24}-y^2=-1$의 두 초점 F, F'의 좌표를 각각

$(0, c)$, $(0, -c)$ $(c>0)$이라 하면 $c^2=24+1=25$이므로

$F(0, 5)$, $F'(0, -5)$이고, $\overline{FF'}=10$이다.

쌍곡선의 정의에 의하여 $\overline{PF'}-\overline{PF}=2$이고, 직선 PF와 직선 PF'은 서로 수직이므로

$\overline{PF'}^2+\overline{PF}^2=\overline{FF'}^2$

$(\overline{PF}+2)^2+\overline{PF}^2=100$에서

$\overline{PF}^2+2\overline{PF}-48=0$, $(\overline{PF}+8)(\overline{PF}-6)=0$

$\overline{PF}>0$이므로 $\overline{PF}=6$

$\overline{PF'}=8$

점 P의 좌표를 (a, b), $\angle PFF'=\theta$라 하자.

$a=\overline{PF}\times\sin\theta=6\times\dfrac{4}{5}=\dfrac{24}{5}$

$b=5-\overline{PF}\times\cos\theta=5-6\times\dfrac{3}{5}=\dfrac{7}{5}$

따라서 직선 OP의 기울기는 $\dfrac{\dfrac{7}{5}}{\dfrac{24}{5}}=\dfrac{7}{24}$

4 $c^2=1+15=16$에서 $c>0$이므로 $c=4$

즉, 쌍곡선 $x^2-\dfrac{y^2}{15}=1$의 두 초점 F, F'의 좌표는 각각

$(4, 0)$, $(-4, 0)$이다.

이때 $\overline{FH}=3\overline{F'H}$이고 점 H의 x좌표를 k라 하면

$\overline{FH}<\overline{FF'}$에 의해 $k>-4$이므로

$4-k=3(k+4)$, $k=-2$

즉, 점 P의 x좌표는 -2이고 점 P가 쌍곡선 $x^2-\dfrac{y^2}{15}=1$

위의 제3사분면에 있으므로

$4-\dfrac{y^2}{15}=1$, $y^2=45$에서 $y=-3\sqrt{5}$

즉, 점 P의 좌표는 $(-2, -3\sqrt{5})$이다.

$\overline{PF}=\sqrt{\{4-(-2)\}^2+\{0-(-3\sqrt{5})\}^2}=\sqrt{36+45}=9$

$\overline{OF}=4$

$\overline{PO}=\sqrt{(-2)^2+(-3\sqrt{5})^2}=\sqrt{4+45}=7$

따라서 삼각형 PFO의 둘레의 길이는

$\overline{PF}+\overline{OF}+\overline{PO}=9+4+7=20$

답 20

5 쌍곡선 $\dfrac{x^2}{3}-\dfrac{y^2}{k^2}=-1$의 점근선 중 기울기가 양수인 직선

의 방정식은 $y=\dfrac{k}{\sqrt{3}}x$이므로 이 직선에 수직이고 원점을 지

나는 직선의 방정식은

$y=-\dfrac{\sqrt{3}}{k}x$, 즉 $\sqrt{3}x+ky=0$

한 초점 F의 y좌표를 c라 하면

$c^2=3+k^2$

점 $F(0, c)$와 직선 $\sqrt{3}x+ky=0$ 사이의 거리가 2이므로

$\dfrac{|kc|}{\sqrt{3+k^2}}=\dfrac{k\sqrt{3+k^2}}{\sqrt{3+k^2}}=2$

$k=2$

따라서 쌍곡선 $\dfrac{x^2}{3}-\dfrac{y^2}{4}=-1$의 주축의 길이는

$2\times2=4$

답 ⑤

6 $x^2-8x-4y^2+24y-36=0$에서

$(x-4)^2-4(y-3)^2=16$, $\dfrac{(x-4)^2}{16}-\dfrac{(y-3)^2}{4}=1$

쌍곡선 $\dfrac{(x-4)^2}{16}-\dfrac{(y-3)^2}{4}=1$은 쌍곡선 $\dfrac{x^2}{16}-\dfrac{y^2}{4}=1$

을 x축의 방향으로 4만큼, y축의 방향으로 3만큼 평행이동

한 것이므로 쌍곡선 $\dfrac{(x-4)^2}{16}-\dfrac{(y-3)^2}{4}=1$의 두 점근선

의 방정식은

$y-3=\dfrac{2}{4}(x-4)$, $y-3=-\dfrac{2}{4}(x-4)$

즉, $y=\dfrac{1}{2}x+1$, $y=-\dfrac{1}{2}x+5$이다.

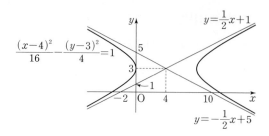

이때 두 점근선의 교점의 좌표가 $(4, 3)$이므로 두 점근선과 x축으로 둘러싸인 도형의 넓이는

$$\dfrac{1}{2}\times(10+2)\times3=18$$

답 ③

7 쌍곡선 $\dfrac{x^2}{a^2}-\dfrac{y^2}{b^2}=1$ 위의 점 $(3, 2)$에서의 접선의 방정식

은 $\dfrac{3x}{a^2}-\dfrac{2y}{b^2}=1$, 즉 $y=\dfrac{3b^2}{2a^2}x-\dfrac{b^2}{2}$이므로

$\dfrac{3b^2}{2a^2}=\dfrac{3}{2}$에서 $\dfrac{b^2}{a^2}=1$, $a^2=b^2$

한편, 점 $(3, 2)$가 쌍곡선 $\dfrac{x^2}{a^2}-\dfrac{y^2}{b^2}=1$ 위의 점이므로

$\dfrac{9}{a^2}-\dfrac{4}{b^2}=1$에서 $\dfrac{5}{a^2}=1$

$a^2=5$, $b^2=5$

따라서 $a^2+b^2=5+5=10$

답 ③

8 점 $P(2, 1)$에서 쌍곡선 $2x^2-y^2=-1$에 그은 접선의 접점을 (x_1, y_1)이라 하면 접선의 방정식은

$2x_1x-y_1y=-1$

점 $P(2, 1)$이 이 접선 위의 점이므로 $4x_1-y_1=-1$

또 점 (x_1, y_1)은 쌍곡선 위의 점이므로 $2x_1^2-y_1^2=-1$에서

$2x_1^2-(4x_1+1)^2=-1$

$7x_1^2+4x_1=0$, $x_1(7x_1+4)=0$

$x_1=0$ 또는 $x_1=-\dfrac{4}{7}$

즉, 두 접점의 좌표는 $(0, 1)$, $\left(-\dfrac{4}{7}, -\dfrac{9}{7}\right)$이다.

이때 $A(0, 1)$, $B\left(-\dfrac{4}{7}, -\dfrac{9}{7}\right)$라 하면 점 A를 접점으로 하는 접선의 방정식은 $y=1$이므로 점 $B\left(-\dfrac{4}{7}, -\dfrac{9}{7}\right)$와 직선

$y=1$ 사이의 거리는 $1-\left(-\dfrac{9}{7}\right)=\dfrac{16}{7}$이다.

따라서 $\overline{PA}=2$이므로 삼각형 PAB의 넓이는

$$\dfrac{1}{2}\times2\times\dfrac{16}{7}=\dfrac{16}{7}$$

답 ②

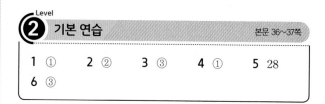
Level **2** 기본 연습
본문 36~37쪽

1 ① **2** ② **3** ③ **4** ① **5** 28
6 ③

1 포물선 $y^2=cx$의 초점이 $F(2, 0)$이므로

$y^2=4\times\dfrac{c}{4}\times x$에서 $\dfrac{c}{4}=2$, $c=8$

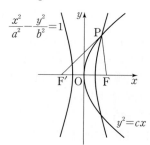

쌍곡선 $\dfrac{x^2}{a^2}-\dfrac{y^2}{b^2}=1$의 두 초점이 $F(2, 0)$, $F'(-2, 0)$이

므로 $a^2+b^2=4$ ······ ㉠

점 P의 좌표를 (α, β)라 하면 삼각형 $PF'F$의 넓이가 $4\sqrt{6}$

이므로

$\dfrac{1}{2}\times\overline{FF'}\times\beta=4\sqrt{6}$, $\dfrac{1}{2}\times4\times\beta=4\sqrt{6}$, $\beta=2\sqrt{6}$

이때 점 P가 포물선 $y^2=8x$ 위의 점이므로

$(2\sqrt{6})^2=8\alpha$에서 $\alpha=3$

즉, 점 P의 좌표는 $(3, 2\sqrt{6})$이다.

점 P가 쌍곡선 $\dfrac{x^2}{a^2}-\dfrac{y^2}{b^2}=1$ 위의 점이므로

$\dfrac{9}{a^2}-\dfrac{24}{b^2}=1$, $9b^2-24a^2=a^2b^2$ ······ ㉡

㉠에서 $a^2=4-b^2$이므로 ㉡에 대입하면

$9b^2-24(4-b^2)=(4-b^2)b^2$

$b^4+29b^2-96=0$, $(b^2-3)(b^2+32)=0$

$b^2>0$이므로 $b^2=3$, $a^2=1$

따라서 $a^2-b^2+c=1-3+8=6$

답 ①

2 쌍곡선의 정의에 의하여 $\overline{PF}-\overline{PF'}=2a$이므로

$\overline{PF}=\overline{PF'}+2a$

$\overline{AP}+\overline{PF}=\overline{AP}+(\overline{PF'}+2a)$

$\qquad\qquad=\overline{AP}+\overline{PF'}+2a\geq\overline{AF'}+2a$

이때 $\overline{AF'}=\sqrt{(2+3)^2+12^2}=13$이므로 $\overline{AP}+\overline{PF}$의 최솟값은 $13+2a$이다.

즉, $13+2a=17$에서 $a=2$

두 점 $F(3,\,0)$, $F'(-3,\,0)$이 초점이므로

$a^2+b^2=9$에서 $4+b^2=9$, $b^2=5$

따라서 $a^2\times b^2=4\times5=20$

답 ②

3 쌍곡선 $\dfrac{x^2}{k^2}-y^2=1$의 점근선 중 기울기가 양수인 직선의 방정식은 $y=\dfrac{x}{k}$이고, 이 직선에 수직인 직선의 기울기는 $-k$이다.

기울기가 $-k$이고 쌍곡선 $\dfrac{x^2}{k^2}-y^2=1$에 접하는 직선 중 y절편이 양수인 직선의 방정식은

$y=-kx+\sqrt{k^2\times k^2-1}$, 즉 $y=-kx+\sqrt{k^4-1}$

이고, 이 직선의 y절편은 $\sqrt{k^4-1}$이다.

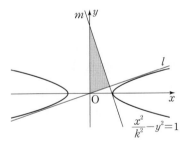

이때 두 직선 l, m의 교점의 x좌표는

$\dfrac{x}{k}=-kx+\sqrt{k^4-1}$에서

$\left(\dfrac{1}{k}+k\right)x=\sqrt{k^4-1}$, $x=\dfrac{k\sqrt{k^4-1}}{k^2+1}$

즉, 두 직선 l, m과 y축으로 둘러싸인 도형의 넓이는

$\dfrac{1}{2}\times\sqrt{k^4-1}\times\dfrac{k\sqrt{k^4-1}}{k^2+1}=\dfrac{k(k^4-1)}{2(k^2+1)}$

$\qquad\qquad\qquad\qquad=\dfrac{k(k^2-1)(k^2+1)}{2(k^2+1)}$

$\qquad\qquad\qquad\qquad=\dfrac{k(k^2-1)}{2}$

따라서 $\dfrac{k(k^2-1)}{2}=12$에서

$k^3-k-24=0$, $(k-3)(k^2+3k+8)=0$

k는 실수이므로 $k=3$

답 ③

4 쌍곡선 $\dfrac{x^2}{a^2}-\dfrac{y^2}{b^2}=1$의 주축의 길이가 4이므로

$2a=4$에서 $a=2$

$\overline{FF'}=6$이므로 $a^2+b^2=9$에서 $b^2=5$

쌍곡선의 정의에 의하여 $\overline{PF'}-\overline{PF}=4$

$\overline{PF'}=2\overline{PF}$이므로 $\overline{PF}=4$, $\overline{PF'}=8$

이때 $\angle F'PQ=\angle FPQ$이므로

$\overline{F'Q}:\overline{FQ}=\overline{PF'}:\overline{PF}=2:1$

즉, $\overline{F'Q}=\overline{FF'}\times\dfrac{2}{3}=6\times\dfrac{2}{3}=4$

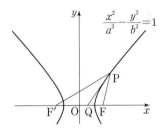

삼각형 $PF'F$에서 $\overline{PF'}=8$, $\overline{PF}=4$, $\overline{F'F}=6$이므로 코사인법칙에 의하여

$\cos(\angle PF'F)=\dfrac{8^2+6^2-4^2}{2\times8\times6}=\dfrac{7}{8}$

삼각형 $PF'Q$에서 $\overline{PF'}=8$, $\overline{F'Q}=4$이므로 코사인법칙에 의하여

$\overline{PQ}^2=\overline{PF'}^2+\overline{F'Q}^2-2\times\overline{PF'}\times\overline{F'Q}\times\cos(\angle PF'F)$

$\qquad=8^2+4^2-2\times8\times4\times\dfrac{7}{8}=24$

$\overline{PQ}>0$이므로 $\overline{PQ}=2\sqrt{6}$

따라서 $\dfrac{\overline{PQ}}{a^2-b^2}=\dfrac{2\sqrt{6}}{4-5}=-2\sqrt{6}$

답 ①

5 쌍곡선 $\dfrac{x^2}{a^2}-\dfrac{y^2}{b^2}=1$ 위의 점 $P(6,\,2)$에서의 접선 l의 방정식은

$\dfrac{6x}{a^2}-\dfrac{2y}{b^2}=1$, 즉 $y=\dfrac{3b^2}{a^2}x-\dfrac{b^2}{2}$

점 R은 선분 PQ를 지름으로 하는 원 위의 점이므로

$\angle PRQ = \dfrac{\pi}{2}$이고, 직선 QR의 방정식은 $y = -\dfrac{a^2}{3b^2}x$이다.

점 $Q(-6, 2)$가 직선 $y = -\dfrac{a^2}{3b^2}x$ 위에 있으므로

$2 = -\dfrac{a^2}{3b^2} \times (-6)$, $a = b$

한편, 점 $P(6, 2)$는 쌍곡선 $\dfrac{x^2}{a^2} - \dfrac{y^2}{b^2} = 1$ 위의 점이므로

$\dfrac{36}{a^2} - \dfrac{4}{b^2} = 1$, $\dfrac{36}{a^2} - \dfrac{4}{a^2} = 1$

$a^2 = 32$, $b^2 = 32$

따라서 쌍곡선 $\dfrac{x^2}{32} - \dfrac{y^2}{32} = 1$의 두 초점 F, F′의 좌표를

각각 $(c, 0)$, $(-c, 0)$ $(c > 0)$이라 하면 $c^2 = 32 + 32 = 64$

에서 $F(8, 0)$, $F'(-8, 0)$이고, $\overline{FF'} = 16$이므로 사각형 PQF′F의 넓이는

$\dfrac{1}{2} \times (12 + 16) \times 2 = 28$

답 28

6 점 $P(2, 1)$이 쌍곡선 $\dfrac{x^2}{a^2} - \dfrac{y^2}{b^2} = 1$ 위의 점이므로

$\dfrac{4}{a^2} - \dfrac{1}{b^2} = 1$에서 $4b^2 - a^2 = a^2 b^2$ ...... ㉠

쌍곡선의 정의에 의하여 $\overline{PF'} - \overline{PF} = 2a$

양변을 제곱하면 $(\overline{PF'} - \overline{PF})^2 = 4a^2$

$\overline{PF'}^2 - 2 \times \overline{PF'} \times \overline{PF} + \overline{PF}^2 = 4a^2$

$\overline{PF'} \times \overline{PF} = 4$이므로

$\overline{PF'}^2 + \overline{PF}^2 = 4a^2 + 8$

이때 두 점 F, F′의 좌표를 각각 $(c, 0)$, $(-c, 0)$ $(c > 0)$

이라 하면

$(2-c)^2 + 1 + (2+c)^2 + 1 = 4a^2 + 8$에서

$c^2 = 2a^2 - 1$

또 $a^2 + b^2 = c^2$이므로 $a^2 + b^2 = 2a^2 - 1$에서

$b^2 = a^2 - 1$

이 식을 ㉠에 대입하면

$4(a^2 - 1) - a^2 = a^2(a^2 - 1)$

$a^4 - 4a^2 + 4 = 0$, $(a^2 - 2)^2 = 0$

$a^2 = 2$, $b^2 = 1$, $c = \sqrt{3}$

쌍곡선 $\dfrac{x^2}{2} - y^2 = 1$ 위의 점 $P(2, 1)$에서의 접선 l의 방정

식이 $\dfrac{2x}{2} - y = 1$, 즉 $x - y - 1 = 0$이므로

$d_1 = \dfrac{|\sqrt{3} - 1|}{\sqrt{2}}$, $d_2 = \dfrac{|-\sqrt{3} - 1|}{\sqrt{2}}$

따라서

$d_1 \times d_2 = \dfrac{|\sqrt{3} - 1|}{\sqrt{2}} \times \dfrac{|-\sqrt{3} - 1|}{\sqrt{2}}$

$= \dfrac{(\sqrt{3} - 1)(\sqrt{3} + 1)}{2} = 1$

답 ③

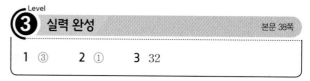

Level
3 실력 완성 　　　　　　　　본문 38쪽

| **1** ③ | **2** ① | **3** 32 |

1 쌍곡선 $\dfrac{x^2}{9} - \dfrac{y^2}{7} = 1$의 두 초점을 $F(c, 0)$, $F'(-c, 0)$

$(c > 0)$이라 하면 $c = \sqrt{9 + 7} = 4$이므로 $F(4, 0)$, $F'(-4, 0)$

이고, $\overline{FF'} = 8$

이때 쌍곡선의 정의에 의하여

$\overline{PF'} - \overline{PF} = 6$ ...... ㉠

삼각형 PF′F의 넓이가 삼각형 PFQ의 넓이의 4배이므로

$\overline{PF'} = 4\overline{PQ}$

$\overline{PF} = \overline{PQ}$이므로 $\overline{PF'} = 4\overline{PF}$ ...... ㉡

㉠, ㉡을 연립하면 $\overline{PF'} = 8$, $\overline{PF} = 2$

이때 $\overline{PF'} = \overline{FF'} = 8$이므로 이등변삼각형 PF′F에서

$\angle FPF' = \theta$라 하면 $\cos \theta = \dfrac{1}{8}$이다.

삼각형 QPF에서 코사인법칙에 의하여

$\overline{QF}^2 = \overline{PF}^2 + \overline{PQ}^2 - 2 \times \overline{PF} \times \overline{PQ} \times \cos(\pi - \theta)$

$= 2^2 + 2^2 - 2 \times 2 \times 2 \times \left(-\dfrac{1}{8}\right) = 9$

이므로 $\overline{QF} = 3$

답 ③

2 두 점 $F(4, -2)$, $F'(-8, -2)$에 대하여 선분 FF′의 중점의 좌표가 $(-2, -2)$이므로 쌍곡선의 방정식은

$\dfrac{(x+2)^2}{a^2} - \dfrac{(y+2)^2}{b^2} = 1$ $(a > 0, b > 0)$ ...... ㉠

에서 $p = 2$, $q = 2$이고, 원의 방정식은

$(x+2)^2 + (y+2)^2 = 36$ ...... ㉡

㉠, ㉡을 x축의 방향으로 2만큼, y축의 방향으로 2만큼 평행이동하면 각각 쌍곡선 $\dfrac{x^2}{a^2}-\dfrac{y^2}{b^2}=1$ $(a>0,\ b>0)$과 원 $x^2+y^2=36$이 된다.

또 여섯 개의 점 A, B, C, D, F, F'을 x축의 방향으로 2만큼, y축의 방향으로 2만큼 평행이동한 점을 각각 A′, B′, C′, D′, G, G′이라 하면 두 점 G, G′은 쌍곡선 $\dfrac{x^2}{a^2}-\dfrac{y^2}{b^2}=1$의 초점이고 그 좌표는 각각 $(6,\ 0)$, $(-6,\ 0)$이므로

$$a^2+b^2=36 \qquad\qquad \cdots\cdots ㉢$$

한편, 쌍곡선 $\dfrac{x^2}{a^2}-\dfrac{y^2}{b^2}=1$의 두 점근선의 방정식은

$y=\dfrac{b}{a}x,\ y=-\dfrac{b}{a}x$이므로 원 $x^2+y^2=36$에 대입하면

$$x^2+\dfrac{b^2x^2}{a^2}=36,\ (a^2+b^2)x^2=36a^2$$

$$36x^2=36a^2,\ x^2=a^2$$

$$x=-a \text{ 또는 } x=a$$

즉, 점 A′의 x좌표는 a이므로 점 A′의 좌표는 $(a,\ b)$이다.

$\cos(\angle\mathrm{AFD})=-\dfrac{2}{3}$에서

$$\sin(\angle\mathrm{AFD})=\sqrt{1-\left(-\dfrac{2}{3}\right)^2}=\dfrac{\sqrt5}{3}\text{이고,}$$

$\angle\mathrm{AFD}=\angle\mathrm{A'GD'}$이므로

$$\sin(\angle\mathrm{A'GD'})=\dfrac{\sqrt5}{3}$$

삼각형 A′D′G에서 $\overline{\mathrm{A'D'}}=2b$이므로 사인법칙에 의하여

$$\dfrac{\overline{\mathrm{A'D'}}}{\sin(\angle\mathrm{A'GD'})}=\overline{\mathrm{GG'}}$$

$$\dfrac{2b}{\dfrac{\sqrt5}{3}}=12\text{에서 } b=2\sqrt5$$

㉢에서 $a^2=36-b^2=36-20=16$이므로 $a=4$

따라서

$$\dfrac{a^2-b^2}{p+q}=\dfrac{16-20}{2+2}=-1$$

답 ①

한편, 쌍곡선 $\dfrac{x^2}{4}-y^2=1$의 점근선 중 기울기가 양수인 직선의 방정식은 $y=\dfrac{1}{2}x$이고 이 직선에 수직인 직선의 기울기는 -2이다.

쌍곡선 $\dfrac{x^2}{a^2}-\dfrac{y^2}{a^2}=1$ 위의 접점을 $(x_1,\ y_1)$이라 하면 접선의 방정식은

$$\dfrac{x_1x}{a^2}-\dfrac{y_1y}{a^2}=1,\ \text{즉 } y=\dfrac{x_1}{y_1}x-\dfrac{a^2}{y_1}$$

$\dfrac{x_1}{y_1}=-2$에서 $y_1=-\dfrac{1}{2}x_1$이므로 두 점 A, B는 직선 $y=-\dfrac{1}{2}x$ 위에 있다.

또 접점 $(x_1,\ y_1)$은 쌍곡선 $\dfrac{x^2}{a^2}-\dfrac{y^2}{a^2}=1$ 위의 점이므로

$\dfrac{x_1{}^2}{a^2}-\dfrac{y_1{}^2}{a^2}=1$이고, $x_1=-2y_1$을 대입하면

$$\dfrac{4y_1{}^2}{a^2}-\dfrac{y_1{}^2}{a^2}=1,\ y_1{}^2=\dfrac{a^2}{3}$$

$$y_1=-\dfrac{a}{\sqrt3} \text{ 또는 } y_1=\dfrac{a}{\sqrt3}$$

즉, $\mathrm{A}\left(-\dfrac{2a}{\sqrt3},\ \dfrac{a}{\sqrt3}\right)$, $\mathrm{B}\left(\dfrac{2a}{\sqrt3},\ -\dfrac{a}{\sqrt3}\right)$이므로

$$\overline{\mathrm{AB}}=\sqrt{\left(\dfrac{4a}{\sqrt3}\right)^2+\left(-\dfrac{2a}{\sqrt3}\right)^2}=\dfrac{2\sqrt5 a}{\sqrt3}$$

이때 점 $\mathrm{P}(\sqrt3,\ \sqrt3)$과 직선 $y=-\dfrac{1}{2}x$, 즉 $x+2y=0$ 사이의 거리는

$$\dfrac{|\sqrt3+2\sqrt3|}{\sqrt5}=\dfrac{3\sqrt3}{\sqrt5}\text{이므로 삼각형 PAB의 넓이는}$$

$$\dfrac{1}{2}\times\dfrac{2\sqrt5 a}{\sqrt3}\times\dfrac{3\sqrt3}{\sqrt5}=3a$$

따라서 $3a=12$에서 $a=4$이므로

$$a^2+b^2=2a^2=32$$

답 32

3 쌍곡선 $\dfrac{x^2}{a^2}-\dfrac{y^2}{b^2}=1$의 두 점근선의 방정식은

$$y=\dfrac{b}{a}x,\ y=-\dfrac{b}{a}x$$

두 점근선이 서로 수직이므로 $\dfrac{b}{a}\times\left(-\dfrac{b}{a}\right)=-1$

$b^2=a^2$에서 $a=b$

04 벡터의 연산

본문 41~49쪽

유제				
1 ④	**2** ②	**3** ①	**4** ⑤	**5** ①
6 3	**7** ②	**8** ④	**9** ⑤	**10** ⑤

1 정사각형 ABCD의 대각선의 길이가 $|\overrightarrow{AC}|=\overline{AC}=2$이므로 정사각형의 한 변의 길이는

$$\frac{1}{\sqrt{2}}\overline{AC}=\frac{2}{\sqrt{2}}=\sqrt{2}$$

이때 $\overrightarrow{BD}=\overrightarrow{CP}$에서 사각형 BCPD는 평행사변형이므로 점 P는 선분 AD를 2 : 1로 외분하는 점이다.

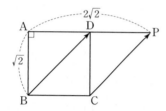

이때 $\angle BAP=\dfrac{\pi}{2}$이므로

$$\overline{BP}=\sqrt{(\sqrt{2})^2+(2\sqrt{2})^2}=\sqrt{2+8}=\sqrt{10}$$

따라서 $|\overrightarrow{BP}|=\overline{BP}=\sqrt{10}$

답 ④

2 $\overrightarrow{AB}$가 단위벡터이므로 $\overline{AB}=1$이다.

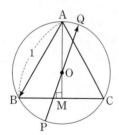

한 변의 길이가 1인 정삼각형 ABC의 외접원의 중심을 O라 하면 점 O는 정삼각형 ABC의 무게중심과 일치한다.
선분 BC의 중점을 M이라 하면

$$\overline{AM}=\frac{\sqrt{3}}{2}\overline{AB}=\frac{\sqrt{3}}{2}$$

이므로 외접원의 반지름의 길이는

$$\overline{AO}=\frac{2}{3}\overline{AM}=\frac{2}{3}\times\frac{\sqrt{3}}{2}=\frac{\sqrt{3}}{3}$$

원 위의 서로 다른 두 점 P, Q에 대하여 $|\overrightarrow{PQ}|$의 최댓값은 원의 지름과 같으므로 $|\overrightarrow{PQ}|$의 최댓값은

$$2\overline{AO}=2\times\frac{\sqrt{3}}{3}=\frac{2\sqrt{3}}{3}$$

답 ②

참고

정삼각형 ABC의 외접원의 반지름의 길이를 R이라 하면 사인법칙에 의하여 $\dfrac{\overline{AB}}{\sin\dfrac{\pi}{3}}=2R$에서 $R=\dfrac{\sqrt{3}}{3}$

3

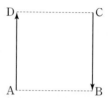

$\overrightarrow{CB}=-\overrightarrow{AD}$이므로

$$\overrightarrow{AB}+\overrightarrow{AD}+\overrightarrow{CB}+\overrightarrow{BD}=(\overrightarrow{AB}+\overrightarrow{BD})+(\overrightarrow{AD}+\overrightarrow{CB})$$
$$=\overrightarrow{AD}+(\overrightarrow{AD}-\overrightarrow{AD})$$
$$=\overrightarrow{AD}+\overrightarrow{0}=\overrightarrow{AD}$$

따라서 $|\overrightarrow{AB}+\overrightarrow{AD}+\overrightarrow{CB}+\overrightarrow{BD}|=|\overrightarrow{AD}|=\overline{AD}=1$

답 ①

다른 풀이

$\overrightarrow{AB}+\overrightarrow{AD}=\overrightarrow{AC}$이므로

$$(\overrightarrow{AB}+\overrightarrow{AD})+\overrightarrow{CB}+\overrightarrow{BD}=(\overrightarrow{AC}+\overrightarrow{CB})+\overrightarrow{BD}$$
$$=\overrightarrow{AB}+\overrightarrow{BD}=\overrightarrow{AD}$$

따라서 $|\overrightarrow{AB}+\overrightarrow{AD}+\overrightarrow{CB}+\overrightarrow{BD}|=|\overrightarrow{AD}|=\overline{AD}=1$

4 마름모 ABCD는 평행사변형이므로 $\overrightarrow{AD}=\overrightarrow{BC}$, $\overrightarrow{AB}=\overrightarrow{DC}$이다.
$\overrightarrow{AB}+\overrightarrow{AD}=\overrightarrow{AB}+\overrightarrow{BC}=\overrightarrow{AC}$이므로
$|\overrightarrow{AB}+\overrightarrow{AD}|=\overline{AC}$
$\overrightarrow{AB}+\overrightarrow{CB}=\overrightarrow{DC}+\overrightarrow{CB}=\overrightarrow{DB}$이므로
$|\overrightarrow{AB}+\overrightarrow{CB}|=|\overrightarrow{DB}|=\overline{DB}$
그러므로 $|\overrightarrow{AB}+\overrightarrow{AD}|=2|\overrightarrow{AB}+\overrightarrow{CB}|$에서
$\overline{AC}=2\overline{DB}$
마름모의 두 대각선은 서로 수직이등분하므로 두 대각선 AC, BD의 교점을 E라 하면
$\overline{AE} : \overline{DE}=\overline{AC} : \overline{BD}=2 : 1$

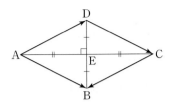

$\overline{DE}=k$, $\overline{AE}=2k$라 하면 직각삼각형 AED에서

$k^2+(2k)^2=2^2$, 즉 $k=\dfrac{2\sqrt{5}}{5}$

이므로

$$|\overrightarrow{AC}|=\overline{AC}=2\overline{AE}=2\times 2k=4k$$
$$=4\times\dfrac{2\sqrt{5}}{5}=\dfrac{8\sqrt{5}}{5}$$

답 ⑤

참고

두 벡터 $\overrightarrow{OA}$, $\overrightarrow{OB}$에 대하여 사각형 OACB가 평행사변형이 되도록 점 C를 잡으면 $\overrightarrow{OA}+\overrightarrow{OB}=\overrightarrow{OC}$이다.

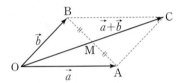

그런데 평행사변형의 두 대각선은 서로 이등분하므로 선분 AB의 중점을 M이라 하면 $\overrightarrow{OA}+\overrightarrow{OB}=2\overrightarrow{OM}$이 성립한다.
한편, 선분 AB의 중점 M에 대하여 $\overrightarrow{OA}+\overrightarrow{OB}=2\overrightarrow{OM}$이 성립함을 다음과 같이 보일 수도 있다.

$$\overrightarrow{OA}+\overrightarrow{OB}=(\overrightarrow{OM}+\overrightarrow{MA})+(\overrightarrow{OM}+\overrightarrow{MB})$$
$$=(\overrightarrow{OM}+\overrightarrow{OM})+(\overrightarrow{MA}+\overrightarrow{MB})$$
$$=2\overrightarrow{OM}+(\overrightarrow{MA}+\overrightarrow{AM})\ (\overrightarrow{MB}=\overrightarrow{AM}이므로)$$
$$=2\overrightarrow{OM}+\vec{0}=2\overrightarrow{OM}$$

5 $\vec{p}=2\vec{a}-\vec{b}$,
$\vec{q}-\vec{p}=(3\vec{a}+k\vec{b})-(2\vec{a}-\vec{b})$
$\qquad=(3-2)\vec{a}+(k+1)\vec{b}=\vec{a}+(k+1)\vec{b}$
두 벡터 $\vec{p}$, $\vec{q}-\vec{p}$는 영벡터가 아니므로 이 두 벡터가 서로 평행하려면 $t\vec{p}=\vec{q}-\vec{p}$를 만족시키는 실수 t가 존재해야 한다.
즉, $t(2\vec{a}-\vec{b})=\vec{a}+(k+1)\vec{b}$
$2t\vec{a}-t\vec{b}=\vec{a}+(k+1)\vec{b}$
두 벡터 $\vec{a}$, $\vec{b}$는 영벡터가 아니고 서로 평행하지 않으므로
$2t=1$, $-t=k+1$
따라서 $t=\dfrac{1}{2}$이므로

$k=-t-1=-\dfrac{1}{2}-1=-\dfrac{3}{2}$

답 ①

6 예각삼각형 ABC에서 $\angle ABC=\theta$라 하면 $\sin\theta=\dfrac{4}{5}$에서

$\cos\theta=\sqrt{1-\sin^2\theta}=\sqrt{1-\dfrac{16}{25}}=\dfrac{3}{5}$

점 A에서 직선 BC에 내린 수선의 발을 H라 하면

$\overline{AH}=\overline{AB}\sin\theta=5\times\dfrac{4}{5}=4$,

$\overline{BH}=\overline{AB}\cos\theta=5\times\dfrac{3}{5}=3$

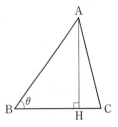

한편,
$t\overrightarrow{BC}=\overrightarrow{BX}$ $\qquad$ ...... ㉠
라 하면 점 X는 직선 BC 위의 점이고,
$f(t)=|\overrightarrow{BA}-t\overrightarrow{BC}|=|\overrightarrow{BA}-\overrightarrow{BX}|=|\overrightarrow{XA}|$
이때 $|\overrightarrow{XA}|$의 값이 최소인 경우는 점 X가 점 H와 일치할 때이고,

$\overrightarrow{BH}=\dfrac{\overline{BH}}{\overline{BC}}\overrightarrow{BC}=\dfrac{3}{4}\overrightarrow{BC}$ $\qquad$ ...... ㉡

또 점 X가 점 H와 일치할 때 ㉠에서 $\overrightarrow{BH}=t\overrightarrow{BC}$이므로 ㉡에서

$t=\dfrac{3}{4}$, 즉 $a=\dfrac{3}{4}$

$f(t)=|\overrightarrow{XA}|$의 최솟값은 $m=\overline{AH}=4$

따라서 $a\times m=\dfrac{3}{4}\times 4=3$

답 3

7 $\overline{AB}=|\overrightarrow{AB}|=|\overrightarrow{OB}-\overrightarrow{OA}|=|\vec{b}-\vec{a}|=2$
$\overline{AC}=|\overrightarrow{AC}|=|\overrightarrow{OC}-\overrightarrow{OA}|=|\vec{c}-\vec{a}|$
이므로 $\vec{c}-\vec{a}=(3\vec{a}-2\vec{b})-\vec{a}=2(\vec{a}-\vec{b})$
따라서
$\overline{AC}=|\vec{c}-\vec{a}|=|2(\vec{a}-\vec{b})|=2|\vec{a}-\vec{b}|=2\times 2=4$

답 ②

다른 풀이

$\vec{c}=3\vec{a}-2\vec{b}=\dfrac{2\vec{b}-3\vec{a}}{2-3}$이므로 점 C는 선분 AB를 $2:3$으로 외분하는 점이다.

즉, $\overline{AC}:\overline{BC}=2:3$이고 $\overline{AB}<\overline{BC}$이므로 세 점 A, B, C의 위치 관계는 그림과 같다.

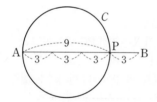

이때 $\overline{AC}=2k$, $\overline{BC}=3k$ $(k>0)$이라 하면
$\overline{AB}=\overline{BC}-\overline{AC}=3k-2k=k$
이므로 $\overline{AB}=2$에서 $k=2$이다.
따라서 $\overline{AC}=2k=4$

8 $\overrightarrow{OP}=\dfrac{\vec{a}+3\vec{b}}{4}=\dfrac{3\times\vec{b}+1\times\vec{a}}{3+1}$에서 점 P는 선분 AB를 $3:1$로 내분하는 점이다.

이때 $\overline{AB}=12$이므로 $\overline{AP}:\overline{BP}=3:1$에서
$\overline{AP}=\dfrac{3}{3+1}\overline{AB}=\dfrac{3}{4}\times12=9$

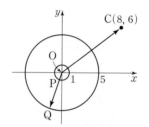

두 점 A, P를 지나는 원을 C라 하면 원 C는 점 A와 점 P를 지나므로 원 C의 반지름의 길이가 최소일 때는 선분 AP가 원 C의 지름일 때이다.

따라서 원 C의 반지름의 길이의 최솟값은 $\dfrac{9}{2}$이다.

답 ④

9 $2\vec{a}-\vec{b}=2(2,3)-(-1,1)=(4,6)-(-1,1)$
$\qquad\qquad =(4-(-1),6-1)=(5,5)$
이므로
$|2\vec{a}-\vec{b}|=\sqrt{5^2+5^2}=5\sqrt{2}$

답 ⑤

10 원점 O에 대하여
$2\overrightarrow{PA}+3\overrightarrow{PB}=2(\overrightarrow{OA}-\overrightarrow{OP})+3(\overrightarrow{OB}-\overrightarrow{OP})$
$\qquad\qquad\qquad =(2\overrightarrow{OA}-2\overrightarrow{OP})+(3\overrightarrow{OB}-3\overrightarrow{OP})$
$\qquad\qquad\qquad =2\overrightarrow{OA}+3\overrightarrow{OB}-5\overrightarrow{OP}$ $\quad\cdots\cdots$ ㉠

이때
$2\overrightarrow{OA}+3\overrightarrow{OB}=2(4,0)+3(0,2)$
$\qquad\qquad\qquad =(8,0)+(0,6)$
$\qquad\qquad\qquad =(8,6)$
이므로 점 C(8, 6)에 대하여
$2\overrightarrow{OA}+3\overrightarrow{OB}=\overrightarrow{OC}$ $\qquad\cdots\cdots$ ㉡
한편,
$5\overrightarrow{OP}=\overrightarrow{OQ}$ $\qquad\cdots\cdots$ ㉢
라 하면 점 Q는 원점을 중심으로 하고 반지름의 길이가 5인 원과 반직선 OP가 만나는 점이다.

㉠, ㉡, ㉢에서
$2\overrightarrow{PA}+3\overrightarrow{PB}=\overrightarrow{OC}-\overrightarrow{OQ}=\overrightarrow{QC}$
이므로 $|2\overrightarrow{PA}+3\overrightarrow{PB}|=\overline{QC}$

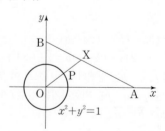

이때 $\overline{QC}$의 값이 최소인 경우는 점 Q가 선분 OC 위에 있을 때이고, 이때
$\overline{QC}=\overline{OC}-\overline{OQ}=10-5=5$
이므로 $|2\overrightarrow{PA}+3\overrightarrow{PB}|$의 최솟값은 5이다.

답 ⑤

다른 풀이 1

$2\overrightarrow{PA}+3\overrightarrow{PB}=5\left(\dfrac{2\overrightarrow{PA}+3\overrightarrow{PB}}{5}\right)$에서 $\dfrac{2\overrightarrow{PA}+3\overrightarrow{PB}}{5}=\overrightarrow{PX}$

라 하면 $2\overrightarrow{PA}+3\overrightarrow{PB}=5\overrightarrow{PX}$
즉, $\overrightarrow{PX}=\dfrac{2\overrightarrow{PA}+3\overrightarrow{PB}}{2+3}$이므로 점 X는 선분 BA를 $2:3$으로 내분하는 점이다.

두 점 A(4, 0), B(0, 2)에 대하여 선분 BA를 $2:3$으로 내분하는 점 X의 좌표는
$\left(\dfrac{2\times4+3\times0}{2+3},\ \dfrac{2\times0+3\times2}{2+3}\right)$, 즉 $\left(\dfrac{8}{5},\ \dfrac{6}{5}\right)$

$\overrightarrow{OX}=\sqrt{\left(\dfrac{8}{5}\right)^2+\left(\dfrac{6}{5}\right)^2}=\dfrac{10}{5}=2$이므로 원 $x^2+y^2=1$ 위의

점 P에 대하여 $|\overrightarrow{PX}|$의 최솟값은

$\overrightarrow{OX}-1=2-1=1$

따라서 $|2\overrightarrow{PA}+3\overrightarrow{PB}|=|5\overrightarrow{PX}|=5|\overrightarrow{PX}|$의 최솟값은

$5\times1=5$

다른 풀이 2

점 P는 원 $x^2+y^2=1$ 위의 점이므로 $\vec{p}=\overrightarrow{OP}=(a,\,b)$라

하면 $a^2+b^2=1$

이때

$$\begin{aligned}2\overrightarrow{PA}+3\overrightarrow{PB}&=2(\overrightarrow{OA}-\overrightarrow{OP})+3(\overrightarrow{OB}-\overrightarrow{OP})\\&=(2\overrightarrow{OA}-2\overrightarrow{OP})+(3\overrightarrow{OB}-3\overrightarrow{OP})\\&=2\overrightarrow{OA}+3\overrightarrow{OB}-5\overrightarrow{OP}\\&=2(4,\,0)+3(0,\,2)-5(a,\,b)\\&=(8,\,0)+(0,\,6)-(5a,\,5b)\\&=(8-5a,\,6-5b)\end{aligned}$$

이므로

$$\begin{aligned}|2\overrightarrow{PA}+3\overrightarrow{PB}|&=\sqrt{(8-5a)^2+(6-5b)^2}\\&=5\sqrt{\left(a-\dfrac{8}{5}\right)^2+\left(b-\dfrac{6}{5}\right)^2}\quad\cdots\cdots\ \bigcirc\end{aligned}$$

$\bigcirc$에서 $\sqrt{\left(a-\dfrac{8}{5}\right)^2+\left(b-\dfrac{6}{5}\right)^2}$의 값은 점 $(a,\,b)$와

점 $\left(\dfrac{8}{5},\,\dfrac{6}{5}\right)$ 사이의 거리와 같다.

점 X의 좌표를 $\left(\dfrac{8}{5},\,\dfrac{6}{5}\right)$이라 하면

$\overrightarrow{OX}=\sqrt{\left(\dfrac{8}{5}\right)^2+\left(\dfrac{6}{5}\right)^2}=\dfrac{10}{5}=2$

이므로 $\sqrt{\left(a-\dfrac{8}{5}\right)^2+\left(b-\dfrac{6}{5}\right)^2}$의 최솟값은

$\overrightarrow{OX}-1=2-1=1$

따라서 $\bigcirc$에서

$|2\overrightarrow{PA}+3\overrightarrow{PB}|=5\sqrt{\left(a-\dfrac{8}{5}\right)^2+\left(b-\dfrac{6}{5}\right)^2}$

의 최솟값은 $5\times1=5$

Level 1 기초 연습

본문 50~51쪽

1 ③	2 ④	3 ③	4 ②	5 ④
6 ③	7 ①	8 18		

---

1 단위벡터는 크기가 1인 벡터이다.

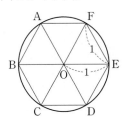

정육각형 ABCDEF의 세 대각선 AD, BE, CF의 교점을
O라 하면 삼각형 OAB가 정삼각형이고 원의 반지름의 길
이가 1이므로 정육각형의 한 변의 길이는 1이다.

그러므로 정육각형의 각 변의 양 끝 점을 시점과 종점으로
하는 벡터는 모두 단위벡터이다.

이때 $\overrightarrow{AB}=\overrightarrow{ED}$, $\overrightarrow{BA}=\overrightarrow{DE}$, $\overrightarrow{BC}=\overrightarrow{FE}$, $\overrightarrow{CB}=\overrightarrow{EF}$,

$\overrightarrow{CD}=\overrightarrow{AF}$, $\overrightarrow{DC}=\overrightarrow{FA}$이므로 서로 다른 단위벡터의 개수는
6이다.

답 ③

2 $\overrightarrow{OA}=\vec{a}$, $\overrightarrow{OB}=\vec{b}$라 하면 $|\vec{a}|=3$, $|\vec{b}|=1$에서

$\overrightarrow{OA}=3$, $\overrightarrow{OB}=1$

이때 $\vec{a}+\vec{b}=\overrightarrow{OA}+\overrightarrow{OB}=\overrightarrow{OC}$라 하면 그림에서 점 C는 점 A
를 중심으로 하고 반지름의 길이가 $|\overrightarrow{OB}|=\overrightarrow{OB}=1$인 원 C
위의 점이다.

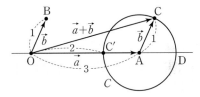

이때 $|\vec{a}+\vec{b}|=|\vec{a}|-|\vec{b}|=3-1=2$가 성립하려면 점 C는
원 C와 선분 OA의 교점 C′과 일치해야 한다.

즉, $\vec{b}=\overrightarrow{AC'}$이다.

한편, 직선 OA가 원 C와 만나는 점 중 C′이 아닌 점을 D
라 하면 $-\overrightarrow{AC'}=\overrightarrow{AD}$이므로

$\vec{a}-\vec{b}=\overrightarrow{OA}-\overrightarrow{AC'}=\overrightarrow{OA}+\overrightarrow{AD}=\overrightarrow{OD}$

따라서 $|\vec{a}-\vec{b}|=|\overrightarrow{OD}|=\overrightarrow{OD}=\overrightarrow{OA}+\overrightarrow{AD}=3+1=4$

답 ④

참고

임의의 두 벡터 $\vec{a}$, $\vec{b}$에 대하여 다음이 성립한다.

$\big|\,|\vec{a}|-|\vec{b}|\,\big|\le|\vec{a}+\vec{b}|\le|\vec{a}|+|\vec{b}|$

이때 등식 $\big|\,|\vec{a}|-|\vec{b}|\,\big|=|\vec{a}+\vec{b}|$는 두 벡터 $\vec{a}$, $\vec{b}$가 반대 방
향일 때 성립하고, 등식 $|\vec{a}+\vec{b}|=|\vec{a}|+|\vec{b}|$는 두 벡터 $\vec{a}$,
$\vec{b}$가 같은 방향일 때 성립한다.

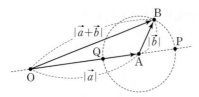

즉, 그림과 같이 $\overrightarrow{OA}=\vec{a}$, $\overrightarrow{AB}=\vec{b}$라 하면 $\vec{a}+\vec{b}=\overrightarrow{OB}$이므로 점 A를 중심으로 하고 반지름의 길이가 $|\vec{b}|$인 원과 직선 OA의 두 교점을 P, Q $(\overline{OQ}<\overline{OP})$라 하면 $|\vec{a}+\vec{b}|$의 최댓값과 최솟값은 각각

$$\overline{OP}=|\vec{a}|+|\vec{b}|, \quad \overline{OQ}=||\vec{a}|-|\vec{b}||$$

3

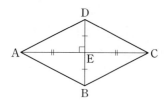

마름모 ABCD의 두 대각선의 교점을 E라 하면
$\overrightarrow{AC}=2\overrightarrow{AE}$, $\overrightarrow{BD}=2\overrightarrow{ED}$이므로
$\overrightarrow{AC}+\overrightarrow{BD}=2\overrightarrow{AE}+2\overrightarrow{ED}=2(\overrightarrow{AE}+\overrightarrow{ED})=2\overrightarrow{AD}$
이때 $|\overrightarrow{AC}+\overrightarrow{BD}|=6$에서 $|2\overrightarrow{AD}|=2|\overrightarrow{AD}|=6$이므로
$|\overrightarrow{AD}|=\overline{AD}=3$
마름모 ABCD의 모든 변의 길이는 서로 같으므로
$|\overrightarrow{AB}|=\overline{AB}=\overline{AD}=3$

답 ③

4 정팔각형의 8개의 변의 길이는 모두 같고 $\overline{AB}\,/\!/\,\overline{EF}$이므로
$\overrightarrow{AB}=\overrightarrow{FE}$
또 $-\overrightarrow{DE}=\overrightarrow{ED}$, $-\overrightarrow{BC}=\overrightarrow{CB}$이므로
$\overrightarrow{FX}=\overrightarrow{AB}-\overrightarrow{DE}+\overrightarrow{DC}-\overrightarrow{BC}=\overrightarrow{FE}+\overrightarrow{ED}+\overrightarrow{DC}+\overrightarrow{CB}$
$\quad\quad=(\overrightarrow{FE}+\overrightarrow{ED})+\overrightarrow{DC}+\overrightarrow{CB}=\overrightarrow{FD}+\overrightarrow{DC}+\overrightarrow{CB}$
$\quad\quad=(\overrightarrow{FD}+\overrightarrow{DC})+\overrightarrow{CB}=\overrightarrow{FC}+\overrightarrow{CB}$
$\quad\quad=\overrightarrow{FB}$
따라서 $\overrightarrow{FX}=\overrightarrow{FB}$이므로 점 X와 일치하는 점은 B이다.

답 ②

5 점 M은 선분 BC의 중점이므로 $\overrightarrow{CM}=\dfrac{1}{2}\overrightarrow{CB}=\dfrac{1}{2}\vec{b}$

따라서 $\overrightarrow{CN}=\dfrac{\overrightarrow{CA}+\overrightarrow{CM}}{2}=\dfrac{\vec{a}+\dfrac{1}{2}\vec{b}}{2}=\dfrac{1}{2}\vec{a}+\dfrac{1}{4}\vec{b}$에서

$p=\dfrac{1}{2}$, $q=\dfrac{1}{4}$이므로 $p+q=\dfrac{1}{2}+\dfrac{1}{4}=\dfrac{3}{4}$

답 ④

다른 풀이

선분 AC의 중점을 M$'$이라 하고, 두 선분 AM$'$, BM의 중점을 각각 N$'$, N$''$이라 하자.

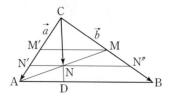

$\overrightarrow{CN'}=\overrightarrow{CM'}+\overrightarrow{M'N'}=\dfrac{1}{2}\overrightarrow{CA}+\dfrac{1}{2}\overrightarrow{AM'}$

$\quad\quad=\dfrac{1}{2}\overrightarrow{CA}+\dfrac{1}{2}\times\left(\dfrac{1}{2}\overrightarrow{CA}\right)=\dfrac{3}{4}\overrightarrow{CA}$

이므로 $\overrightarrow{CN'}=\dfrac{3}{4}\overrightarrow{CA}=\dfrac{3}{4}\vec{a}$

마찬가지로 $\overrightarrow{CN''}=\dfrac{3}{4}\overrightarrow{CB}$이므로 $\overrightarrow{CN''}=\dfrac{3}{4}\overrightarrow{CB}=\dfrac{3}{4}\vec{b}$

점 N은 선분 N$'$N$''$ 위에 있으므로 점 N은 선분 N$'$N$''$의 내분점이다. 이때 점 N이 선분 N$'$N$''$을 $m:n\,(m>0,\,n>0)$으로 내분한다고 하면

$$\overrightarrow{CN}=\dfrac{m\overrightarrow{CN''}+n\overrightarrow{CN'}}{m+n}=\dfrac{m\left(\dfrac{3}{4}\vec{b}\right)+n\left(\dfrac{3}{4}\vec{a}\right)}{m+n}$$

$$=\dfrac{3n}{4(m+n)}\vec{a}+\dfrac{3m}{4(m+n)}\vec{b}$$

이므로 $p=\dfrac{3n}{4(m+n)}$, $q=\dfrac{3m}{4(m+n)}$

따라서 $p+q=\dfrac{3n+3m}{4(m+n)}=\dfrac{3(m+n)}{4(m+n)}=\dfrac{3}{4}$

참고

위의 다른 풀이 에서 다음과 같은 성질을 알 수 있다.

서로 다른 세 점 O, A, B와 점 P에 대하여 직선 OP와 직선 AB가 만나는 점을 Q라 할 때, $\overrightarrow{OP}=p\overrightarrow{OA}+q\overrightarrow{OB}$를 만족시키는 두 실수 p, q에 대하여 $p+q=\dfrac{\overline{OP}}{\overline{OQ}}$가 성립한다.

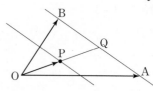

6 $-\vec{a}+3\vec{b}=-(-2,\,-3)+3(0,\,1)$
$\quad\quad\quad=(2,\,3)+(0,\,3)=(2,\,6)$
이므로 벡터 $-\vec{a}+3\vec{b}$의 y성분은 6이다.

답 ③

7 $\vec{c}=p\vec{a}+q\vec{b}$에서

$(5, 1)=p(3, -1)+q(2, -2)$

$\qquad = (3p, -p)+(2q, -2q)$

$\qquad = (3p+2q, -p-2q)$

두 벡터가 서로 같을 조건에 의하여

$3p+2q=5$이고 $-p-2q=1$

위의 두 등식을 연립하여 풀면 $p=3$, $q=-2$이므로

$p+q=3+(-2)=1$

답 ①

8 (i) $|\overrightarrow{AP}|$의 최솟값

x축 위의 점 P와 점 A$(1, 4)$ 사이의 거리인 $\overrightarrow{AP}$는 점 P의 좌표가 $(1, 0)$일 때 최소이므로 $|\overrightarrow{AP}|$의 최솟값은

$m_1=4-0=4$

(ii) $|\overrightarrow{AP}+\overrightarrow{BP}|$의 최솟값

선분 AB의 중점을 M이라 하면 점 M의 좌표는

$\left(\dfrac{1+5}{2}, \dfrac{4+1}{2}\right)$, 즉 $\left(3, \dfrac{5}{2}\right)$이다.

이때 $\overrightarrow{AP}+\overrightarrow{BP}=-(\overrightarrow{PA}+\overrightarrow{PB})=-2\overrightarrow{PM}$이므로

$|\overrightarrow{AP}+\overrightarrow{BP}|=|-2\overrightarrow{PM}|=2|\overrightarrow{PM}|$

이때 x축 위의 점 P와 점 M$\left(3, \dfrac{5}{2}\right)$ 사이의 거리인 $\overline{MP}$

는 점 P의 좌표가 $(3, 0)$일 때 최솟값 $\dfrac{5}{2}$를 가지므로

$|\overrightarrow{AP}+\overrightarrow{BP}|=2|\overrightarrow{PM}|$의 최솟값은

$m_2=2\times\dfrac{5}{2}=5$

(iii) $|\overrightarrow{AP}+\overrightarrow{BP}+\overrightarrow{CP}|$의 최솟값

삼각형 ABC의 무게중심을 G라 하면 점 G의 좌표는

$\left(\dfrac{1+5+3}{3}, \dfrac{4+1+4}{3}\right)$, 즉 $(3, 3)$

$\overrightarrow{PG}=\dfrac{\overrightarrow{PA}+\overrightarrow{PB}+\overrightarrow{PC}}{3}$이므로

$\overrightarrow{AP}+\overrightarrow{BP}+\overrightarrow{CP}=-(\overrightarrow{PA}+\overrightarrow{PB}+\overrightarrow{PC})=-3\overrightarrow{PG}$

이고, $|\overrightarrow{AP}+\overrightarrow{BP}+\overrightarrow{CP}|=|-3\overrightarrow{PG}|=3|\overrightarrow{PG}|$

이때 x축 위의 점 P와 점 G$(3, 3)$ 사이의 거리 $\overline{GP}$는 점 P의 좌표가 $(3, 0)$일 때 최솟값 3을 가지므로

$|\overrightarrow{AP}+\overrightarrow{BP}+\overrightarrow{CP}|=3|\overrightarrow{PG}|$의 최솟값은

$m_3=3\times3=9$

(i), (ii), (iii)에서

$m_1+m_2+m_3=4+5+9=18$

답 18

다른 풀이

점 P의 좌표를 $(x, 0)$이라 하자.

(i) $\overrightarrow{AP}=\overrightarrow{OP}-\overrightarrow{OA}=(x, 0)-(1, 4)=(x-1, -4)$이므로

$|\overrightarrow{AP}|=\sqrt{(x-1)^2+(-4)^2}\geq4$

(단, 등호는 $x=1$일 때 성립)

그러므로 $|\overrightarrow{AP}|$의 최솟값은 $m_1=4$

(ii) $\overrightarrow{BP}=\overrightarrow{OP}-\overrightarrow{OB}=(x, 0)-(5, 1)=(x-5, -1)$에서

$\overrightarrow{AP}+\overrightarrow{BP}=(x-1, -4)+(x-5, -1)$

$\qquad = (2x-6, -5)$

이므로

$|\overrightarrow{AP}+\overrightarrow{BP}|=\sqrt{(2x-6)^2+(-5)^2}\geq5$

(단, 등호는 $x=3$일 때 성립)

그러므로 $|\overrightarrow{AP}+\overrightarrow{BP}|$의 최솟값은 $m_2=5$

(iii) $\overrightarrow{CP}=\overrightarrow{OP}-\overrightarrow{OC}=(x, 0)-(3, 4)=(x-3, -4)$에서

$\overrightarrow{AP}+\overrightarrow{BP}+\overrightarrow{CP}$

$\quad = (x-1, -4)+(x-5, -1)+(x-3, -4)$

$\quad = (3x-9, -9)$

이므로

$|\overrightarrow{AP}+\overrightarrow{BP}+\overrightarrow{CP}|=\sqrt{(3x-9)^2+(-9)^2}\geq9$

(단, 등호는 $x=3$일 때 성립)

그러므로 $|\overrightarrow{AP}+\overrightarrow{BP}+\overrightarrow{CP}|$의 최솟값은 $m_3=9$

(i), (ii), (iii)에서

$m_1+m_2+m_3=4+5+9=18$

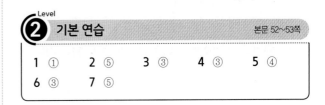

Level 2 기본 연습 본문 52~53쪽

| 1 ① | 2 ⑤ | 3 ③ | 4 ③ | 5 ④ |
| 6 ③ | 7 ⑤ | | | |

1 사각형의 꼭짓점의 개수는 4이므로 사각형의 서로 다른 두 꼭짓점을 각각 시점과 종점으로 하는 벡터의 개수는

$_4P_2=4\times3=12$ ······ ㉠

조건 (나)에서 ㉠의 벡터 중 서로 다른 단위벡터의 개수가 8이므로 사각형 ABCD의 4개의 변과 2개의 대각선 중에서 길이가 1이고 서로 평행하지 않은 선분의 개수는 $4\,(=8\div2)$이어야 한다. ······ ㉡

조건 (가)에서 두 점 A, C는 선분 BD의 수직이등분선 위의 점이므로 $\overline{AB}=\overline{AD}$, $\overline{CB}=\overline{CD}$

(i) $\overline{AB}=\overline{CB}$일 때

사각형 ABCD는 마름모이다.
이때 ㉠을 만족시키려면 마름모
ABCD의 한 변의 길이가 1이고
두 대각선의 길이도 모두 1이어야
하는데, 이는 불가능하다.

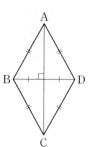

(ii) $\overline{AB}\neq\overline{CB}$일 때

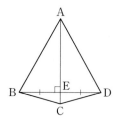
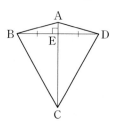

사각형 ABCD가 ㉠을 만족시키려면

$$\overline{AB}=\overline{AD}=\overline{BD}=\overline{AC}=1 \quad\cdots\cdots ㉢$$

또는

$$\overline{CB}=\overline{CD}=\overline{AC}=\overline{BD}=1 \quad\cdots\cdots ㉣$$

이어야 한다.

이때 두 대각선의 교점을 E라 하면 ㉢에서

$$\overline{AB}=1,\ \overline{BE}=\frac{1}{2}$$

이므로 직각삼각형 ABE에서

$$\overline{AE}=\sqrt{1^2-\left(\frac{1}{2}\right)^2}=\frac{\sqrt{3}}{2}$$

이때 $\overline{CE}=\overline{AC}-\overline{AE}=1-\dfrac{\sqrt{3}}{2}$이므로

직각삼각형 BCE에서

$$\overline{BC}^2=\left(\frac{1}{2}\right)^2+\left(1-\frac{\sqrt{3}}{2}\right)^2=\frac{1}{4}+1-\sqrt{3}+\frac{3}{4}=2-\sqrt{3}$$

한편, ㉣의 경우에도 마찬가지로 $\overline{BC}=1$, $\overline{AB}^2=2-\sqrt{3}$
이다.

따라서

$$|\overrightarrow{AB}|^2+|\overrightarrow{BC}|^2=\overline{AB}^2+\overline{BC}^2=(2-\sqrt{3})+1=3-\sqrt{3}$$

답 ①

2 선분 QR의 중점을 M이라 하면 $\overrightarrow{OQ}+\overrightarrow{OR}=2\overrightarrow{OM}$이므로
$\overrightarrow{OP}=\overrightarrow{OQ}+\overrightarrow{OR}$이 성립하려면 $\overrightarrow{OP}=2\overrightarrow{OM}$이어야 한다.
그러므로 두 선분 QR, OP는 서로 수직이등분해야 한다.

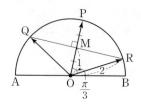

이때 $\overline{OM}=\dfrac{1}{2}\overline{OP}=\dfrac{1}{2}\times2=1$, $\overline{OQ}=\overline{OR}=2$이므로 두

직각삼각형 OMQ, ORM에서 $\angle MOQ=\angle ROM=\dfrac{\pi}{3}$

$\overrightarrow{AP}$의 값이 최대인 경우는 점 R이 점 B와 일치할 때이고,

이때 삼각형 ABP는 $\angle ABP=\dfrac{\pi}{3}$인 직각삼각형이므로

$|\overrightarrow{AP}|$의 최댓값은

$$M=\overline{AP}=\overline{AB}\sin\frac{\pi}{3}=4\times\frac{\sqrt{3}}{2}=2\sqrt{3}$$

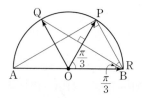

$\overrightarrow{AP}$의 값이 최소인 경우는 점 Q가 점 A와 일치할 때이다.
이때 삼각형 AOP는 정삼각형이므로 $|\overrightarrow{AP}|$의 최솟값은

$$m=\overline{AP}=\overline{OA}=2$$

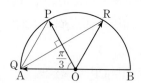

따라서 $M\times m=2\sqrt{3}\times2=4\sqrt{3}$

답 ⑤

3 점 M은 선분 AB의 중점이므로

$$\overrightarrow{AM}=\frac{1}{2}\overrightarrow{AB} \quad\cdots\cdots ㉠$$

점 P는 선분 CM을 3 : 1로 내분하므로

$$\overrightarrow{AP}=\frac{3\overrightarrow{AM}+\overrightarrow{AC}}{3+1}=\frac{3}{4}\overrightarrow{AM}+\frac{1}{4}\overrightarrow{AC} \quad\cdots\cdots ㉡$$

㉠, ㉡에서

$$\overrightarrow{AP}=\frac{3}{4}\left(\frac{1}{2}\overrightarrow{AB}\right)+\frac{1}{4}\overrightarrow{AC}=\frac{3}{8}\overrightarrow{AB}+\frac{1}{4}\overrightarrow{AC} \quad\cdots\cdots ㉢$$

따라서 점 P를 지나고 두 직선 AC, AB에 평행한 직선이 두 선분 AB, AC와 만나는 점을 각각 R, S라 하면 사각형 ARPS는 평행사변형이므로

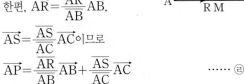

$$\overrightarrow{AP}=\overrightarrow{AR}+\overrightarrow{AS}$$

한편, $\overrightarrow{AR}=\dfrac{\overline{AR}}{\overline{AB}}\overrightarrow{AB}$,

$\overrightarrow{AS}=\dfrac{\overline{AS}}{\overline{AC}}\overrightarrow{AC}$이므로

$$\overrightarrow{AP}=\dfrac{\overline{AR}}{\overline{AB}}\overrightarrow{AB}+\dfrac{\overline{AS}}{\overline{AC}}\overrightarrow{AC} \qquad \cdots\cdots ㉣$$

두 벡터 $\overrightarrow{AB}$, $\overrightarrow{AC}$는 서로 평행하지 않으므로 ㉢, ㉣에서

$$\dfrac{\overline{AR}}{\overline{AB}}=\dfrac{3}{8},\ \dfrac{\overline{AS}}{\overline{AC}}=\dfrac{1}{4}$$

이때 두 삼각형 ABQ, RBP는 서로 닮은 도형이므로

$$\dfrac{\overline{AR}}{\overline{AB}}=\dfrac{\overline{QP}}{\overline{QB}}=\dfrac{3}{8}에서\ \dfrac{\overline{QP}}{\overline{QP}+\overline{BP}}=\dfrac{3}{8}$$

$8\overline{QP}=3\overline{QP}+3\overline{BP}$, $5\overline{QP}=3\overline{BP}$

즉, $\overline{BP}:\overline{QP}=5:3$이므로 점 P는 선분 BQ를 5 : 3으로 내분하는 점이다.

따라서 $\overrightarrow{AP}=\dfrac{5\overrightarrow{AQ}+3\overrightarrow{AB}}{5+3}=\dfrac{3}{8}\overrightarrow{AB}+\dfrac{5}{8}\overrightarrow{AQ}$이므로

$m=\dfrac{3}{8}$, $n=\dfrac{5}{8}$이고,

$$m-n=-\dfrac{1}{4}$$

답 ③

다른 풀이

점 M은 선분 AB의 중점이고, 점 P는 선분 CM을 3 : 1로 내분하므로

$$\overrightarrow{AP}=\dfrac{3}{4}\overrightarrow{AM}+\dfrac{1}{4}\overrightarrow{AC}=\dfrac{3}{8}\overrightarrow{AB}+\dfrac{1}{4}\overrightarrow{AC} \qquad \cdots\cdots ㉠$$

두 벡터 $\overrightarrow{AC}$, $\overrightarrow{AQ}$는 서로 평행하므로 실수 t에 대하여 $\overrightarrow{AQ}=t\overrightarrow{AC}$이고, 점 P는 선분 BQ를 $0<s<1$인 실수 s에 대하여 $s:(1-s)$로 내분하는 점이므로

$$\overrightarrow{AP}=(1-s)\overrightarrow{AB}+s\overrightarrow{AQ}$$
$$=(1-s)\overrightarrow{AB}+(s\times t)\overrightarrow{AC} \qquad \cdots\cdots ㉡$$

㉠, ㉡에서 두 벡터 $\overrightarrow{AB}$, $\overrightarrow{AC}$는 서로 평행하지 않으므로

$$1-s=\dfrac{3}{8},\ s\times t=\dfrac{1}{4}$$

$$s=\dfrac{5}{8},\ t=\dfrac{2}{5}$$

따라서 $m=1-s=\dfrac{3}{8}$, $n=s=\dfrac{5}{8}$이므로

$$m-n=-\dfrac{1}{4}$$

4 삼각형 ABC의 무게중심 G에 대하여

$$\overrightarrow{PG}=\dfrac{\overrightarrow{PA}+\overrightarrow{PB}+\overrightarrow{PC}}{3}$$

$\overrightarrow{AP}+2\overrightarrow{BP}+4\overrightarrow{CP}=3\overrightarrow{CG}$에서

$$\begin{aligned}-\overrightarrow{PA}-2\overrightarrow{PB}-4\overrightarrow{PC}&=3(\overrightarrow{PG}-\overrightarrow{PC})\\&=3\left(\dfrac{\overrightarrow{PA}+\overrightarrow{PB}+\overrightarrow{PC}}{3}-\overrightarrow{PC}\right)\\&=\overrightarrow{PA}+\overrightarrow{PB}+\overrightarrow{PC}-3\overrightarrow{PC}\end{aligned}$$

이므로

$$2\overrightarrow{PA}+3\overrightarrow{PB}+2\overrightarrow{PC}=\vec{0}$$

$$\overrightarrow{PB}=-\dfrac{2}{3}(\overrightarrow{PA}+\overrightarrow{PC}) \qquad \cdots\cdots ㉠$$

선분 AC의 중점을 M이라 하면 $\overrightarrow{PA}+\overrightarrow{PC}=2\overrightarrow{PM}$이므로 ㉠에서

$$\overrightarrow{PB}=-\dfrac{2}{3}(2\overrightarrow{PM})=-\dfrac{4}{3}\overrightarrow{PM}$$

즉, 두 벡터 $\overrightarrow{PB}$, $\overrightarrow{PM}$은 서로 반대 방향이고, $|\overrightarrow{PB}|:|\overrightarrow{PM}|=4:3$이므로 점 P는 선분 BM을 4 : 3으로 내분하는 점이다.

삼각형 ABC의 넓이가 S이므로 삼각형 MBC의 넓이는 $\dfrac{1}{2}S$이고, 삼각형 PBC의 넓이는 삼각형 MBC의 넓이의 $\dfrac{4}{7}$배이므로

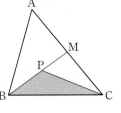

$$T=\dfrac{4}{7}\times\dfrac{1}{2}S=\dfrac{2}{7}S$$

따라서 $\dfrac{T}{S}=\dfrac{2}{7}$

답 ③

5 조건 (나)의 $\overrightarrow{OP}=k\overrightarrow{OQ}\ (k>0)$에서 두 벡터 $\overrightarrow{OP}$, $\overrightarrow{OQ}$는 서로 평행하므로 세 점 O, P, Q는 한 직선 위에 있고,

$$k=\dfrac{|\overrightarrow{OP}|}{|\overrightarrow{OQ}|}=\dfrac{\overline{OP}}{\overline{OQ}} \qquad \cdots\cdots ㉠$$

또 조건 (가)에서 점 Q의 y좌표는 양수이므로 두 점 P, Q는 제1사분면에 있다.

이때 포물선 $y^2=4x$ 위의 점 P에 대하여 점 Q가 오직 하나 존재하므로 직선 OP는 원 C와 점 Q에서 접해야 한다.

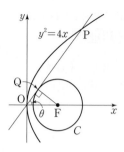

포물선 $y^2=4x$의 초점은 $F(1, 0)$이고 원 C의 반지름의 길이는 $\dfrac{4}{5}$이므로 직각삼각형 OFQ에서

$\overline{OQ}=\sqrt{1^2-\left(\dfrac{4}{5}\right)^2}=\dfrac{3}{5}$

$\angle FOQ=\theta$라 하면 $\tan\theta=\dfrac{\overline{FQ}}{\overline{OQ}}=\dfrac{\dfrac{4}{5}}{\dfrac{3}{5}}=\dfrac{4}{3}$이므로 직선 OP의 기울기는 $\dfrac{4}{3}$이고, 직선 OP의 방정식은 $y=\dfrac{4}{3}x$이다.

$y^2=4x$에 $y=\dfrac{4}{3}x$를 대입하면 $\dfrac{16}{9}x^2=4x$에서 $x=0$ 또는 $x=\dfrac{9}{4}$이므로 점 P의 x좌표는 $\dfrac{9}{4}$이다.

한편, $\cos\theta=\dfrac{\overline{OQ}}{\overline{OF}}=\dfrac{3}{5}$이므로 점 Q의 x좌표는

$\overline{OQ}\cos\theta=\dfrac{3}{5}\times\dfrac{3}{5}=\dfrac{9}{25}$

이때 두 선분 OP, OQ의 길이의 비는 두 점 P, Q의 x좌표의 비와 같다.

즉, $\overline{OP}:\overline{OQ}=\dfrac{9}{4}:\dfrac{9}{25}=25:4$

이므로 ㉠에서

$k=\dfrac{\overline{OP}}{\overline{OQ}}=\dfrac{25}{4}$

답 ④

6 직각삼각형 OAB에서

$\overline{AB}=\sqrt{\overline{OA}^2-\overline{OB}^2}=\sqrt{52-16}=6$이므로

$\overline{AM}=\overline{BM}=3$

그러므로 두 원 C_1, C_2의 반지름의 길이는 모두 3이고,

$\overline{OM}=\sqrt{\overline{OB}^2+\overline{BM}^2}=\sqrt{4^2+3^2}=5$

이때

$\overrightarrow{OP}+\overrightarrow{OQ}=(\overrightarrow{OA}+\overrightarrow{AP})+(\overrightarrow{OB}+\overrightarrow{BQ})$
$=(\overrightarrow{OA}+\overrightarrow{OB})+(\overrightarrow{AP}+\overrightarrow{BQ})$
$=2\overrightarrow{OM}+\overrightarrow{AP}+\overrightarrow{BQ}$

이므로

$|\overrightarrow{OP}+\overrightarrow{OQ}|\leq|2\overrightarrow{OM}|+|\overrightarrow{AP}|+|\overrightarrow{BQ}|$
$=2|\overrightarrow{OM}|+|\overrightarrow{AP}|+|\overrightarrow{BQ}|$
$=2\times5+3+3=16$

(단, 등호는 세 벡터 $\overrightarrow{OM}$, $\overrightarrow{AP}$, $\overrightarrow{BQ}$가 모두 같은 방향일 때 성립한다.)

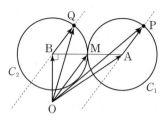

따라서 위의 그림과 같이 두 벡터 $\overrightarrow{AP}$, $\overrightarrow{BQ}$가 모두 벡터 $\overrightarrow{OM}$과 같은 방향일 때, $|\overrightarrow{OP}+\overrightarrow{OQ}|$는 최댓값 16을 갖는다.

답 ③

7 타원 E의 초점 F의 x좌표를 c $(c>0)$이라 하면 $c^2=9-5=4$이므로 $c=2$이고, 선분 OF의 중점 M의 좌표는 $(1, 0)$이다.

또 타원 E의 장축의 한 끝점 A의 좌표는 $(3, 0)$이다.

한편,

$\overrightarrow{MA}+\overrightarrow{MP}=(\overrightarrow{OA}-\overrightarrow{OM})+(\overrightarrow{OP}-\overrightarrow{OM})$
$=\overrightarrow{OP}+\overrightarrow{OA}-2\overrightarrow{OM}$ ...... ㉠

이고, $\overline{OM}=\overline{MF}=\overline{FA}=1$이므로

$-2\overrightarrow{OM}=2\overrightarrow{MO}=\overrightarrow{FO}=\overrightarrow{AM}$

이때

$\overrightarrow{OA}-2\overrightarrow{OM}=\overrightarrow{OA}+\overrightarrow{AM}=\overrightarrow{OM}$ ...... ㉡

이므로 ㉠, ㉡에서

$\overrightarrow{MA}+\overrightarrow{MP}=\overrightarrow{OP}+\overrightarrow{OM}$

그러므로 $\overrightarrow{OQ}=\overrightarrow{MA}+\overrightarrow{MP}$, 즉 $\overrightarrow{OQ}=\overrightarrow{OP}+\overrightarrow{OM}$이다.

이때 점 P는 타원 E 위를 움직이므로 점 Q가 나타내는 도형 D는 타원 E를 x축의 방향으로 1만큼 평행이동한 타원이고, 두 타원 E, D는 선분 OM의 수직이등분선에 대하여 서로 대칭이다.

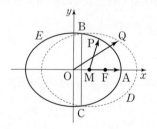

즉, 두 타원 E, D의 교점을 B, C라 하면 두 점 B, C의 x

좌표는 모두 $\dfrac{1}{2}$이다.

$\dfrac{x^2}{9}+\dfrac{y^2}{5}=1$에 $x=\dfrac{1}{2}$을 대입하면

$\dfrac{\frac{1}{4}}{9}+\dfrac{y^2}{5}=1$, $y^2=5\times\left(1-\dfrac{1}{36}\right)=\dfrac{175}{36}$

이므로 $y=\pm\dfrac{5\sqrt{7}}{6}$

따라서 두 점 B, C의 y좌표는 각각 $\dfrac{5\sqrt{7}}{6}$, $-\dfrac{5\sqrt{7}}{6}$이므로

두 교점 B, C 사이의 거리는

$2\times\dfrac{5\sqrt{7}}{6}=\dfrac{5\sqrt{7}}{3}$

🔲 ⑤

1

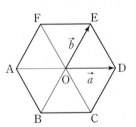

정육각형의 세 대각선 AD, BE, CF의 교점을 O라 하고,
$\vec{a}=\overrightarrow{OD}$, $\vec{b}=\overrightarrow{OE}$라 하자.

$\overrightarrow{AF}=\overrightarrow{OE}=\vec{b}$

$\overrightarrow{CE}=\overrightarrow{CD}+\overrightarrow{DO}+\overrightarrow{OE}=\overrightarrow{OE}-\overrightarrow{OD}+\overrightarrow{OE}$
$\qquad=\vec{b}-\vec{a}+\vec{b}=2\vec{b}-\vec{a}$

$\overrightarrow{DA}=-\overrightarrow{AD}=-2\overrightarrow{OD}=-2\vec{a}$

이므로

$\overrightarrow{AF}+\overrightarrow{CE}-\overrightarrow{DA}=\vec{b}+(2\vec{b}-\vec{a})-(-2\vec{a})$
$\qquad\qquad\qquad\qquad=\vec{b}+2\vec{b}-\vec{a}+2\vec{a}=\vec{a}+3\vec{b}$

$\overrightarrow{AE}=\overrightarrow{AO}+\overrightarrow{OE}=\overrightarrow{OD}+\overrightarrow{OE}=\vec{a}+\vec{b}$

한편, 조건 (가)를 만족시키는 벡터 $\vec{x}$가 되기 위한 필요조건은

$\vec{x}=p\vec{a}+q\vec{b}$ (p, q는 $|p|\leq2$, $|q|\leq2$인 정수)   …… ㉠

따라서 $\overrightarrow{AF}+\overrightarrow{CE}-\overrightarrow{DA}+\vec{x}=k\overrightarrow{AE}$에서

$\vec{a}+3\vec{b}+p\vec{a}+q\vec{b}=k(\vec{a}+\vec{b})$

이므로 $(1+p)\vec{a}+(3+q)\vec{b}=k\vec{a}+k\vec{b}$ …… ㉡

이때 두 벡터 $\vec{a}$, $\vec{b}$는 서로 평행하지 않으므로 ㉡이 성립하
려면 $1+p=k$이고 $3+q=k$이어야 한다.

즉, $1+p=3+q$에서 $q=p-2$이므로

$\vec{x}=p\vec{a}+(p-2)\vec{b}$

㉠에서 $|p|\leq2$, $|p-2|\leq2$이어야 하므로 정수 p의 값이
될 수 있는 수는 0, 1, 2이다.

$p=0$이면 $\vec{x}=-2\vec{b}=\overrightarrow{EB}$

$p=1$이면 $\vec{x}=\vec{a}-\vec{b}=\overrightarrow{ED}=\overrightarrow{AB}$

$p=2$이면 $\vec{x}=2\vec{a}=\overrightarrow{AD}$

따라서 주어진 조건을 만족시키는 서로 다른 벡터는
$\overrightarrow{EB}$, $\overrightarrow{ED}(=\overrightarrow{AB})$, $\overrightarrow{AD}$의 3개이다.

🔲 ②

참고

위의 풀이에서

$\vec{x}=p\vec{a}+(p-2)\vec{b}=p(\vec{a}+\vec{b})-2\vec{b}$ …… ㉠

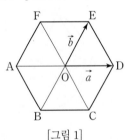

[그림 1]

이때 $\vec{a}+\vec{b}=\overrightarrow{AO}+\overrightarrow{OE}=\overrightarrow{AE}$이므로 벡터 $p(\vec{a}+\vec{b})$는 벡터
$\overrightarrow{AE}$와 평행하고, $-2\vec{b}=\overrightarrow{EB}$이다.

따라서 $\vec{x}=\overrightarrow{AX}$라 하면 ㉠에서

$\overrightarrow{AX}=p\overrightarrow{AE}+\overrightarrow{EB}$ …… ㉡

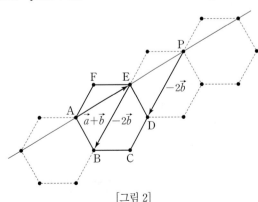

[그림 2]

이때 벡터 $\overrightarrow{AX}$가 조건 (가), (나)를 만족시키는 경우는 ㉡에
서 다음과 같다.

(i) $p=0$일 때
$$\overrightarrow{AX}=\vec{0}+\overrightarrow{EB}=\overrightarrow{EB}$$
(ii) $p=1$일 때
$$\overrightarrow{AX}=\overrightarrow{AE}+\overrightarrow{EB}=\overrightarrow{AB}$$
한편, $\overrightarrow{AB}=\overrightarrow{ED}$이므로 $\overrightarrow{AX}$가 될 수 있는 벡터는
$\overrightarrow{AB}(=\overrightarrow{ED})$이다.
(iii) $p=2$일 때
[그림 2]의 점 P에 대하여
$$\overrightarrow{AX}=2\overrightarrow{AE}+\overrightarrow{EB}=\overrightarrow{AP}+\overrightarrow{EB}=\overrightarrow{AP}+\overrightarrow{PD}=\overrightarrow{AD}$$
한편, $p\neq0$, $p\neq1$, $p\neq2$인 모든 실수 p에 대하여 ⓒ을 만족시키고 정육각형 ABCDEF의 꼭짓점인 점 X는 존재하지 않는다.
따라서 주어진 조건을 만족시키는 서로 다른 벡터는
$\overrightarrow{EB}$, $\overrightarrow{AB}(=\overrightarrow{ED})$, $\overrightarrow{AD}$의 3개이다.

2

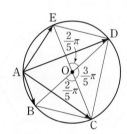

원의 중심을 O라 하면 원주각의 성질에 의하여
$$\angle BOC=2\times\frac{\pi}{5}=\frac{2}{5}\pi$$
$$\angle COD=2\times\frac{3}{10}\pi=\frac{3}{5}\pi$$
$$\angle DOE=2\times\frac{\pi}{5}=\frac{2}{5}\pi$$
이때
$$\angle BOC+\angle COD=\frac{2}{5}\pi+\frac{3}{5}\pi=\pi$$
$$\angle COD+\angle DOE=\frac{3}{5}\pi+\frac{2}{5}\pi=\pi$$
이므로 두 선분 BD, CE는 모두 원의 지름이고, 두 선분의 중점은 모두 점 O이다.
따라서
$$\overrightarrow{AB}+\overrightarrow{AC}+\overrightarrow{AD}+\overrightarrow{AE}=(\overrightarrow{AB}+\overrightarrow{AD})+(\overrightarrow{AC}+\overrightarrow{AE})$$
$$=2\overrightarrow{AO}+2\overrightarrow{AO}=4\overrightarrow{AO}$$
이고, $|\overrightarrow{AO}|=1$이므로
$$|\overrightarrow{AB}+\overrightarrow{AC}+\overrightarrow{AD}+\overrightarrow{AE}|=|4\overrightarrow{AO}|=4|\overrightarrow{AO}|=4\times1=4$$

답 ③

3 타원 $E:\dfrac{x^2}{25}+\dfrac{y^2}{16}=1$의 두 초점이 F$(c,0)$, F$'(-c,0)$
이므로 $c^2=25-16=9$이고 $c>0$이므로 $c=3$
타원 E가 x축과 만나는 점의 x좌표는
$$\frac{x^2}{25}+\frac{0}{16}=1, \ x^2=25$$
에서 $x=\pm5$이므로 점 A의 좌표는 $(5,0)$이다.
한편, 타원 E의 장축의 길이는 $2\times5=10$이므로 타원의 정의에 의하여
$$\overline{F'P}+\overline{FP}=2\times5=10$$
$$\overrightarrow{F'Q}=\left(1+\frac{|\overrightarrow{FP}|}{|\overrightarrow{F'P}|}\right)\overrightarrow{F'P}\ \text{에서}$$
$$|\overrightarrow{F'Q}|=\left|\left(1+\frac{|\overrightarrow{FP}|}{|\overrightarrow{F'P}|}\right)\overrightarrow{F'P}\right|=\left(1+\frac{|\overrightarrow{FP}|}{|\overrightarrow{F'P}|}\right)\times|\overrightarrow{F'P}|$$
$$=|\overrightarrow{F'P}|+|\overrightarrow{FP}|=\overline{F'P}+\overline{FP}=10$$
이고, $1+\dfrac{|\overrightarrow{FP}|}{|\overrightarrow{F'P}|}$는 1보다 큰 실수이므로
$$\overrightarrow{F'Q}=\left(1+\frac{|\overrightarrow{FP}|}{|\overrightarrow{F'P}|}\right)\overrightarrow{F'P}$$인 점 Q는 반직선 F$'$P 위에 있고
$\overline{F'Q}=10$이다.
즉, 점 Q는 점 F$'(-3,0)$을 중심으로 하고 반지름의 길이가 10인 원 위의 점이므로 점 Q가 나타내는 도형의 방정식은
$$(x+3)^2+y^2=100$$
$\overrightarrow{OR}=\overrightarrow{OA}+\overrightarrow{FQ}$에서 $\overrightarrow{FQ}=\overrightarrow{OR}-\overrightarrow{OA}=\overrightarrow{AR}$이므로 두 벡터 $\overrightarrow{FQ}$, $\overrightarrow{AR}$은 서로 같다.
이때 점 A$(5,0)$은 점 F$(3,0)$을 x축의 방향으로 2만큼 평행이동한 점이므로 점 R은 점 Q를 x축의 방향으로 2만큼 평행이동한 점이다.
그러므로 점 R이 나타내는 도형은 원 $(x+3)^2+y^2=100$을 x축의 방향으로 2만큼 평행이동한 원
$$\{(x-2)+3\}^2+y^2=100$$
즉, $(x+1)^2+y^2=100$ ······ ㉠
원 ㉠의 중심을 C, 반지름의 길이를 r이라 하면
C$(-1,0)$, $r=10$이다.

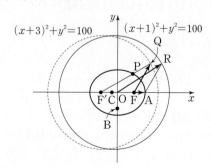

따라서 점 B$(0, -2\sqrt{2})$에 대하여

$\overline{BC}=\sqrt{(-1)^2+(2\sqrt{2})^2}=3$

이므로 점 B와 원 ㉠ 위의 점 R 사이의 거리인 $|\overrightarrow{BR}|$의 최댓값은

$\overline{BC}+r=3+10=13$

답 13

참고

$\overrightarrow{OR}=\overrightarrow{OA}+\overrightarrow{FQ}$에서

$\overrightarrow{OR}=\overrightarrow{OA}+(\overrightarrow{OQ}-\overrightarrow{OF})=\overrightarrow{OQ}+(\overrightarrow{OA}-\overrightarrow{OF})$

$\qquad =\overrightarrow{OQ}+\{(5,0)-(3,0)\}=\overrightarrow{OQ}+(2,0)$

이므로 점 R은 점 Q를 x축의 방향으로 2만큼 평행이동한 원 위의 점이다.

---

05 벡터의 내적

유제

본문 57~63쪽

1 ①	2 ⑤	3 ①	4 ⑤	5 ②
6 ②	7 ②	8 ①		

1 원점 O에 대하여

$\overrightarrow{AB}=\overrightarrow{OB}-\overrightarrow{OA}=(-2,1)-(1,3)=(-3,-2)$

$\overrightarrow{BC}=\overrightarrow{OC}-\overrightarrow{OB}=(-1,2)-(-2,1)=(1,1)$

이므로

$\overrightarrow{AB}\cdot\overrightarrow{BC}=(-3,-2)\cdot(1,1)$

$\qquad\qquad =(-3)\times1+(-2)\times1=-5$

답 ①

2 두 벡터 $\overrightarrow{OA}$, $\overrightarrow{OP}$가 이루는 각의 크기를 θ라 할 때, $0\le\theta<\dfrac{\pi}{2}$

인 경우가 존재하므로 $\overrightarrow{OA}\cdot\overrightarrow{OP}$의 최댓값을 구하기 위해서는 $0\le\theta<\dfrac{\pi}{2}$인 경우만 생각해도 충분하다.

$0\le\theta<\dfrac{\pi}{2}$일 때, 점 P를 지나고 직선 OA에 수직인 직선과 직선 OA의 교점을 I라 하면 $|\overrightarrow{OP}|\cos\theta=|\overrightarrow{OI}|$이므로

$\overrightarrow{OA}\cdot\overrightarrow{OP}=|\overrightarrow{OA}||\overrightarrow{OP}|\cos\theta=|\overrightarrow{OA}||\overrightarrow{OI}|$

이때 $|\overrightarrow{OA}|=\sqrt{3^2+4^2}=5$로 일정하므로 $|\overrightarrow{OI}|$의 값이 최대일 때 $|\overrightarrow{OA}||\overrightarrow{OI}|$도 최대이다.

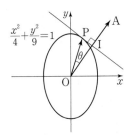

$|\overrightarrow{OI}|$의 값이 최대인 경우는 그림과 같이 타원 $\dfrac{x^2}{4}+\dfrac{y^2}{9}=1$ 위에 있고 제1사분면에 있는 점 P에서의 접선이 직선 OA와 수직일 때이다.

직선 OA의 기울기는 $\dfrac{4}{3}$이므로 직선 OA에 수직인 접선의 기울기는 $-\dfrac{3}{4}$이어야 한다.

타원 $\dfrac{x^2}{4}+\dfrac{y^2}{9}=1$에 접하고 기울기가 $-\dfrac{3}{4}$이며 제1사분면을 지나는 직선의 방정식은

$$y=-\frac{3}{4}x+\sqrt{4\times\left(-\frac{3}{4}\right)^2+9}$$

$$y=-\frac{3}{4}x+\frac{3\sqrt{5}}{2},\ \ \text{즉}\ 3x+4y-6\sqrt{5}=0\ \ \ \cdots\cdots\ \text{㉠}$$

직선 ㉠과 직선 OA의 교점을 H라 하면 $\overline{\mathrm{OH}}$는 원점과 직선 ㉠ 사이의 거리와 같으므로

$$\overline{\mathrm{OH}}=\frac{|-6\sqrt{5}|}{\sqrt{3^2+4^2}}=\frac{6\sqrt{5}}{5}$$

따라서 $\overrightarrow{\mathrm{OA}}\cdot\overrightarrow{\mathrm{OP}}$의 최댓값은

$$|\overrightarrow{\mathrm{OA}}||\overrightarrow{\mathrm{OH}}|=5\times\frac{6\sqrt{5}}{5}=6\sqrt{5}$$

답 ⑤

다른 풀이

점 P의 좌표를 $(x,\,y)$라 하면

$$\overrightarrow{\mathrm{OA}}\cdot\overrightarrow{\mathrm{OP}}=(3,\,4)\cdot(x,\,y)=3x+4y=k$$

$$3x=k-4y\ \ \ \cdots\cdots\ \text{㉠}$$

㉠을 $\dfrac{x^2}{4}+\dfrac{y^2}{9}=1$, 즉 $9x^2+4y^2-36=0$에 대입하면

$$(k-4y)^2+4y^2-36=0$$

$$20y^2-8ky+k^2-36=0$$

이 이차방정식의 판별식을 D라 하면

$$\frac{D}{4}=16k^2-20(k^2-36)=-4k^2+720\geq0$$

에서 $k^2\leq180$

따라서 $-6\sqrt{5}\leq k\leq6\sqrt{5}$이므로 $\overrightarrow{\mathrm{OA}}\cdot\overrightarrow{\mathrm{OP}}$의 최댓값은 $6\sqrt{5}$이다.

3 벡터의 내적의 성질에 의하여

$$\begin{aligned}\overrightarrow{\mathrm{CA}}\cdot\overrightarrow{\mathrm{CB}}&=(-\overrightarrow{\mathrm{AC}})\cdot(-\overrightarrow{\mathrm{BC}})=\overrightarrow{\mathrm{AC}}\cdot\overrightarrow{\mathrm{BC}}\\&=(\overrightarrow{\mathrm{AB}}+\overrightarrow{\mathrm{BC}})\cdot\overrightarrow{\mathrm{BC}}\\&=\overrightarrow{\mathrm{AB}}\cdot\overrightarrow{\mathrm{BC}}+\overrightarrow{\mathrm{BC}}\cdot\overrightarrow{\mathrm{BC}}\\&=10+|\overrightarrow{\mathrm{BC}}|^2=15\end{aligned}$$

이므로 $|\overrightarrow{\mathrm{BC}}|^2=5$

따라서 $|\overrightarrow{\mathrm{BC}}|=\sqrt{5}$

답 ①

4 $|2\vec{a}-\vec{b}|^2=(2\vec{a}-\vec{b})\cdot(2\vec{a}-\vec{b})$
$$\qquad\qquad\ \ =4(\vec{a}\cdot\vec{a})-2(\vec{a}\cdot\vec{b})-2(\vec{b}\cdot\vec{a})+\vec{b}\cdot\vec{b}$$

$$\begin{aligned}&=4|\vec{a}|^2-4(\vec{a}\cdot\vec{b})+|\vec{b}|^2\\&=4\times2^2-4|\vec{a}||\vec{b}|\cos\frac{\pi}{3}+|\vec{b}|^2\\&=16-4\times2|\vec{b}|\times\frac{1}{2}+|\vec{b}|^2\\&=16-4|\vec{b}|+|\vec{b}|^2\\&=21\end{aligned}$$

이므로

$$|\vec{b}|^2-4|\vec{b}|-5=0$$

$$(|\vec{b}|-5)(|\vec{b}|+1)=0$$

$|\vec{b}|\geq0$이므로 $|\vec{b}|=5$

답 ⑤

다른 풀이

$\vec{a}=\overrightarrow{\mathrm{OA}},\ \vec{b}=\overrightarrow{\mathrm{OB}}$라 하고, $2\vec{a}=\overrightarrow{\mathrm{OA'}}$이라 하면

$$\overline{\mathrm{OA'}}=2|\vec{a}|=2\times2=4$$

한편, $2\vec{a}-\vec{b}=\overrightarrow{\mathrm{OA'}}-\overrightarrow{\mathrm{OB}}=\overrightarrow{\mathrm{BA'}}$이므로

$$|2\vec{a}-\vec{b}|=\overline{\mathrm{BA'}}=\sqrt{21}$$

두 벡터 $\vec{a},\ \vec{b}$가 이루는 각의 크기가 $\dfrac{\pi}{3}$이므로

$$\angle\mathrm{A'OB}=\angle\mathrm{AOB}=\frac{\pi}{3}$$

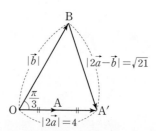

삼각형 OA'B에서 코사인법칙에 의하여

$$\overline{\mathrm{A'B}}^2=\overline{\mathrm{OA'}}^2+\overline{\mathrm{OB}}^2-2\times\overline{\mathrm{OA'}}\times\overline{\mathrm{OB}}\times\cos\frac{\pi}{3}$$

$$21=16+|\vec{b}|^2-2\times4|\vec{b}|\times\frac{1}{2}$$

$$|\vec{b}|^2-4|\vec{b}|-5=0,\ (|\vec{b}|-5)(|\vec{b}|+1)=0$$

$|\vec{b}|\geq0$이므로 $|\vec{b}|=5$

5 원점 O에 대하여 직선 AB의 방향벡터는

$$\overrightarrow{\mathrm{AB}}=\overrightarrow{\mathrm{OB}}-\overrightarrow{\mathrm{OA}}=(4,\,-1)-(2,\,3)=(2,\,-4)$$

$\vec{n}\perp\overrightarrow{\mathrm{AB}}$이므로

$$\vec{n}\cdot\overrightarrow{\mathrm{AB}}=(k,\,1)\cdot(2,\,-4)=2k-4=0$$

따라서 $k=2$

답 ②

6 점 A$(1, 2)$를 지나고 방향벡터가 $\vec{u}=(3, 4)$인 직선 l의 방정식은

$$\frac{x-1}{3}=\frac{y-2}{4}$$

$$4(x-1)=3(y-2)$$

$$4x-3y+2=0$$

한편, 직선 l 위의 점 P에 대하여 $|\overrightarrow{OP}|$의 최솟값은 원점 O와 직선 l 사이의 거리와 같다.

따라서 $|\overrightarrow{OP}|$의 최솟값은 $\dfrac{|2|}{\sqrt{4^2+(-3)^2}}=\dfrac{2}{5}$

답 ②

7 $|\overrightarrow{AB}|=5$이므로 선분 AB의 길이는 5이다.

$|\overrightarrow{AP}-\overrightarrow{AB}|=|\overrightarrow{BP}|=1$이므로 점 P는 점 B를 중심으로 하고 반지름의 길이가 1인 원 위에 있다.

$\overrightarrow{AQ}\cdot\overrightarrow{AQ}=|\overrightarrow{AQ}|^2=4$에서 $|\overrightarrow{AQ}|=2$이므로 점 Q는 점 A를 중심으로 하고 반지름의 길이가 2인 원 위에 있다.

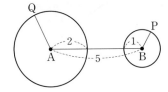

이때

$\overline{PQ}\geq\overline{AB}-\overline{PB}-\overline{AQ}=5-1-2=2$

(단, 등호는 두 점 P, Q가 선분 AB 위에 있을 때 성립한다.)

이므로 $|\overrightarrow{PQ}|$의 최솟값은 2이다.

답 ②

8 원점을 O라 하고, $\vec{a}=\overrightarrow{OA}$, $\vec{b}=\overrightarrow{OB}$, $\vec{p}=\overrightarrow{OP}$라 하면

$|\vec{p}-\vec{a}|=|\vec{a}-\vec{b}|$에서

$|\overrightarrow{OP}-\overrightarrow{OA}|=|\overrightarrow{OA}-\overrightarrow{OB}|$

$|\overrightarrow{AP}|=|\overrightarrow{BA}|$

이때 $|\overrightarrow{BA}|=\sqrt{(0-3)^2+(4-4)^2}=3$이므로 $|\overrightarrow{AP}|=3$

따라서 점 P는 점 A를 중심으로 하고 반지름의 길이가 3인 원 위의 점이다.

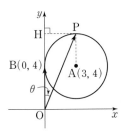

두 벡터 $\vec{p}$, $\vec{b}$가 이루는 각의 크기를 θ라 하면 그림에서 θ는 예각이다.

따라서 점 P에서 y축에 내린 수선의 발을 H라 하면

$\vec{p}\cdot\vec{b}=|\vec{p}||\vec{b}|\cos\theta$

$\quad=\overline{OB}\times\overline{OH}=4\times\overline{OH}$

$\quad\leq4\times(4+3)=28$

(단, 등호는 점 P의 좌표가 $(3, 7)$일 때 성립한다.)

이므로 $\vec{p}\cdot\vec{b}$의 최댓값은 28이다.

답 ①

Level ① 기초 연습 본문 64~65쪽

1	④	2	⑤	3	①	4	②	5	④
6	④	7	④	8	③				

1 $\vec{a}\cdot\vec{b}=(2, -1)\cdot(3, -2)$

$\quad=2\times3+(-1)\times(-2)=6+2=8$

답 ④

2 $\vec{a}+\vec{b}=(x, 2)+(3, 1)=(x+3, 3)$

$\vec{c}-\vec{b}=(1, x)-(3, 1)=(-2, x-1)$

두 벡터 $\vec{a}+\vec{b}$, $\vec{c}-\vec{b}$가 서로 수직이므로

$(\vec{a}+\vec{b})\cdot(\vec{c}-\vec{b})=(x+3, 3)\cdot(-2, x-1)$

$\quad=(x+3)\times(-2)+3(x-1)$

$\quad=-2x-6+3x-3$

$\quad=x-9=0$

따라서 $x=9$

답 ⑤

3 $|\vec{a}+2\vec{b}|=3$이므로

$|\vec{a}+2\vec{b}|^2=(\vec{a}+2\vec{b})\cdot(\vec{a}+2\vec{b})$

$\quad=\vec{a}\cdot\vec{a}+\vec{a}\cdot(2\vec{b})+(2\vec{b})\cdot\vec{a}+(2\vec{b})\cdot(2\vec{b})$

$\quad=\vec{a}\cdot\vec{a}+2(\vec{a}\cdot\vec{b})+2(\vec{b}\cdot\vec{a})+4(\vec{b}\cdot\vec{b})$

$\quad=|\vec{a}|^2+4(\vec{a}\cdot\vec{b})+4|\vec{b}|^2$

$\quad=1^2+4(\vec{a}\cdot\vec{b})+4\times2^2$

$\quad=17+4(\vec{a}\cdot\vec{b})$

$\quad=9$

www.ebsi.co.kr

정답과 풀이 **39**

따라서 $\vec{a} \cdot \vec{b} = \dfrac{9-17}{4} = -2$

답 ①

4 $\overrightarrow{AB} \cdot \overrightarrow{AC} = 0$이므로 $\angle BAC = \dfrac{\pi}{2}$

이때

$|\overrightarrow{AB}| = \overline{AB} = 3$, $|\overrightarrow{BC}| = \overline{BC} = 5$

이므로 직각삼각형 ABC에서

$\overline{AC} = \sqrt{\overline{BC}^2 - \overline{AB}^2} = \sqrt{5^2 - 3^2} = 4$

따라서 삼각형 ABC의 넓이는

$\dfrac{1}{2} \times \overline{AB} \times \overline{AC} = \dfrac{1}{2} \times 3 \times 4 = 6$

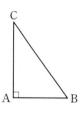

답 ②

5 평행사변형 ABCD에서

$\overrightarrow{AD} = \overrightarrow{BC}$이므로

$|\overrightarrow{BC}| = |\overrightarrow{AD}| = 3$

따라서

$\overrightarrow{AC} \cdot \overrightarrow{AD} = (\overrightarrow{AB} + \overrightarrow{BC}) \cdot \overrightarrow{BC}$

$= \overrightarrow{AB} \cdot \overrightarrow{BC} + \overrightarrow{BC} \cdot \overrightarrow{BC}$

$= 8 + |\overrightarrow{BC}|^2$

$= 8 + 3^2 = 17$

답 ④

6 원점을 O라 하고, $\vec{a} = \overrightarrow{OA}$, $\vec{b} = \overrightarrow{OB}$, $\vec{p} = \overrightarrow{OP}$라 하면

$|\vec{p} - \vec{a}| = |\vec{p} - \vec{b}|$에서

$|\overrightarrow{OP} - \overrightarrow{OA}| = |\overrightarrow{OP} - \overrightarrow{OB}|$

즉, $|\overrightarrow{AP}| = |\overrightarrow{BP}|$이므로 점 P는 선분 AB의 수직이등분선 위의 점이다.

이때 선분 AB의 중점의 좌표는 $(-2, 2)$이고 선분 AB는 y축에 평행하므로 점 P는 직선 $y = 2$ 위의 점이다.

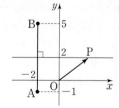

이때

$\vec{p} \cdot \vec{p} = |\vec{p}|^2 = \overline{OP}^2 \geq 2^2 = 4$

(단, 등호는 점 P의 좌표가 $(0, 2)$일 때 성립한다.)

이므로 $\vec{p} \cdot \vec{p}$의 최솟값은 4이다.

답 ④

7 법선벡터가 $\vec{n} = (3, 4)$인 직선의 방향벡터를 $\vec{u} = (a, b)$라 하면 $\vec{n} \perp \vec{u}$이므로

$\vec{n} \cdot \vec{u} = (3, 4) \cdot (a, b) = 3a + 4b = 0$

즉, $b = -\dfrac{3}{4}a$이므로 $a = -4$, $b = 3$일 때

$\vec{u} = (-4, 3)$

이때 y축의 방향벡터를 $\vec{y} = (0, 1)$이라 하면 θ는 두 벡터 $\vec{u} = (-4, 3)$, $\vec{y} = (0, 1)$이 이루는 예각의 크기와 같다.

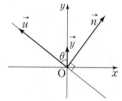

따라서

$\cos \theta = \dfrac{|\vec{u} \cdot \vec{y}|}{|\vec{u}||\vec{y}|} = \dfrac{|(-4, 3) \cdot (0, 1)|}{\sqrt{(-4)^2 + 3^2}\sqrt{0^2 + 1^2}}$

$= \dfrac{|-4 \times 0 + 3 \times 1|}{5 \times 1} = \dfrac{3}{5}$

답 ④

다른 풀이

y축은 x축과 수직이므로 y축의 법선벡터는 $\vec{x} = (1, 0)$으로 놓을 수 있다.

이때 두 직선이 이루는 각의 크기는 두 직선의 법선벡터가 이루는 각의 크기와 같으므로

$\cos \theta = \dfrac{|\vec{n} \cdot \vec{x}|}{|\vec{n}||\vec{x}|} = \dfrac{|(3, 4) \cdot (1, 0)|}{\sqrt{3^2 + 4^2}\sqrt{1^2 + 0^2}}$

$= \dfrac{|3 \times 1 + 4 \times 0|}{5 \times 1} = \dfrac{3}{5}$

8 $\vec{p} = \overrightarrow{OP}$라 하면 $|\vec{a} - \vec{p}| = |\overrightarrow{OA} - \overrightarrow{OP}| = |\overrightarrow{PA}|$이고,

$|\vec{b}| = |(-1, -1)| = \sqrt{(-1)^2 + (-1)^2} = \sqrt{2}$

$|\vec{a} - \vec{p}| = |\vec{b}|$에서 $|\overrightarrow{PA}| = \sqrt{2}$이므로 점 P는 점 $A(3, 3)$을 중심으로 하고 반지름의 길이가 $\sqrt{2}$인 원 위의 점이다.

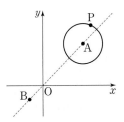

이때 $|\vec{p}-\vec{b}|=|\overrightarrow{OP}-\overrightarrow{OB}|=|\overrightarrow{BP}|$이고,

$\overline{AB}=\sqrt{(-1-3)^2+(-1-3)^2}=4\sqrt{2}$이므로

$\overline{BP}\le\overline{AB}+\overline{AP}=4\sqrt{2}+\sqrt{2}=5\sqrt{2}$

(단, 등호는 점 A가 선분 BP 위에 있을 때 성립한다.)

따라서 $|\vec{p}-\vec{b}|$의 최댓값은 $5\sqrt{2}$이다.

답 ③

Level 2 기본 연습

본문 66~67쪽

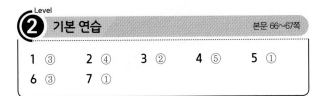

1 ③	2 ④	3 ②	4 ⑤	5 ①
6 ③	7 ①			

1

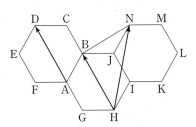

$\overrightarrow{AD}=\overrightarrow{HB}$이다.

이때 $\overline{BN}\,/\!/\,\overline{AJ}$이고 $\overline{AJ}\perp\overline{HB}$이므로 $\overline{BN}\perp\overline{HB}$

따라서 점 N에서 직선 HB에 내린 수선의 발이 점 B이고

$\overline{HB}=2\overline{BJ}=2\times2=4$이므로

$\overrightarrow{AD}\cdot\overrightarrow{HN}=\overrightarrow{HB}\cdot\overrightarrow{HN}=|\overrightarrow{HB}||\overrightarrow{HB}|=4^2=16$

답 ③

다른 풀이

$\overrightarrow{AD}=\overrightarrow{HB}$이므로

$\overrightarrow{AD}\cdot\overrightarrow{HN}=\overrightarrow{HB}\cdot\overrightarrow{HN}$

$=\overrightarrow{HB}\cdot(\overrightarrow{HJ}+\overrightarrow{JN})$

$=\overrightarrow{HB}\cdot\overrightarrow{HJ}+\overrightarrow{HB}\cdot\overrightarrow{JN}$ …… ㉠

이때 직각삼각형 HJB에서

$\angle HBJ=\frac{1}{2}\angle ABJ=\frac{1}{2}\times\frac{2}{3}\pi=\frac{\pi}{3}$

이므로

$\overline{HJ}=\overline{BJ}\tan\frac{\pi}{3}=2\sqrt{3},\ \angle JHB=\frac{\pi}{6}$

그러므로

$\overrightarrow{HB}\cdot\overrightarrow{HJ}=|\overrightarrow{HB}||\overrightarrow{HJ}|\cos\frac{\pi}{6}=4\times2\sqrt{3}\times\frac{\sqrt{3}}{2}=12$ …… ㉡

또 $\overrightarrow{JN}=\overrightarrow{AB}$이고, $\angle DAB=\frac{\pi}{3}$이므로

$\overrightarrow{HB}\cdot\overrightarrow{JN}=\overrightarrow{AD}\cdot\overrightarrow{AB}$

$=|\overrightarrow{AD}||\overrightarrow{AB}|\cos\frac{\pi}{3}=4\times2\times\frac{1}{2}=4$ …… ㉢

㉠, ㉡, ㉢에서

$\overrightarrow{AD}\cdot\overrightarrow{HN}=\overrightarrow{HB}\cdot\overrightarrow{HJ}+\overrightarrow{HB}\cdot\overrightarrow{JN}=12+4=16$

2 원 $(x-5)^2+y^2=16$의 중심을 C라 하면 C(5, 0)이고 반지름의 길이는 4이다.

두 벡터 $\overrightarrow{OA}$, $\overrightarrow{OP}$가 이루는 각의 크기를 θ라 하면

$\overrightarrow{OA}\cdot\overrightarrow{OP}=|\overrightarrow{OA}||\overrightarrow{OP}|\cos\theta$

에서 $\frac{\overrightarrow{OA}\cdot\overrightarrow{OP}}{|\overrightarrow{OA}||\overrightarrow{OP}|}=\cos\theta$이므로 $\frac{\overrightarrow{OA}\cdot\overrightarrow{OP}}{|\overrightarrow{OA}||\overrightarrow{OP}|}$의 값이 최소이려면 θ가 최대이어야 한다.

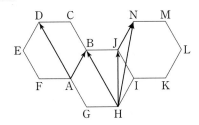

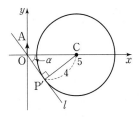

θ가 최대일 때는 그림과 같이 원점을 지나는 직선 l이 원 $(x-5)^2+y^2=16$과 제4사분면에서 접할 때이고, 이때의 접점이 P′이다.

$\angle P'OC=\alpha$라 하면 직각삼각형 OP′C에서

$\sin\alpha=\frac{\overline{CP'}}{\overline{OC}}=\frac{4}{5}$이므로

$\cos\alpha=\sqrt{1-\sin^2\alpha}=\sqrt{1-\left(\frac{4}{5}\right)^2}=\frac{3}{5}$

$$\tan \alpha = \frac{\sin \alpha}{\cos \alpha} = \frac{4}{3}$$

이때 직선 l의 기울기는 음수이므로 직선 l의 방정식은

$$y = -(\tan \alpha)x, \ \text{즉} \ y = -\frac{4}{3}x \quad \cdots\cdots \ \text{㉠}$$

㉠을 원의 방정식에 대입하면

$$(x-5)^2 + \frac{16}{9}x^2 = 16, \ 9(x-5)^2 + 16x^2 = 144$$

$$25x^2 - 90x + 225 = 144, \ 25x^2 - 90x + 81 = 0$$

$$(5x-9)^2 = 0$$

$x = \dfrac{9}{5}$이므로 점 P'의 좌표는

$$\left(\frac{9}{5}, \ -\frac{4}{3} \times \frac{9}{5}\right), \ \text{즉} \ \left(\frac{9}{5}, \ -\frac{12}{5}\right)$$

따라서

$$\overrightarrow{AP'} \cdot \overrightarrow{AP'} = |\overrightarrow{AP'}|^2 = \left(\frac{9}{5} - 0\right)^2 + \left(-\frac{12}{5} - 1\right)^2$$

$$= \frac{81}{25} + \frac{289}{25} = \frac{370}{25} = \frac{74}{5}$$

답 ④

참고1

위 풀이에서 점 P'의 좌표를 다음과 같이 구할 수도 있다.

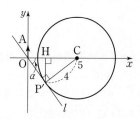

직각삼각형 $OP'C$에서 $\overline{OP'} = \sqrt{5^2 - 4^2} = 3$

점 P'에서 x축에 내린 수선의 발을 H라 하면 두 직각삼각형 $OP'H$, OCP'은 서로 닮은 도형이므로

$\overline{OH} : \overline{HP'} : \overline{OP'} = 3 : 4 : 5$에서

$\overline{OH} : \overline{HP'} : 3 = 3 : 4 : 5$

$$\overline{OH} = 3 \times \frac{3}{5} = \frac{9}{5}, \ \overline{HP'} = 3 \times \frac{4}{5} = \frac{12}{5}$$

따라서 제4사분면의 점 P'의 좌표는

$$(\overline{OH}, \ -\overline{HP'}), \ \text{즉} \ \left(\frac{9}{5}, \ -\frac{12}{5}\right)$$

참고2

위 풀이에서 $\sin \alpha = \dfrac{4}{5}$이므로

$$\cos \alpha = \sqrt{1 - \sin^2 \alpha} = \sqrt{1 - \left(\frac{4}{5}\right)^2} = \frac{3}{5}$$

이때 $\overline{OP'} = \overline{OC} \times \cos \alpha = 5 \times \dfrac{3}{5} = 3$이고,

$\theta = \dfrac{\pi}{2} + \alpha$이므로

$$\cos \theta = \cos\left(\frac{\pi}{2} + \alpha\right) = -\sin \alpha = -\frac{4}{5}$$

그러므로

$$\overrightarrow{OA} \cdot \overrightarrow{OP'} = |\overrightarrow{OA}||\overrightarrow{OP'}| \cos \theta$$

$$= 1 \times 3 \times \left(-\frac{4}{5}\right) = -\frac{12}{5}$$

한편, $\overrightarrow{AP'} = \overrightarrow{OP'} - \overrightarrow{OA}$이므로

$$|\overrightarrow{AP'}|^2 = |\overrightarrow{OA} - \overrightarrow{OP'}|^2$$

$$= (\overrightarrow{OA} - \overrightarrow{OP'}) \cdot (\overrightarrow{OA} - \overrightarrow{OP'})$$

$$= \overrightarrow{OA} \cdot \overrightarrow{OA} - 2\overrightarrow{OA} \cdot \overrightarrow{OP'} + \overrightarrow{OP'} \cdot \overrightarrow{OP'}$$

$$= |\overrightarrow{OA}|^2 - 2(\overrightarrow{OA} \cdot \overrightarrow{OP'}) + |\overrightarrow{OP'}|^2$$

$$= 1^2 - 2 \times \left(-\frac{12}{5}\right) + 3^2 = \frac{74}{5}$$

3 $\overrightarrow{CA} + \overrightarrow{CB} = \overrightarrow{CD}$이므로 사각형 $ADBC$는 평행사변형이다.

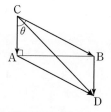

두 벡터 $\overrightarrow{CA}$, $\overrightarrow{CB}$가 이루는 각의 크기를 θ라 하면

$\theta = \angle BCA$이므로

$$\overrightarrow{CA} \cdot \overrightarrow{CB} = |\overrightarrow{CA}||\overrightarrow{CB}| \cos \theta = \overline{CA} \times \overline{CA}$$

$\overrightarrow{BD} = \overrightarrow{CA}$이므로 $|\overrightarrow{BD}| = \overrightarrow{CA} \cdot \overrightarrow{CB}$에서

$$\overline{CA} = \overline{CA} \times \overline{CA}$$

즉, $\overline{CA} = 1$

직각삼각형 ABC에서 $\overline{BC} = \sqrt{2^2 + 1^2} = \sqrt{5}$이므로

$$\overrightarrow{CB} \cdot \overrightarrow{CD} = \overrightarrow{CB} \cdot (\overrightarrow{CA} + \overrightarrow{CB})$$

$$= \overrightarrow{CB} \cdot \overrightarrow{CA} + \overrightarrow{CB} \cdot \overrightarrow{CB}$$

$$= |\overrightarrow{CA}|^2 + |\overrightarrow{CB}|^2$$

$$= 1^2 + (\sqrt{5})^2 = 6$$

답 ②

4 점 $A(2, 1)$을 지나고 법선벡터가 $\vec{n} = (1, 2)$인 직선 l의 방정식은

$1 \times (x-2) + 2(y-1) = 0$, 즉 $x + 2y - 4 = 0$

$\overrightarrow{BP} \cdot \overrightarrow{BP} = |\overrightarrow{BP}|^2 = k$, 즉 $|\overrightarrow{BP}| = \sqrt{k}$를 만족시키는 점 P가 나타내는 도형 C는 중심이 B이고 반지름의 길이가 $\sqrt{k}$인 원이므로 원 C의 방정식은

$$(x-3)^2 + (y+1)^2 = k$$

이때 직선 l이 원 C와 오직 한 점에서 만나므로 접해야 한다.

즉, 원 C의 중심 $B(3, -1)$과 직선 $x+2y-4=0$ 사이의

거리는 원 C의 반지름의 길이인 $\sqrt{k}$와 같아야 한다.

따라서 $\sqrt{k}=\dfrac{|3+2\times(-1)-4|}{\sqrt{1^2+2^2}}=\dfrac{3}{\sqrt{5}}$이므로

$k=\left(\dfrac{3}{\sqrt{5}}\right)^2=\dfrac{9}{5}$

답 ⑤

5 점 P를 지나고 직선 AB에 수직인 직선이 직선 AB와 만나는 점을 H라 하자.

점 P가 점 A와 일치하면 $\overrightarrow{AP}\cdot\overrightarrow{AB}=0$

점 P가 점 A와 일치하지 않을 때, 두 벡터 $\overrightarrow{AP}$, $\overrightarrow{AB}$가 이루는 각의 크기를 θ라 하면

$\overrightarrow{AP}\cdot\overrightarrow{AB}=(|\overrightarrow{AP}|\cos\theta)|\overrightarrow{AB}|$

$=\begin{cases} |\overrightarrow{AH}| & \left(0\le\theta<\dfrac{\pi}{2}\right) \\ 0 & \left(\theta=\dfrac{\pi}{2}\right) \\ -|\overrightarrow{AH}| & \left(\dfrac{\pi}{2}<\theta<\pi\right) \end{cases}$

$k\le0$이면 $\overrightarrow{AP}\cdot\overrightarrow{AB}\ge k$를 만족시키는 점 P가 나타내는 도형은 선분 AB, BC, CD, DE를 모두 포함하게 된다. 이때 점 P가 나타내는 도형의 길이는 4 이상이 되어 조건을 만족시키지 않는다.

그러므로 $k>0$, 즉 $0\le\theta<\dfrac{\pi}{2}$이어야 하고, 이때

$\overrightarrow{AP}\cdot\overrightarrow{AB}=|\overrightarrow{AH}|\ge k$

를 만족시키는 점 P가 나타내는 도형의 길이가 1이어야 한다.

...... ㉠

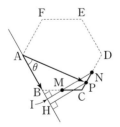

한편, 두 선분 BC, CD의 중점을 각각 M, N이라 하고, 점 N에서 직선 AB에 내린 수선의 발을 I라 하면 점 M은 선분 NI 위에 있고, $\overline{CM}+\overline{CN}=\dfrac{1}{2}+\dfrac{1}{2}=1$이므로 ㉠을 만족시키려면 점 P는 선분 CM 또는 선분 CN 위에 있어야 한다.

따라서 $k=\overline{AI}$이고

$\overline{AI}=\overline{AB}+\overline{BI}=1+\overline{BM}\cos\dfrac{\pi}{3}=1+\dfrac{1}{2}\times\dfrac{1}{2}=\dfrac{5}{4}$

이므로 $k=\dfrac{5}{4}$

답 ①

6 $\overrightarrow{PF}+4\overrightarrow{QF}=\vec{0}$에서 $\overrightarrow{PF}=-4\overrightarrow{QF}$이므로 점 F는 선분 PQ를 $4:1$로 내분하는 점이다.

즉, $\overline{PF}:\overline{FQ}=4:1$이므로

$\overline{FQ}=k$, $\overline{PF}=4k$ (k는 양의 상수)

로 놓을 수 있다.

타원 E의 장축의 길이는 12이므로 타원의 정의에 의하여

$\overline{PF'}=12-4k$, $\overline{F'Q}=12-k$

이때 $|\overline{PQ}|=|\overline{F'Q}|$에서

$4k+k=12-k$

즉, $k=2$이므로

$\overline{PF'}=4$, $\overline{PF}=8$, $\overline{FQ}=2$, $\overline{F'Q}=10$

이등변삼각형 $PF'Q$에서 $\angle QPF'=\theta$라 하고, 선분 PF'의 중점을 M이라 하면 $\angle PMQ=\dfrac{\pi}{2}$이므로

$\cos\theta=\dfrac{\overline{PM}}{\overline{PQ}}=\dfrac{\dfrac{1}{2}\times4}{10}=\dfrac{1}{5}$

따라서

$\overrightarrow{PF}\cdot\overrightarrow{PF'}=|\overrightarrow{PF}||\overrightarrow{PF'}|\cos\theta=8\times4\times\dfrac{1}{5}=\dfrac{32}{5}$

답 ③

7

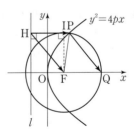

두 점 P, Q는 중심이 F이고 반지름의 길이가 7인 원 위에 있으므로 $\overline{PF}=\overline{QF}=7$ ...... ㉠

포물선의 정의에 의하여 $\overline{PF}=\overline{PH}$ ...... ㉡

㉠, ㉡에서 $\overline{QF}=\overline{PH}$이고 두 직선 QF, PH는 서로 평행하므로 사각형 $FQPH$는 평행사변형이고, 이때 $\overrightarrow{HF}=\overrightarrow{PQ}$

...... ㉢

㉢에서 $\overrightarrow{HP}\cdot\overrightarrow{PQ}=\overrightarrow{HP}\cdot\overrightarrow{HF}=42$

두 벡터 $\overrightarrow{HP}$, $\overrightarrow{HF}$가 이루는 각의 크기를 θ라 하고, 점 F에서 직선 HP에 내린 수선의 발을 I라 하면

$$\overrightarrow{HP} \cdot \overrightarrow{HF} = |\overrightarrow{HP}||\overrightarrow{HF}| \cos \theta$$
$$= |\overrightarrow{HP}||\overrightarrow{HI}| = 7|\overrightarrow{HI}| = 42$$

에서 $|\overrightarrow{HI}| = 6$

이때 원점 O에 대하여 $\overrightarrow{HI} = 2\overrightarrow{OF} = 6$,

$\overrightarrow{IP} = \overrightarrow{HP} - \overrightarrow{HI} = 7 - 6 = 1$이므로 직각삼각형 IFP에서

$$\overrightarrow{FI} = \sqrt{\overrightarrow{FP}^2 - \overrightarrow{IP}^2} = \sqrt{49 - 1} = 4\sqrt{3}$$

이고, 직각삼각형 HFI에서

$$\overrightarrow{HF} = \sqrt{\overrightarrow{FI}^2 + \overrightarrow{HI}^2} = \sqrt{48 + 36} = \sqrt{84} = 2\sqrt{21}$$

따라서 $|\overrightarrow{FP} - \overrightarrow{FQ}| = |\overrightarrow{QP}| = |\overrightarrow{FH}| = 2\sqrt{21}$

답 ①

Level 3 실력 완성 본문 68~69쪽

| **1** ① | **2** 20 | **3** ② | **4** ⑤ | **5** ① |

1 원의 중심을 원점 O로 하고 직선 UR을 x축으로 하는 좌표평면을 설정하면 네 점 A, B, Q, S의 좌표는 각각 $(-\sqrt{3}, -1)$, $(\sqrt{3}, -1)$, $(1, -\sqrt{3})$, $(1, \sqrt{3})$ 이므로

$$\overrightarrow{QA} = \overrightarrow{OA} - \overrightarrow{OQ} = (-\sqrt{3}-1, -1+\sqrt{3}),$$
$$\overrightarrow{BS} = \overrightarrow{OS} - \overrightarrow{OB} = (1-\sqrt{3}, \sqrt{3}+1)$$

따라서

$$\overrightarrow{QA} \cdot \overrightarrow{BS} = (-\sqrt{3}-1, -1+\sqrt{3}) \cdot (1-\sqrt{3}, \sqrt{3}+1)$$
$$= (-\sqrt{3}-1)(1-\sqrt{3}) + (-1+\sqrt{3})(\sqrt{3}+1)$$
$$= \{(-\sqrt{3})^2 - 1^2\} + \{(\sqrt{3})^2 - 1^2\}$$
$$= 2 + 2 = 4$$

답 ①

다른 풀이 1

$\overrightarrow{AB} \cdot \overrightarrow{QS} = 0$에서 $\overrightarrow{AB} \perp \overrightarrow{QS}$ ······ ㉠

선분 PS는 원의 지름이므로 $\overrightarrow{PQ} \perp \overrightarrow{QS}$ ······ ㉡

㉠, ㉡에서 $\overrightarrow{AB} /\!/ \overrightarrow{PQ}$

마찬가지로 $\overrightarrow{BC} /\!/ \overrightarrow{RS}$, $\overrightarrow{CA} /\!/ \overrightarrow{TU}$

정삼각형 ABC와 정육각형 PQRSTU가 이와 같은 조건을 만족시키려면 세 점 A, B, C는 각각 세 호 UP, QR, ST를 이등분하는 점이고, 세 호 QB, SC, UA의 길이가 서로 같으므로 원주각의 크기도 서로 같다. 즉,

$$\angle QAB = \angle SBC = \angle UBA = \frac{\pi}{12}$$ ······ ㉢

이므로 엇각의 성질에 의하여 두 직선 AQ, UB는 서로 평행하고, 두 벡터 $\overrightarrow{QA}$, $\overrightarrow{BS}$가 이루는 각의 크기는 두 벡터 $\overrightarrow{BU}$, $\overrightarrow{BS}$가 이루는 각의 크기와 같다.

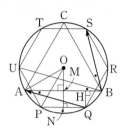

㉢에서 $\angle SBU = \angle CBA = \frac{\pi}{3}$이므로 두 벡터 $\overrightarrow{QA}$, $\overrightarrow{BS}$가 이루는 각의 크기도 $\frac{\pi}{3}$이다.

한편, 원의 중심을 O라 하고, 점 O에서 두 선분 AB, PQ에 내린 수선의 발을 각각 M, N이라 하면 두 점 M, N은 각각 두 선분 AB, PQ의 중점이다.

$\overline{OA} = \overline{OP} = 2$이고, $\angle AOM = \angle NPO = \frac{\pi}{3}$이므로 서로 합동인 두 직각삼각형 OAM, PON에서

$$\overline{AM} = \overline{ON} = \overline{OA} \sin \frac{\pi}{3} = 2 \times \frac{\sqrt{3}}{2} = \sqrt{3}$$

$$\overline{OM} = \overline{PN} = \overline{OA} \cos \frac{\pi}{3} = 2 \times \frac{1}{2} = 1$$

점 Q에서 선분 AB에 내린 수선의 발을 H라 하면

$\overline{MH} = \overline{NQ} = \overline{PN} = 1$이므로

$$\overline{AH} = \overline{AM} + \overline{MH} = \sqrt{3} + 1$$

$$\overline{QH} = \overline{NM} = \overline{ON} - \overline{OM} = \sqrt{3} - 1$$

그러므로 직각삼각형 AQH에서

$$\overline{AQ} = \sqrt{(\sqrt{3}+1)^2 + (\sqrt{3}-1)^2} = 2\sqrt{2}$$

한편, 두 삼각형 AQB, BSC는 서로 합동이므로

$$\overline{BS} = \overline{AQ} = 2\sqrt{2}$$

따라서

$$\overrightarrow{QA} \cdot \overrightarrow{BS} = |\overrightarrow{QA}||\overrightarrow{BS}| \cos \frac{\pi}{3} = 2\sqrt{2} \times 2\sqrt{2} \times \frac{1}{2} = 4$$

다른 풀이 2

원의 중심을 O라 하면 점 O는 정삼각형 ABC의 무게중심이므로 $\angle AOB = \frac{1}{3} \times 2\pi = \frac{2}{3}\pi$

정육각형 PQRSTU에서 두 삼각형 OQR, ORS는 모두 정삼각형이므로 $\angle QOR = \angle ROS = \frac{\pi}{3}$

이때 직선 OB는 $\angle QOR$의 이등분선이므로

$$\angle QOB = \angle BOR = \frac{1}{2} \times \frac{\pi}{3} = \frac{\pi}{6}$$

그러므로

$$\angle \text{BOS} = \angle \text{BOR} + \angle \text{ROS} = \frac{\pi}{6} + \frac{\pi}{3} = \frac{\pi}{2}$$

$$\angle \text{AOQ} = \angle \text{AOB} - \angle \text{QOB} = \frac{2}{3}\pi - \frac{\pi}{6} = \frac{\pi}{2}$$

$$\angle \text{AOS} = 2\pi - \left(\frac{\pi}{2} + \frac{\pi}{2} + \frac{\pi}{6}\right) = \frac{5}{6}\pi$$

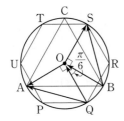

따라서

$$\overrightarrow{\text{QA}} \cdot \overrightarrow{\text{BS}} = (\overrightarrow{\text{QO}} + \overrightarrow{\text{OA}}) \cdot (\overrightarrow{\text{BO}} + \overrightarrow{\text{OS}})$$

$$= \overrightarrow{\text{QO}} \cdot \overrightarrow{\text{BO}} + \overrightarrow{\text{QO}} \cdot \overrightarrow{\text{OS}} + \overrightarrow{\text{OA}} \cdot \overrightarrow{\text{BO}} + \overrightarrow{\text{OA}} \cdot \overrightarrow{\text{OS}}$$

$$= |\overrightarrow{\text{QO}}| |\overrightarrow{\text{BO}}| \cos\frac{\pi}{6} + |\overrightarrow{\text{QO}}| |\overrightarrow{\text{OS}}| \cos\left(\pi - \frac{2}{3}\pi\right)$$

$$\quad + |\overrightarrow{\text{OA}}| |\overrightarrow{\text{BO}}| \cos\left(\pi - \frac{2}{3}\pi\right)$$

$$\quad + |\overrightarrow{\text{OA}}| |\overrightarrow{\text{OS}}| \cos\frac{5}{6}\pi$$

$$= 2 \times 2 \times \frac{\sqrt{3}}{2} + 2 \times 2 \times \frac{1}{2} + 2 \times 2 \times \frac{1}{2}$$

$$\quad + 2 \times 2 \times \left(-\frac{\sqrt{3}}{2}\right)$$

$$= 4$$

2 $m_1 < m_2$라고 가정해도 일반성을 잃지 않는다.

원 $x^2 + y^2 = 15$의 중심은 원점 O이고, 반지름의 길이는 $\sqrt{15}$이다.

이때 $\overline{\text{OA}} = \sqrt{3^2 + 4^2} = 5$이고, $5 > \sqrt{15}$이므로 점 A는 원 $x^2 + y^2 = 15$의 외부에 있다.

한편, $|\overrightarrow{\text{AP}}| = |\overrightarrow{\text{AQ}}|$이고, $\overrightarrow{\text{AP}} \cdot \overrightarrow{\text{AQ}} = 0$에서 $\overrightarrow{\text{AP}} \perp \overrightarrow{\text{AQ}}$이므로 삼각형 APQ는 $\angle \text{PAQ} = \frac{\pi}{2}$인 직각이등변삼각형이다.

이때 선분 PQ의 중점을 M이라 하면

$$|\overrightarrow{\text{AP}} + \overrightarrow{\text{AQ}}| = |2\overrightarrow{\text{AM}}| = 2|\overrightarrow{\text{AM}}|$$

그런데 주어진 조건에서 $|\overrightarrow{\text{AP}} + \overrightarrow{\text{AQ}}|$의 값은 두 개이므로 삼각형 APQ가 $\angle \text{PAQ} = \frac{\pi}{2}$인 직각이등변삼각형이 되도록 하는 두 점 P, Q의 순서쌍은 그림과 같이 (P_1, Q_1), (P_2, Q_2)의 2개가 존재한다.

선분 P_1Q_1의 중점을 M_1, 선분 P_2Q_2의 중점을 M_2라 하고, $\overline{\text{AM}_1} = a$, $\overline{\text{AM}_2} = b$라 하면 $\overline{P_1M_1} = a$, $\overline{OM_1} = 5 - a$, $\overline{P_2M_2} = b$, $\overline{OM_2} = 5 - b$

이므로 직각삼각형 OM_1P_1에서

$$(\sqrt{15})^2 = (5 - a)^2 + a^2, \quad 2a^2 - 10a + 10 = 0$$

$$a^2 - 5a + 5 = 0 \quad \cdots\cdots \text{㉠}$$

마찬가지로 직각삼각형 OM_2P_2에서

$$b^2 - 5b + 5 = 0 \quad \cdots\cdots \text{㉡}$$

㉠, ㉡에서 a, b는 이차방정식 $x^2 - 5x + 5 = 0$의 두 실근이고, $a < b$이다.

즉, $a = \frac{5 - \sqrt{5}}{2}$, $b = \frac{5 + \sqrt{5}}{2}$이므로

$$m_1 = |\overrightarrow{\text{AP}_1} + \overrightarrow{\text{AQ}_1}| = 2|\overrightarrow{\text{AM}_1}| = 2a = 5 - \sqrt{5}$$

$$m_2 = |\overrightarrow{\text{AP}_2} + \overrightarrow{\text{AQ}_2}| = 2|\overrightarrow{\text{AM}_2}| = 2b = 5 + \sqrt{5}$$

따라서 $m_1 \times m_2 = (5 - \sqrt{5})(5 + \sqrt{5}) = 25 - 5 = 20$

답 20

참고

두 점 P_1, Q_1의 위치가 서로 바뀌거나, 두 점 P_2, Q_2의 위치가 서로 바뀌는 경우도 가능하고, 이 경우에도 $m_1 \times m_2 = 20$이다.

3 선분 AB의 중점을 M이라 하면 $M(2, 1)$이고, $\overline{\text{MA}} = \overline{\text{MB}} = \sqrt{2}$이다.

한편,

$$\overrightarrow{\text{PA}} \cdot \overrightarrow{\text{PB}}$$

$$= (\overrightarrow{\text{PM}} + \overrightarrow{\text{MA}}) \cdot (\overrightarrow{\text{PM}} + \overrightarrow{\text{MB}})$$

$$= \overrightarrow{\text{PM}} \cdot \overrightarrow{\text{PM}} + \overrightarrow{\text{PM}} \cdot \overrightarrow{\text{MB}} + \overrightarrow{\text{MA}} \cdot \overrightarrow{\text{PM}} + \overrightarrow{\text{MA}} \cdot \overrightarrow{\text{MB}}$$

$$= |\overrightarrow{\text{PM}}|^2 + \overrightarrow{\text{PM}} \cdot (\overrightarrow{\text{MB}} + \overrightarrow{\text{MA}}) + \overrightarrow{\text{MA}} \cdot \overrightarrow{\text{MB}}$$

이고,

$$\overrightarrow{\text{MB}} + \overrightarrow{\text{MA}} = \vec{0}$$

$$\overrightarrow{\text{MA}} \cdot \overrightarrow{\text{MB}} = |\overrightarrow{\text{MA}}| |\overrightarrow{\text{MB}}| \cos\pi$$

$$= \sqrt{2} \times \sqrt{2} \times (-1) = -2$$

이므로

$$\overrightarrow{\text{PA}} \cdot \overrightarrow{\text{PB}} = |\overrightarrow{\text{PM}}|^2 - 2 \quad \cdots\cdots \text{㉠}$$

$\overrightarrow{PA} \cdot \overrightarrow{PB}$의 최솟값이 0이므로 ㉠에서 $|\overrightarrow{PM}|^2$의 최솟값은 2이어야 한다.

원 C의 중심을 C라 하면 $C(4, 3)$이므로

$$\overline{CM} = \sqrt{(2-4)^2 + (1-3)^2} = 2\sqrt{2}$$

원 C의 반지름의 길이는 r이므로 원 C 위의 임의의 점 P에 대하여

$$|\overline{CM} - r| \le \overline{PM} \le \overline{CM} + r$$

즉, $|2\sqrt{2} - r| \le \overline{PM} \le 2\sqrt{2} + r$ ...... ㉡

㉡에서 $|2\sqrt{2} - r| \le \overline{PM}$의 등호가 성립할 때, $|\overrightarrow{PM}|$은 최솟값을 갖고, $|\overrightarrow{PM}|^2$의 최솟값은 2이므로 $|\overrightarrow{PM}|$의 최솟값은 $\sqrt{2}$이다.

(i) 점 P가 선분 CM 위에 있을 때

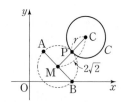

$2\sqrt{2} - r = \sqrt{2}$에서 $r = \sqrt{2}$

(ii) 점 M이 선분 CP 위에 있을 때

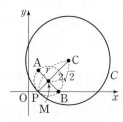

$r - 2\sqrt{2} = \sqrt{2}$에서 $r = 3\sqrt{2}$

(i), (ii)에서 $|\overrightarrow{PM}|$의 최솟값이 $\sqrt{2}$가 되도록 하는 모든 양수 r의 값의 곱은

$$\sqrt{2} \times 3\sqrt{2} = 6$$

답 ②

참고

$\overrightarrow{PA} \cdot \overrightarrow{PB}$의 최솟값이 0인 경우는 위의 그림과 같이 선분 AB를 지름으로 하는 원이 원 C와 한 점에서 만날 때이다.

4 $|\overrightarrow{OA}| = 3$, $|\overrightarrow{OB}| = 4$이므로 두 벡터 $\overrightarrow{OA}$, $\overrightarrow{OB}$가 이루는 각의 크기를 θ라 하면

$$\overrightarrow{OA} \cdot \overrightarrow{OB} = |\overrightarrow{OA}||\overrightarrow{OB}| \cos\theta = 3 \times 4 \times \cos\theta = 12\cos\theta$$

$\overrightarrow{OA} \cdot \overrightarrow{OB} = 6$이므로 $12\cos\theta = 6$에서

$$\cos\theta = \frac{1}{2}$$

점 O를 원점으로 하고 반직선 OB를 x축의 양의 방향으로 하는 좌표축을 설정하자.

$\overline{OB} = 4$이므로 점 B의 좌표는 $(4, 0)$이다.

$\overline{OA} = 3$이고 $\cos\theta = \frac{1}{2}$이므로 점 A의 좌표는 $\left(\frac{3}{2}, \frac{3\sqrt{3}}{2}\right)$이고, $\overrightarrow{OQ} = \frac{2}{3}\overrightarrow{OA}$이므로 점 Q의 좌표는 $(1, \sqrt{3})$이다.

이때 직선 AP의 방정식은 $x = \frac{3}{2}$이고 직선 BQ의 방정식은

$$y - 0 = \frac{0 - \sqrt{3}}{4 - 1}(x - 4), \text{ 즉 } y = -\frac{\sqrt{3}}{3}(x - 4)$$

이므로 두 직선 AP, BQ의 교점 R의 좌표는 $\left(\frac{3}{2}, \frac{5\sqrt{3}}{6}\right)$이다.

$\overrightarrow{OR} = m\overrightarrow{OA} + n\overrightarrow{OB}$에서

$$\left(\frac{3}{2}, \frac{5\sqrt{3}}{6}\right) = m\left(\frac{3}{2}, \frac{3\sqrt{3}}{2}\right) + n(4, 0)$$

이므로

$$\frac{3}{2} = \frac{3}{2}m + 4n \text{이고 } \frac{5\sqrt{3}}{6} = \frac{3\sqrt{3}}{2}m$$

따라서 $m = \frac{5}{9}$, $n = \frac{1}{6}$이므로

$$m + n = \frac{5}{9} + \frac{1}{6} = \frac{13}{18}$$

답 ⑤

다른 풀이

$|\overrightarrow{OA}| = 3$, $|\overrightarrow{OB}| = 4$이므로 두 벡터 $\overrightarrow{OA}$, $\overrightarrow{OB}$가 이루는 각의 크기를 θ라 하면

$$\overrightarrow{OA} \cdot \overrightarrow{OB} = |\overrightarrow{OA}||\overrightarrow{OB}| \cos\theta = 3 \times 4 \times \cos\theta = 12\cos\theta$$

$\overrightarrow{OA} \cdot \overrightarrow{OB} = 6$이므로 $12\cos\theta = 6$에서

$$\cos\theta = \frac{1}{2}$$

이때 두 직각삼각형 AOP, BQO에서

$$|\overrightarrow{OP}| = |\overrightarrow{OA}|\cos\theta = 3 \times \frac{1}{2} = \frac{3}{2}$$

$$|\overrightarrow{OQ}| = |\overrightarrow{OB}|\cos\theta = 4 \times \frac{1}{2} = 2$$

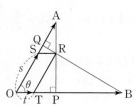

그림과 같이 점 R을 지나고 두 직선 OB, OA와 평행한 직선이 두 선분 OA, OB와 만나는 점을 각각 S, T라 하고, $\overline{OS} = s$, $\overline{OT} = t$라 하면

$$\overrightarrow{OR}=\overrightarrow{OS}+\overrightarrow{OT} \qquad \cdots\cdots \text{㉠}$$

이때

$$\overrightarrow{OS}=\frac{|\overrightarrow{OS}|}{|\overrightarrow{OA}|}\overrightarrow{OA}=\frac{s}{3}\overrightarrow{OA},$$

$$\overrightarrow{OT}=\frac{|\overrightarrow{OT}|}{|\overrightarrow{OB}|}\overrightarrow{OB}=\frac{t}{4}\overrightarrow{OB}$$

이므로 ㉠에서

$$\overrightarrow{OR}=\frac{s}{3}\overrightarrow{OA}+\frac{t}{4}\overrightarrow{OB} \qquad \cdots\cdots \text{㉡}$$

한편, $\overline{QS}=2-s$, $\overline{TP}=\frac{3}{2}-t$이고 두 직각삼각형 RQS, RTP에서

$$\cos(\angle QSR)=\cos(\angle RTP)=\cos\theta=\frac{1}{2}$$

이므로

$$\overline{SR}=2\overline{QS}=4-2s, \quad \overline{TR}=2\overline{TP}=3-2t \qquad \cdots\cdots \text{㉢}$$

이때 평행사변형 OTRS에서 $\overline{SR}=t$, $\overline{TR}=s$이므로 ㉢에서
$4-2s=t$이고 $3-2t=s$

$t=4-2s$를 $s=3-2t$에 대입하여 정리하면

$s=3-2(4-2s)=-5+4s$

$s=\frac{5}{3}$, $t=4-2\times\frac{5}{3}=\frac{2}{3}$

㉡에서 $\overrightarrow{OR}=\frac{5}{9}\overrightarrow{OA}+\frac{1}{6}\overrightarrow{OB}$

따라서 $m=\frac{5}{9}$, $n=\frac{1}{6}$이므로

$$m+n=\frac{5}{9}+\frac{1}{6}=\frac{13}{18}$$

참고

주어진 조건에서 주어진 그림은 다음과 같다.

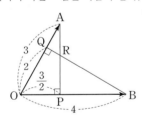

$$\overrightarrow{OA}\cdot\overrightarrow{OR}=|\overrightarrow{OA}||\overrightarrow{OQ}|=3\times2=6$$

이때 $\overrightarrow{OA}\cdot(m\overrightarrow{OA}+n\overrightarrow{OB})=m|\overrightarrow{OA}|^2+n\overrightarrow{OA}\cdot\overrightarrow{OB}$

$$=9m+6n=6 \qquad \cdots\cdots \text{㉠}$$

마찬가지로 $\overrightarrow{OB}\cdot\overrightarrow{OR}=|\overrightarrow{OB}||\overrightarrow{OP}|=4\times\frac{3}{2}=6$이므로

$\overrightarrow{OB}\cdot(m\overrightarrow{OA}+n\overrightarrow{OB})=m\overrightarrow{OB}\cdot\overrightarrow{OA}+n|\overrightarrow{OB}|^2$

$$=6m+16n=6 \qquad \cdots\cdots \text{㉡}$$

㉠, ㉡을 연립하면

$$m=\frac{5}{9}, \quad n=\frac{1}{6}$$

5 선분 BP의 중점을 P′이라 하면 $\frac{1}{2}\overrightarrow{BP}=\overrightarrow{BP'}$이므로

$\overrightarrow{AX}=\overrightarrow{AB}+\frac{1}{2}\overrightarrow{BP}+k(\overrightarrow{AD}-\overrightarrow{AB})$에서

$\overrightarrow{AX}-\overrightarrow{AB}=\overrightarrow{BP'}+k\overrightarrow{BD}$

$\overrightarrow{BX}-\overrightarrow{BP'}=k\overrightarrow{BD}$

$$\overrightarrow{P'X}=k\overrightarrow{BD} \qquad \cdots\cdots \text{㉠}$$

선분 BD의 중점을 O, 선분 BO의 중점을 O′이라 하자.

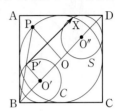

점 P가 선분 BD 위에 있지 않을 때 두 삼각형 BPO와 BP′O′은 닮음비가 2 : 1인 서로 닮은 도형이므로

$$\overrightarrow{O'P'}=\frac{1}{2}\overrightarrow{OP}=\frac{1}{2}\times2=1 \qquad \cdots\cdots \text{㉡}$$

한편, 점 P가 선분 BD 위에 있을 때도 ㉡이 성립한다.
그러므로 점 P′은 점 O′을 중심으로 하고 반지름의 길이가 1인 원 C 위의 점이다.

㉠에서 점 X는 점 P′을 지나고 직선 BD와 평행한 직선 위의 점이므로 점 X가 나타내는 도형은 원 C를 벡터 $\overrightarrow{BD}$의 방향으로 평행이동한 원 S이다.

이때 원 S 위의 모든 점이 정사각형 ABCD의 둘레 또는 그 내부에 있도록 하는 실수 k가 최대인 경우는 그림과 같이 원 S가 두 선분 AD와 CD에 동시에 접하게 될 때이다.

이때의 원 S의 중심을 O″이라 하면 실수 k의 최댓값은

$$K=\frac{|\overrightarrow{O'O''}|}{|\overrightarrow{BD}|}$$

그런데 $\overrightarrow{BO'}=\overrightarrow{O'O}=\overrightarrow{OO''}=\overrightarrow{O''D}$이므로

$\overrightarrow{O'O''}=\frac{1}{2}\overrightarrow{BD}$에서 $K=\frac{\overline{O'O''}}{\overline{BD}}=\frac{1}{2}$

이때

$\overrightarrow{AX}\cdot\overrightarrow{CX}=\overrightarrow{XA}\cdot\overrightarrow{XC}$

$=(\overrightarrow{XO}+\overrightarrow{OA})\cdot(\overrightarrow{XO}+\overrightarrow{OC})$

$=|\overrightarrow{XO}|^2+\overrightarrow{XO}\cdot(\overrightarrow{OC}+\overrightarrow{OA})+\overrightarrow{OA}\cdot\overrightarrow{OC}$

$=|\overrightarrow{XO}|^2+0-|\overrightarrow{OA}|^2$

$=|\overrightarrow{XO}|^2-(2\sqrt{2})^2$

이고,

$$|\overrightarrow{XO}|\leq\overline{OO''}+1=\sqrt{2}+1$$

(단, 등호는 점 O″이 선분 OX 위에 있을 때 성립한다.)

이므로

$$\overrightarrow{AX}\cdot\overrightarrow{CX}\leq(\sqrt{2}+1)^2-8=2\sqrt{2}-5$$

따라서 $\overrightarrow{AX} \cdot \overrightarrow{CX}$의 최댓값은 $2\sqrt{2}-5$이다.

답 ①

참고

그림과 같이 점 O를 원점으로 하고 x축이 직선 BC와 평행하도록 좌표축을 설정하자.

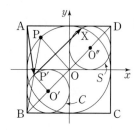

점 X의 좌표를 (a, b)라 하면 두 점 A, C의 좌표는 각각 $(-2, 2)$, $(2, -2)$이므로

$\overrightarrow{AX}=\overrightarrow{OX}-\overrightarrow{OA}=(a, b)-(-2, 2)=(a+2, b-2)$,

$\overrightarrow{CX}=\overrightarrow{OX}-\overrightarrow{OC}=(a, b)-(2, -2)=(a-2, b+2)$

이고,

$\overrightarrow{AX} \cdot \overrightarrow{CX}=(a+2, b-2) \cdot (a-2, b+2)$
$=(a^2-4)+(b^2-4)=a^2+b^2-8$

한편, 점 O''의 좌표는 $(1, 1)$이므로 점 $X(a, b)$는

원 $S: (x-1)^2+(y-1)^2=1$ 위에 있고,

$\sqrt{a^2+b^2}=\overline{OX} \leq \overline{OO''}+1=\sqrt{2}+1$

(단, 등호는 점 O''이 선분 OX 위에 있을 때 성립한다.)

따라서 a^2+b^2의 최댓값이 $(\sqrt{2}+1)^2=3+2\sqrt{2}$이므로

$\overrightarrow{AX} \cdot \overrightarrow{CX}$의 최댓값은

$(\sqrt{2}+1)^2-8=2\sqrt{2}-5$

06 공간도형

유제

본문 73~81쪽

1 ②   **2** 6   **3** ⑤   **4** ⑤   **5** ④

6 ②

1 직선 AB와 평행한 직선은 직선 DE, 직선 GH, 직선 JK이므로 $a=3$

직선 AB와 꼬인 위치에 있는 직선은 직선 CI, 직선 DJ, 직선 EK, 직선 FL, 직선 HI, 직선 IJ, 직선 KL, 직선 LG이므로 $b=8$

따라서 $2a+b=2 \times 3+8=14$

답 ②

참고

6개의 점 A, B, C, D, E, F는 모두 한 평면 위에 있으므로 직선 AB와 평행하지 않고 평면 ABCDEF 위에 있는 직선 BC, 직선 CD, 직선 EF, 직선 FA는 모두 직선 AB와 한 점에서 만난다. 또 4개의 점 A, B, H, G는 모두 한 평면 위에 있으므로 직선 AB와 평행하지 않고 평면 ABHG 위에 있는 직선 AG, 직선 BH는 모두 직선 AB와 한 점에서 만난다. 따라서 정육각기둥 ABCDEF-GHIJKL의 모든 모서리를 연장한 직선 중에서 직선 AB와 한 점에서 만나는 직선의 개수는 6이다.

이때 직선 AB와 평행한 직선의 개수는 3이고, 정육각기둥 ABCDEF-GHIJKL의 모든 모서리를 연장한 직선의 개수는 18이므로 직선 AB와 꼬인 위치에 있는 직선의 개수는 $18-1-6-3=8$

2 정사각뿔 E-ABCD의 모든 모서리의 길이가 같고 사면체 F-ABE가 정사면체이므로

$\overline{EF}=\overline{AD}$, $\overline{AF}=\overline{DE}$

이때 $\overline{AD} \not\!/\!/ \overline{EF}$이므로 사각형 ADEF는 평행사변형이다. 마찬가지로 사각형 FBCE도 평행사변형이다. 즉, 직선 EF와 평행한 직선은

직선 AD, 직선 BC이므로 $a=2$

또 직선 AF와 꼬인 위치에 있는 직선은 직선 BE, 직선 BC, 직선 CD, 직선 CE이므로 $b=4$

따라서 $a+b=2+4=6$

답 6

참고

직선 AB, 직선 AD, 직선 AE, 직선 BF, 직선 EF는 직선 AF와 한 점에서 만나고, 직선 DE는 직선 AF와 평행하다.

3 세 옆면이 모두 정사각형이므로
$\overline{AD}\perp\overline{DF}$, $\overline{AD}\perp\overline{DE}$
따라서 직선 AD는 평면 DEF와 수직이다.

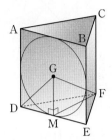

이때 선분 DE의 중점을 M이라 하면 직선 GM은 직선 AD와 평행하므로 직선 GM은 평면 DEF와 수직이다. 즉, 점 G에서 평면 DEF에 내린 수선의 발은 점 M과 일치한다.
$\overline{AB}=2a$ $(a>0)$이라 하면
$$\overline{GM}=\frac{1}{2}\overline{AB}=a, \quad \overline{FM}=\frac{\sqrt{3}}{2}\overline{AB}=\sqrt{3}a$$
이므로 직각삼각형 GMF에서
$$\overline{GF}=\sqrt{\overline{GM}^2+\overline{FM}^2}=2a$$
직선 GF와 평면 DEF가 이루는 각의 크기 α는
$\alpha=\angle GFM$이므로
$$\sin\alpha=\sin(\angle GFM)=\frac{\overline{GM}}{\overline{GF}}=\frac{a}{2a}=\frac{1}{2}$$
한편, 사각형 ADFC가 정사각형이므로 두 직선 AC, DF는 평행하고 두 직선 AC, GF가 이루는 각의 크기 β는 두 직선 DF, GF가 이루는 각의 크기와 같으므로 $\beta=\angle GFD$이고
$$\overline{DG}=\frac{1}{2}\overline{BD}=\frac{1}{2}\times\sqrt{2}\times\overline{AB}=\sqrt{2}a$$
삼각형 GDF에서 코사인법칙에 의하여
$$\cos\beta=\cos(\angle GFD)$$
$$=\frac{\overline{GF}^2+\overline{DF}^2-\overline{DG}^2}{2\times\overline{GF}\times\overline{DF}}=\frac{(2a)^2+(2a)^2-(\sqrt{2}a)^2}{2\times2a\times2a}$$
$$=\frac{6a^2}{8a^2}=\frac{3}{4}$$
따라서 $\sin\alpha+\cos\beta=\frac{1}{2}+\frac{3}{4}=\frac{5}{4}$

답 ⑤

4 직각삼각형 ABC에서 $\overline{AC}=\sqrt{\overline{AB}^2+\overline{BC}^2}=5$이고 삼각형 ABC의 넓이는
$$\frac{1}{2}\times\overline{AB}\times\overline{BC}=\frac{1}{2}\times3\times4=6$$
이때 삼각형 ABC의 내접원의 반지름의 길이를 r이라 하면 삼각형 ABC의 넓이는 세 삼각형 ABI, BCI, CAI의 넓이의 합과 같으므로
$$6=\frac{r}{2}(3+4+5)=6r, \quad r=1$$
삼각형 ABC의 내접원이 세 선분 AB, BC, CA와 만나는 점을 각각 D, E, F라 하면 내접원의 성질에 의하여
$$\overline{ID}\perp\overline{AB}, \quad \overline{IE}\perp\overline{BC}, \quad \overline{IF}\perp\overline{CA}$$
이고, $\overline{ID}=\overline{IE}=\overline{IF}=1$이다.

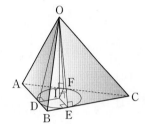

이때 $\overline{OI}\perp$(평면 ABC)이므로 삼수선의 정리에 의하여
$$\overline{OD}\perp\overline{AB}, \quad \overline{OE}\perp\overline{BC}, \quad \overline{OF}\perp\overline{CA}$$
이고 세 직각삼각형 ODI, OEI, OFI가 합동이므로
$$\overline{OD}=\overline{OE}=\overline{OF}$$
이고 세 삼각형 OAB, OBC, OCA의 넓이를 각각 S_1, S_2, S_3이라 하면
$$S_1:S_2:S_3=\overline{AB}:\overline{BC}:\overline{CA}=3:4:5$$
세 삼각형 OAB, OBC, OCA의 넓이를 각각 $3a$, $4a$, $5a$ $(a>0)$이라 하면 사면체 O—ABC의 겉넓이가 30이므로
$$6+3a+4a+5a=30$$
$$12a=24, \quad a=2$$
즉, 삼각형 OAB의 넓이는 6이고 $\overline{AB}=3$이므로
$$\frac{1}{2}\times\overline{AB}\times\overline{OD}=6에서 \frac{1}{2}\times3\times\overline{OD}=6, \quad \overline{OD}=4$$
따라서 직각삼각형 ODI에서
$$\overline{OI}=\sqrt{\overline{OD}^2-\overline{DI}^2}=\sqrt{4^2-1^2}=\sqrt{15}$$

답 ⑤

5 정육면체의 한 모서리의 길이를 $6a$ $(a>0)$이라 하자. 점 M에서 평면 DHGC에 내린 수선의 발을 I라 하면 점 I는 선분 DH의 중점이고 $\overline{MI}=6a$

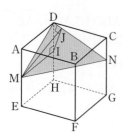

점 I에서 직선 DN에 내린 수선의 발을 J라 하면 삼수선의 정리에 의하여 $\overline{MJ} \perp \overline{DN}$이므로 $\alpha = \angle MJI$

$\cos \alpha = \dfrac{3}{7}$이므로

$\sin \alpha = \sqrt{1 - \cos^2 \alpha} = \sqrt{1 - \left(\dfrac{3}{7}\right)^2} = \dfrac{2\sqrt{10}}{7}$

에서 $\tan \alpha = \dfrac{\sin \alpha}{\cos \alpha} = \dfrac{2\sqrt{10}}{3}$

이때 $\tan \alpha = \dfrac{\overline{MI}}{\overline{IJ}}$이므로 $\overline{IJ} = \dfrac{3}{2\sqrt{10}} \times 6a = \dfrac{9}{\sqrt{10}}a$

직각삼각형 DIJ에서

$\overline{DJ} = \sqrt{\overline{DI}^2 - \overline{IJ}^2} = \sqrt{(3a)^2 - \left(\dfrac{9}{\sqrt{10}}a\right)^2} = \dfrac{3}{\sqrt{10}}a$

두 삼각형 DIJ, NDC는 서로 닮은 도형이므로

$\overline{IJ} : \overline{DJ} = \overline{DC} : \overline{NC}$

$\overline{NC} = \dfrac{\overline{DJ} \times \overline{DC}}{\overline{IJ}} = \dfrac{\dfrac{3}{\sqrt{10}}a \times 6a}{\dfrac{9}{\sqrt{10}}a} = 2a$

한편, 선분 BF의 중점을 P라 하면 평면 DMC는 점 P를 지난다.

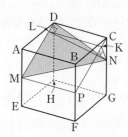

점 N에서 직선 CP에 내린 수선의 발을 K, 점 N에서 직선 DM에 내린 수선의 발을 L이라 하면 삼수선의 정리에 의하여 $\overline{KL} \perp \overline{DM}$이고 $\beta = \angle KLN$

두 삼각형 BPC, KCN은 서로 닮은 도형이므로

$\overline{PC} : \overline{BC} = \overline{CN} : \overline{KN}$

이때 $\overline{PC} = \sqrt{\overline{BC}^2 + \overline{BP}^2} = 3\sqrt{5}a$이므로

$\overline{KN} = \dfrac{\overline{BC} \times \overline{CN}}{\overline{PC}} = \dfrac{6a \times 2a}{3\sqrt{5}a} = \dfrac{4}{\sqrt{5}}a$

$\overline{KL} = 6a$이므로

$\tan \beta = \dfrac{\overline{KN}}{\overline{KL}} = \dfrac{\dfrac{4}{\sqrt{5}}a}{6a} = \dfrac{2\sqrt{5}}{15}$

답 ④

6

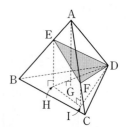

정사면체 ABCD의 한 모서리의 길이를 $3a$ $(a > 0)$이라 하자.

$\overline{AD} = 3a$, $\overline{AE} = a$, $\angle DAE = \dfrac{\pi}{3}$이므로 삼각형 ADE에서 코사인법칙에 의하여

$\overline{DE}^2 = \overline{AD}^2 + \overline{AE}^2 - 2 \times \overline{AD} \times \overline{AE} \times \cos(\angle DAE)$

$\qquad = (3a)^2 + a^2 - 2 \times 3a \times a \times \dfrac{1}{2} = 7a^2$

$\overline{DE} = \sqrt{7}a$

마찬가지로 $\overline{DF} = \sqrt{7}a$

한편, $\overline{AE} = a$, $\overline{AF} = 2a$, $\angle EAF = \dfrac{\pi}{3}$이므로

$\angle AEF = \dfrac{\pi}{2}$이고 $\overline{EF} = \sqrt{3}a$

$\overline{DE} = \overline{DF}$이므로 선분 EF의 중점을 M이라 하면 $\overline{DM} \perp \overline{EF}$

이때 $\overline{EM} = \dfrac{\sqrt{3}}{2}a$이므로 직각삼각형 DEM에서

$\overline{DM} = \sqrt{\overline{DE}^2 - \overline{EM}^2} = \sqrt{(\sqrt{7}a)^2 - \left(\dfrac{\sqrt{3}}{2}a\right)^2} = \dfrac{5}{2}a$

삼각형 DEF의 넓이를 S_1이라 하면

$S_1 = \dfrac{1}{2} \times \overline{EF} \times \overline{DM} = \dfrac{1}{2} \times \sqrt{3}a \times \dfrac{5}{2}a = \dfrac{5\sqrt{3}}{4}a^2$

한편, 점 A에서 평면 BCD에 내린 수선의 발은 삼각형 BCD의 무게중심 G와 일치한다. 점 E에서 평면 BCD에 내린 수선의 발을 H라 하면 두 삼각형 ABG, EBH가 서로 닮은 도형이므로

$\overline{BH} : \overline{BG} = \overline{BE} : \overline{BA} = 2 : 3$

점 F에서 평면 BCD에 내린 수선의 발을 I라 하면 두 삼각형 ACG, FCI가 서로 닮은 도형이므로

$\overline{CI} : \overline{CG} = \overline{CF} : \overline{CA} = 1 : 3$

따라서 삼각형 HID의 넓이는 세 삼각형 GDH, GHI, GID의 넓이의 합과 같고 세 삼각형 GDH, GHI, GID의 넓이는 각각 삼각형 GBC의 넓이의

$\dfrac{1}{3}$배, $\dfrac{1}{3}\times\dfrac{2}{3}$배, $\dfrac{2}{3}$배

이다. 이때 삼각형 GBC의 넓이는

$\dfrac{1}{3}\times\dfrac{\sqrt3}{4}\times(3a)^2=\dfrac{3\sqrt3}{4}a^2$

이므로 삼각형 HID의 넓이를 S_2라 하면

$S_2=\left(\dfrac{1}{3}+\dfrac{1}{3}\times\dfrac{2}{3}+\dfrac{2}{3}\right)\times\dfrac{3\sqrt3}{4}a^2$

$=\dfrac{11}{9}\times\dfrac{3\sqrt3}{4}a^2=\dfrac{11\sqrt3}{12}a^2$

따라서 평면 DEF가 평면 BCD와 이루는 예각의 크기 θ에 대하여

$\cos\theta=\dfrac{S_2}{S_1}=\dfrac{\dfrac{11\sqrt3}{12}a^2}{\dfrac{5\sqrt3}{4}a^2}=\dfrac{11}{15}$

답 ②

Level
① 기초 연습 본문 82~83쪽

| 1 ③ | 2 ③ | 3 ④ | 4 ③ | 5 19 |
| 6 ① | 7 ③ | 8 26 | | |

1 두 정사각뿔 O_1-ABCD, O_2-CDEF로 이루어진 입체도형의 모든 모서리를 연장한 직선 중에서 직선 AB와 꼬인 위치에 있는 직선은 직선 O_1C, 직선 O_1D, 직선 O_2C, 직선 O_2D, 직선 O_2E, 직선 O_2F이므로 $a=6$

8개의 점 A, B, C, D, E, F, O_1, O_2 중 서로 다른 세 점을 지나는 평면 중에서 직선 AB와 평행한 평면은 직선 AB와 평행한 직선을 포함하므로 직선 CD 또는 직선 EF를 포함해야 한다.

직선 CD를 포함하고 직선 AB와 평행한 평면은 평면 O_1CD, 평면 O_2CD이고, 직선 EF를 포함하고 직선 AB와 평행한 평면은 평면 O_1EF, 평면 O_2EF이므로 $b=4$

따라서 $a+b=6+4=10$

답 ③

참고

이 입체도형의 모든 모서리를 연장한 서로 다른 직선의 개수는 13이다.

이때 직선 O_1A, 직선 AE, 직선 O_1B, 직선 BF는 직선 AB와 한 점에서 만나고, 직선 CD, 직선 EF는 직선 AB와 평행하므로 직선 AB와 꼬인 위치에 있는 직선의 개수는 $13-1-4-2=6$

2 그림과 같이 정육면체 ABCD-EFGH와 크기가 같은 정육면체 DCB′A′-HGF′E′을 면 DHGC를 공유하도록 붙이고 선분 CB′의 중점을 N′이라 하면 두 직선 EN, HN′은 서로 평행하다.

따라서 $\angle$MHN′$=\theta$ 또는 $\angle$MHN′$=\pi-\theta$

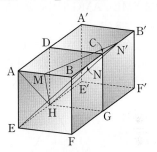

정육면체 ABCD-EFGH의 한 모서리의 길이를 $2a\ (a>0)$이라 하면

$\overline{AH}=\sqrt2\,\overline{AE}=2\sqrt2a$, $\overline{AM}=\dfrac{1}{2}\overline{AB}=a$

이므로 직각삼각형 AHM에서

$\overline{HM}=\sqrt{\overline{AH}^2+\overline{AM}^2}=\sqrt{(2\sqrt2a)^2+a^2}=3a$

두 삼각형 AHM, BEN은 서로 합동이므로

$\overline{EN}=\overline{HM}=3a$

이때 사각형 NEHN′이 평행사변형이므로

$\overline{HN'}=\overline{EN}=3a$

또 $\overline{BM}=\dfrac{1}{2}\overline{AB}=a$, $\overline{BN'}=\overline{BC}+\dfrac{1}{2}\overline{CB'}=3a$이므로

직각삼각형 MBN′에서

$\overline{MN'}=\sqrt{\overline{BM}^2+\overline{BN'}^2}=\sqrt{a^2+(3a)^2}=\sqrt{10}a$

따라서 삼각형 MHN′에서 코사인법칙에 의하여

$\cos\theta=|\cos(\angle MHN')|$

$=\dfrac{\overline{HM}^2+\overline{HN'}^2-\overline{MN'}^2}{2\times\overline{HM}\times\overline{HN'}}$

$=\dfrac{(3a)^2+(3a)^2-(\sqrt{10}a)^2}{2\times3a\times3a}=\dfrac{4}{9}$

답 ③

3 정사면체 ABCD의 꼭짓점 A에서 평면 BCD에 내린 수선의 발은 삼각형 BCD의 무게중심과 일치한다.

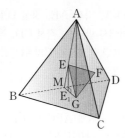

점 E에서 평면 BCD에 내린 수선의 발을 E_1이라 하자. 선분 BD의 중점을 M이라 하면 점 E는 삼각형 ABD의 무게중심이므로 $\overline{AM} : \overline{EM} = 3 : 1$

두 삼각형 EME_1, AMG가 서로 닮은 도형이므로 $\overline{MG} : \overline{ME_1} = 3 : 1$

즉, 점 E_1은 삼각형 GBD의 무게중심과 일치한다.

마찬가지로 점 F에서 평면 BCD에 내린 수선의 발을 F_1이라 하면 점 F_1은 삼각형 GCD의 무게중심과 일치한다.

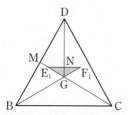

$\angle GBM = \dfrac{\pi}{6}$, $\overline{BM} = 3$이므로

$$\overline{MG} = \overline{BM} \tan(\angle GBM) = 3 \tan \frac{\pi}{6} = 3 \times \frac{\sqrt{3}}{3} = \sqrt{3}$$

$$\overline{E_1G} = \frac{2}{3}\overline{MG} = \frac{2}{3} \times \sqrt{3} = \frac{2\sqrt{3}}{3}$$

$$\overline{F_1G} = \overline{E_1G} = \frac{2\sqrt{3}}{3}$$

두 선분 E_1F_1, DG의 교점을 N이라 하자.

$\angle E_1GN = \angle F_1GN = \dfrac{\pi}{3}$이므로 $\angle E_1GF_1 = \dfrac{2}{3}\pi$

삼각형 EFG의 평면 BCD 위로의 정사영은 삼각형 E_1F_1G이므로 넓이는

$$\frac{1}{2} \times \overline{E_1G} \times \overline{F_1G} \times \sin\frac{2}{3}\pi = \frac{1}{2} \times \frac{2\sqrt{3}}{3} \times \frac{2\sqrt{3}}{3} \times \frac{\sqrt{3}}{2}$$
$$= \frac{\sqrt{3}}{3}$$

目 ④

4 정육면체의 한 모서리의 길이를 $4a$ $(a>0)$이라 하자.
$\overline{AH} = \overline{AF} = \overline{HF} = 4\sqrt{2}a$이므로 삼각형 AHF는 정삼각형이고, 선분 HF의 중점을 I라 하면 $\overline{AI} \perp \overline{HF}$이고

$$\overline{AI} = \frac{\sqrt{3}}{2}\overline{AH} = 2\sqrt{6}a$$

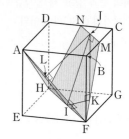

$\overline{CM} = \overline{CN}$이므로 선분 MN의 중점을 J라 하면 $\overline{CJ} \perp \overline{MN}$

이고 $\overline{CJ} = \dfrac{1}{\sqrt{2}}\overline{CM} = \dfrac{1}{\sqrt{2}} \times \dfrac{1}{2} \times 4a = \sqrt{2}a$

또 $\overline{AM} = \overline{AN}$이므로 $\overline{AJ} \perp \overline{MN}$

즉, 점 J는 두 선분 AC, MN의 교점이고

$\overline{AJ} = \overline{AC} - \overline{CJ} = 4\sqrt{2}a - \sqrt{2}a = 3\sqrt{2}a$

한편, 점 J에서 평면 EFGH에 내린 수선의 발을 K라 하면 $\overline{JK} = 4a$이고 점 K는 선분 EG 위의 점이며

$$\overline{IK} = \overline{IG} - \overline{KG} = \frac{1}{2}\overline{EG} - \overline{CJ}$$

$$= \frac{1}{2} \times 4\sqrt{2}a - \sqrt{2}a = \sqrt{2}a$$

직각삼각형 JIK에서

$$\overline{IJ} = \sqrt{\overline{JK}^2 + \overline{IK}^2} = \sqrt{(4a)^2 + (\sqrt{2}a)^2} = 3\sqrt{2}a$$

또 $\overline{KI} \perp \overline{HF}$이므로 삼수선의 정리에 의하여 $\overline{IJ} \perp \overline{HF}$

따라서 평면 AHF와 평면 MNHF가 이루는 예각의 크기 θ는 $\theta = \angle AIJ$

한편, $\overline{AJ} = \overline{IJ}$에서 삼각형 AIJ는 이등변삼각형이고 선분 AI의 중점을 L이라 하면 $\overline{AI} \perp \overline{JL}$

따라서

$$\cos\theta = \cos(\angle JIL) = \frac{\overline{IL}}{\overline{IJ}} = \frac{\frac{1}{2}\overline{AI}}{\overline{IJ}}$$

$$= \frac{\frac{1}{2} \times 2\sqrt{6}a}{3\sqrt{2}a} = \frac{\sqrt{3}}{3}$$

目 ③

5 점 P와 직선 EG 사이의 거리가 $\sqrt{11}$이므로 점 P에서 직선 EG에 내린 수선의 발을 I라 하면 $\overline{PI} = \sqrt{11}$

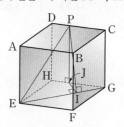

점 P에서 평면 EFGH에 내린 수선의 발을 J라 하면 점 J는 선분 GH 위의 점이고, 삼수선의 정리에 의하여 $\overline{IJ} \perp \overline{EG}$

직각삼각형 PJI에서

$$\overline{IJ} = \sqrt{\overline{PI}^2 - \overline{PJ}^2} = \sqrt{(\sqrt{11})^2 - 3^2} = \sqrt{2}$$

$\angle IGJ = \dfrac{\pi}{4}$이므로

$$\overline{GJ} = \frac{\overline{IJ}}{\sin \dfrac{\pi}{4}} = \frac{\sqrt{2}}{\dfrac{\sqrt{2}}{2}} = 2$$

$$\overline{HJ} = \overline{GH} - \overline{GJ} = 3 - 2 = 1$$

직각삼각형 EJH에서

$$\overline{EJ} = \sqrt{\overline{EH}^2 + \overline{HJ}^2} = \sqrt{3^2 + 1^2} = \sqrt{10}$$

직선 PE와 평면 EFGH가 이루는 예각의 크기 θ는 $\theta = \angle PEJ$이므로

$$\tan^2 \theta = \left(\frac{\overline{PJ}}{\overline{EJ}} \right)^2 = \left(\frac{3}{\sqrt{10}} \right)^2 = \frac{9}{10}$$

따라서 $p = 10$, $q = 9$이므로

$$p + q = 10 + 9 = 19$$

답 19

---

6 꼭짓점 O에서 평면 ABCD에 내린 수선의 발을 H라 하면 점 H는 사각형 ABCD의 두 대각선 AC, BD의 교점이다.

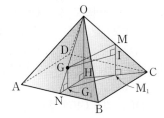

선분 AB의 중점을 N, 두 점 G, M에서 평면 ABCD에 내린 수선의 발을 각각 G_1, M_1이라 하자.

점 G가 삼각형 OAB의 무게중심이므로

$$\overline{ON} : \overline{GN} = 3 : 1$$

두 삼각형 ONH, GNG_1이 서로 닮은 도형이므로

$$\overline{HN} : \overline{G_1N} = 3 : 1$$

$$\overline{HG_1} = \frac{2}{3}\overline{HN} = \frac{2}{3} \times \frac{1}{2}\overline{BC} = \frac{2}{3} \times \frac{1}{2} \times 6 = 2$$

또 $\overline{OC} : \overline{MC} = 2 : 1$이고 두 삼각형 OHC, MM_1C가 서로 닮은 도형이므로 $\overline{HC} : \overline{M_1C} = 2 : 1$

$$\overline{HM_1} = \frac{1}{2}\overline{HC} = \frac{1}{2} \times \frac{1}{2}\overline{AC} = \frac{1}{2} \times \frac{1}{2} \times \sqrt{2}\,\overline{AB}$$
$$= \frac{1}{2} \times \frac{1}{2} \times \sqrt{2} \times 6 = \frac{3\sqrt{2}}{2}$$

$\angle G_1HM_1 = \dfrac{3}{4}\pi$이므로 삼각형 HG_1M_1에서 코사인법칙에 의하여

$$\overline{G_1M_1}^2 = \overline{HG_1}^2 + \overline{HM_1}^2 - 2 \times \overline{HG_1} \times \overline{HM_1} \times \cos(\angle G_1HM_1)$$
$$= 2^2 + \left(\frac{3\sqrt{2}}{2} \right)^2 - 2 \times 2 \times \frac{3\sqrt{2}}{2} \times \cos \frac{3}{4}\pi$$
$$= \frac{29}{2}$$

$$\overline{G_1M_1} = \frac{\sqrt{58}}{2}$$

한편, $\overline{OH} = \sqrt{\overline{OC}^2 - \overline{HC}^2} = \sqrt{6^2 - (3\sqrt{2})^2} = 3\sqrt{2}$이므로

$$\overline{GG_1} = \frac{1}{3}\overline{OH} = \sqrt{2}, \quad \overline{MM_1} = \frac{1}{2}\overline{OH} = \frac{3\sqrt{2}}{2}$$

점 G에서 직선 MM_1에 내린 수선의 발을 I라 하면 사각형 GG_1M_1I가 직사각형이므로

$$\overline{IM_1} = \overline{GG_1}$$
$$\overline{MI} = \overline{MM_1} - \overline{IM_1} = \overline{MM_1} - \overline{GG_1}$$
$$= \frac{3\sqrt{2}}{2} - \sqrt{2} = \frac{\sqrt{2}}{2}$$

직선 GM과 평면 ABCD가 이루는 예각의 크기 θ는 $\angle MGI$와 같으므로

$$\tan \theta = \tan(\angle MGI) = \frac{\overline{MI}}{\overline{GI}} = \frac{\overline{MI}}{\overline{G_1M_1}}$$
$$= \frac{\dfrac{\sqrt{2}}{2}}{\dfrac{\sqrt{58}}{2}} = \frac{\sqrt{29}}{29}$$

답 ①

---

7 조건 (나)에서 세 점 A, B, C는 한 직선 위의 점이 아니다.

조건 (가)에서 두 평면 OAB, OAC가 모두 평면 α에 수직이므로 $\overline{OA} \perp \alpha$ ······ ㉠

조건 (나)에서 $\overline{AB} = \overline{AC} = \sqrt{6}$, $\overline{BC} = 4$이므로 선분 BC의 중점을 M이라 하면 $\overline{BM} = \dfrac{1}{2}\overline{BC} = 2$이고

$$\angle BMA = \frac{\pi}{2} \quad \cdots\cdots ㉡$$

이므로 직각삼각형 ABM에서

$$\overline{AM} = \sqrt{\overline{AB}^2 - \overline{BM}^2} = \sqrt{(\sqrt{6})^2 - 2^2} = \sqrt{2}$$

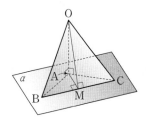

또 ㉠, ㉡에서 삼수선의 정리에 의하여 $\overline{OM}\perp\overline{BC}$이고 삼각형 OBC의 넓이가 $4\sqrt{3}$이므로

$$4\sqrt{3}=\frac{1}{2}\times\overline{BC}\times\overline{OM}=\frac{1}{2}\times 4\times\overline{OM}=2\overline{OM}$$

$$\overline{OM}=2\sqrt{3}$$

점 O와 평면 α 사이의 거리는 선분 OA의 길이와 같고, 직각삼각형 OAM에서

$$\overline{OA}=\sqrt{\overline{OM}^2-\overline{AM}^2}=\sqrt{(2\sqrt{3})^2-(\sqrt{2})^2}=\sqrt{10}$$

답 ③

8 직선 FG가 평면 AEFB에 수직이므로 평면 AFG는 평면 AEFB에 수직이다. 따라서 점 E에서 평면 AFG에 내린 수선의 발을 I라 하면 점 I는 두 평면 AFG, AEFB의 교선인 직선 AF 위에 있다.

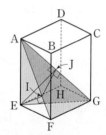

$\overline{AE}=5$, $\overline{EF}=3$이므로 직각삼각형 AEF에서

$$\overline{AF}=\sqrt{\overline{AE}^2+\overline{EF}^2}=\sqrt{5^2+3^2}=\sqrt{34}$$

$\overline{AE}\times\overline{EF}=\overline{AF}\times\overline{EI}$에서 $\overline{EI}=\dfrac{\overline{AE}\times\overline{EF}}{\overline{AF}}=\dfrac{15}{\sqrt{34}}$

또 $\overline{FG}=4$이므로 직각삼각형 EFG에서

$$\overline{EG}=\sqrt{\overline{EF}^2+\overline{FG}^2}=\sqrt{3^2+4^2}=5$$

$\overline{AE}=\overline{EG}$이므로 직각이등변삼각형 AEG에서

$$\overline{AG}=\sqrt{2}\,\overline{AE}=5\sqrt{2}$$

점 E에서 직선 AG에 내린 수선의 발을 J라 하면

$$\overline{EJ}=\frac{1}{\sqrt{2}}\overline{AE}=\frac{5}{\sqrt{2}}$$

삼수선의 정리에 의하여 $\overline{IJ}\perp\overline{AG}$이므로 두 평면 AFG, AEG가 이루는 예각의 크기 θ는 $\theta=\angle EJI$
따라서

$$\sin^2\theta=\left(\frac{\overline{EI}}{\overline{EJ}}\right)^2=\frac{\left(\dfrac{15}{\sqrt{34}}\right)^2}{\left(\dfrac{5}{\sqrt{2}}\right)^2}=\frac{\dfrac{3^2\times 5^2}{34}}{\dfrac{5^2}{2}}=\frac{9}{17}$$

즉, $p=17$, $q=9$이므로
$p+q=17+9=26$

답 26

Level 2 기본 연습

본문 84~85쪽

1 ②	**2** ②	**3** ⑤	**4** ④	**5** ②
6 ①	**7** ③	**8** ⑤		

1 정육면체 ABCD−EFGH의 모든 모서리의 길이가 같으므로 $\overline{DA}=\overline{DH}=\overline{DC}$
또 $\overline{AF}=\overline{HF}=\overline{CF}$이고 선분 DF가 공통이므로 세 삼각형 DAF, DHF, DCF는 모두 합동이다.
따라서 세 점 A, H, C에서 선분 DF에 내린 수선의 발은 모두 일치하고, 이 점을 I라 하면
$$\overline{DF}\perp\overline{AI},\ \overline{DF}\perp\overline{HI},\ \overline{DF}\perp\overline{CI}$$
이므로 직선 DF는 평면 ACH에 수직이다. 마찬가지로 직선 DF는 평면 BEG에 수직이다.

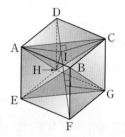

따라서 평면 AHC 또는 평면 BEG에 포함되는 직선과 직선 DF는 서로 수직이므로 정육면체 ABCD−EFGH의 서로 다른 두 꼭짓점을 지나는 직선 중에서 직선 DF에 수직인 직선은
직선 AC, 직선 AH, 직선 CH, 직선 BE, 직선 BG, 직선 EG이므로 $a=6$
한편, 직선 DE는 직선 CF와 평행하므로 직선 DE를 포함하는 평면 중 두 점 C, F를 지나지 않는 평면은 직선 CF와 평행하다.

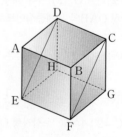

즉, 정육면체 ABCD−EFGH의 서로 다른 세 꼭짓점을 지나는 평면 중에서 직선 CF와 평행한 평면은
평면 AEHD, 평면 DEB, 평면 DEG이므로 $b=3$

따라서 $a+b=6+3=9$

답 ②

2 $\overline{OA}=\overline{OB}=\overline{OC}=\overline{OD}$이므로 점 O에서 평면 ABCD에 내린 수선의 발을 H라 하면 점 H는 밑면의 두 대각선 AC, BD의 교점과 같다.

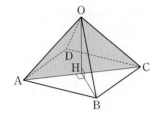

이때 정사각형 ABCD의 두 대각선 AC, BD는 서로 수직으로 만나므로 $\overline{AH}\perp\overline{BH}$이고 $\overline{OH}\perp\overline{BH}$이므로 점 B에서 평면 OAC에 내린 수선의 발은 점 H와 일치하고, 삼각형 OAB의 평면 OAC 위로의 정사영은 삼각형 OAH와 같다.

삼각형 OAB의 넓이를 S_1이라 하면

$$S_1=\frac{\sqrt{3}}{4}\times\overline{OA}^2=\frac{\sqrt{3}}{4}\times 6^2=9\sqrt{3}$$

한편, $\overline{AC}=\sqrt{2}\overline{AB}=6\sqrt{2}$이고 $\overline{OA}=\overline{OC}=6$이므로

$\angle AOC=\dfrac{\pi}{2}$이고

$$\overline{OH}=\overline{AH}=\frac{1}{2}\overline{AC}=\frac{\sqrt{2}}{2}\overline{AB}=\frac{\sqrt{2}}{2}\times 6=3\sqrt{2}$$

삼각형 OAH의 넓이를 S_2라 하면

$$S_2=\frac{1}{2}\times\overline{AH}\times\overline{OH}=\frac{1}{2}\times 3\sqrt{2}\times 3\sqrt{2}=9$$

평면 OAB와 평면 OAC가 이루는 예각의 크기를 θ라 하면

$$\cos\theta=\frac{S_2}{S_1}=\frac{9}{9\sqrt{3}}=\frac{\sqrt{3}}{3}$$

삼각형 OAC의 넓이를 S라 하면

$$S=2S_2=2\times 9=18$$

삼각형 OAC의 평면 OAB 위로의 정사영의 넓이를 S'이라 하면

$$S'=S\times\cos\theta=18\times\frac{\sqrt{3}}{3}=6\sqrt{3}$$

답 ②

3 조건 (가)에서 두 삼각형 OAB, OBC가 모두 정삼각형이고 변 OB는 공통이므로 $\overline{AB}=\overline{BC}$

조건 (나)에서 $\angle ABC=\dfrac{\pi}{2}$이므로 삼각형 ABC는 직각이등변삼각형이다.

또 $\overline{OA}=\overline{BA}$이고 $\overline{OC}=\overline{BC}$이므로 두 삼각형 AOC, ABC는 서로 합동이다. 즉, 삼각형 AOC는 $\angle AOC=\dfrac{\pi}{2}$인 직각이등변삼각형이다.

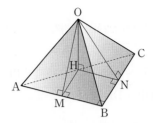

두 선분 AB, BC의 중점을 각각 M, N이라 하고 점 O에서 평면 ABC에 내린 수선의 발을 H라 하자.
$\overline{AB}\perp\overline{OM}$, $\overline{BC}\perp\overline{ON}$

에서 삼수선의 정리에 의하여

$\overline{AB}\perp\overline{HM}$, $\overline{BC}\perp\overline{HN}$

이므로 점 H는 두 선분 AB, BC를 각각 수직이등분하는 직선의 교점이고 $\angle ABC=\dfrac{\pi}{2}$이므로 점 H는 선분 AC의 중점이다.

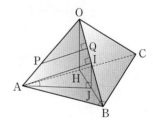

$\overline{OA}=6a\ (a>0)$이라 하면 두 점 P, Q는 각각 두 선분 OA, BO를 $2:1$로 내분하는 점이므로

$$\overline{OP}=\frac{2}{3}\overline{OA}=4a,\ \overline{OQ}=\frac{1}{3}\overline{OB}=2a$$

이때 $\angle POQ=\dfrac{\pi}{3}$이므로 $\angle PQO=\dfrac{\pi}{2}$

선분 OB의 중점을 I라 하면 두 삼각형 OPQ, OAI는 서로 닮은 도형이므로 $\overline{PQ}/\!/\overline{AI}$

따라서 직선 PQ가 평면 ABC와 이루는 예각의 크기는 직선 AI가 평면 ABC와 이루는 예각의 크기와 같다.

$$\overline{AI}=\frac{\sqrt{3}}{2}\overline{OA}=3\sqrt{3}a$$

이고 점 I에서 평면 ABC에 내린 수선의 발을 J라 하면

$$\overline{IJ}=\frac{1}{2}\overline{OH}=\frac{1}{2}\times\frac{\sqrt{2}}{2}\overline{OA}=\frac{3\sqrt{2}}{2}a$$

직각삼각형 AIJ에서

$$\overline{AJ}=\sqrt{\overline{AI}^2-\overline{IJ}^2}=\sqrt{(3\sqrt{3}a)^2-\left(\frac{3\sqrt{2}}{2}a\right)^2}=\frac{3\sqrt{10}}{2}a$$

따라서 $\cos \theta = \cos (\angle IAJ) = \dfrac{\overline{AJ}}{\overline{AI}} = \dfrac{\dfrac{3\sqrt{10}}{2}a}{3\sqrt{3}a} = \dfrac{\sqrt{30}}{6}$

답 ⑤

4 $\overline{BC}=2$, $\overline{CP}=\sqrt{22}$이므로 직각삼각형 CPB에서

$\overline{BP}=\sqrt{\overline{CP}^2-\overline{BC}^2}=\sqrt{(\sqrt{22})^2-2^2}=3\sqrt{2}$

$\overline{DE}=2$, $\overline{DP}=\sqrt{6}$이므로 직각삼각형 PDE에서

$\overline{EP}=\sqrt{\overline{DP}^2-\overline{DE}^2}=\sqrt{(\sqrt{6})^2-2^2}=\sqrt{2}$

따라서

$\overline{BE}=\overline{BP}+\overline{EP}=4\sqrt{2}$, $\overline{AD}=\overline{BE}=4\sqrt{2}$

이므로 직각삼각형 CAD에서

$\overline{CD}=\sqrt{\overline{CA}^2+\overline{AD}^2}=\sqrt{2^2+(4\sqrt{2})^2}=6$

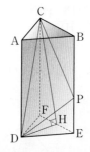

두 평면 DEF, CFEB가 서로 수직이므로 점 D에서 평면 CFEB에 내린 수선의 발을 H라 하면 점 H는 직선 EF 위의 점이고, 삼각형 DEF가 정삼각형이므로 점 H는 선분 EF의 중점이다.

직각삼각형 CFH에서

$\overline{CH}=\sqrt{\overline{CF}^2+\overline{FH}^2}=\sqrt{(4\sqrt{2})^2+1^2}=\sqrt{33}$

직선 CD와 평면 CFEB가 이루는 예각의 크기 θ는 $\theta=\angle DCH$이므로

$\cos \theta = \cos (\angle DCH) = \dfrac{\overline{CH}}{\overline{CD}} = \dfrac{\sqrt{33}}{6}$

답 ④

5

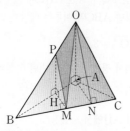

점 P를 지나고 직선 OA와 평행한 직선은 선분 AB와 만난다. 이 점을 H라 하자.

$\overline{OA}\perp\overline{AB}$, $\overline{OA}\perp\overline{AC}$에서 직선 OA는 평면 ABC와 수직이므로 직선 OA와 평행한 직선 PH는 평면 ABC와 수직이다.

이때 $\overline{PM}\perp\overline{BC}$이므로 삼수선의 정리에 의하여 $\overline{HM}\perp\overline{BC}$

$\overline{AB}=6$, $\overline{AC}=2\sqrt{3}$, $\angle BAC=\dfrac{\pi}{2}$에서

$\overline{BC}=\sqrt{\overline{AB}^2+\overline{AC}^2}=\sqrt{6^2+(2\sqrt{3})^2}=4\sqrt{3}$

두 삼각형 ABC, MBH는 서로 닮은 도형이므로

$\overline{AB}:\overline{BC}=\overline{MB}:\overline{BH}$

$\overline{BH}=\dfrac{\overline{BC}\times\overline{MB}}{\overline{AB}}=\dfrac{4\sqrt{3}\times2\sqrt{3}}{6}=4$

또 두 삼각형 OBA, PBH는 서로 닮은 도형이므로

$\overline{BO}:\overline{BP}=\overline{BA}:\overline{BH}=6:4=3:2$

$\overline{BO}:\overline{PO}=3:1$

즉, 삼각형 OPM의 넓이는 삼각형 OBM의 넓이의 $\dfrac{1}{3}$배이

고, 삼각형 OBM의 넓이는 삼각형 OBC의 넓이의 $\dfrac{1}{2}$배이

므로 삼각형 OPM의 넓이는 삼각형 OBC의 넓이의

$\dfrac{1}{3}\times\dfrac{1}{2}$배, 즉 $\dfrac{1}{6}$배이다. 삼각형 OPM의 넓이가 3이므로

삼각형 OBC의 넓이는

$3\times6=18$

점 O에서 선분 BC에 내린 수선의 발을 N이라 하면

$\dfrac{1}{2}\times\overline{BC}\times\overline{ON}=\dfrac{1}{2}\times4\sqrt{3}\times\overline{ON}=18$

$\overline{ON}=3\sqrt{3}$

직선 OA는 평면 ABC와 수직이므로 삼수선의 정리에 의하여 $\overline{AN}\perp\overline{BC}$

$\overline{AB}\times\overline{AC}=\overline{BC}\times\overline{AN}$에서

$\overline{AN}=\dfrac{\overline{AB}\times\overline{AC}}{\overline{BC}}=\dfrac{6\times2\sqrt{3}}{4\sqrt{3}}=3$

직각삼각형 OAN에서

$\overline{OA}=\sqrt{\overline{ON}^2-\overline{AN}^2}=\sqrt{(3\sqrt{3})^2-3^2}=3\sqrt{2}$

답 ②

6 선분 BC의 중점을 M이라 하자.

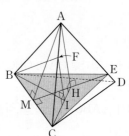

$\overline{AM} \perp \overline{BC}$, $\overline{DM} \perp \overline{BC}$에서 평면 AMD가 직선 BC에 수직이므로 $\overline{EM} \perp \overline{BC}$이고, 두 평면 ABC, BCE가 이루는 예각의 크기 α는

$\alpha = \angle AME$

정사면체 ABCD의 한 모서리의 길이를 $6a$ $(a>0)$이라 하면 삼각형 ABC가 정삼각형이므로 $\overline{AB} = 6a$에서

$\overline{AM} = \dfrac{\sqrt{3}}{2}\overline{AB} = 3\sqrt{3}a$

점 A에서 평면 BCE에 내린 수선의 발을 H라 하면

$\overline{AH} = \overline{AM}\sin(\angle AMH) = \overline{AM} \times \sqrt{1-\cos^2\alpha}$

$= 3\sqrt{3}a \times \sqrt{1-\left(\dfrac{\sqrt{2}}{3}\right)^2} = 3\sqrt{3}a \times \dfrac{\sqrt{7}}{3} = \sqrt{21}a$

한편, 평면 BCE는 직선 AH에 수직이므로 평면 BCE는 직선 AH를 포함하는 평면 ACH에 수직이다.

따라서 점 F에서 평면 BCE에 내린 수선의 발을 I라 하면 점 I는 평면 BCE와 평면 ACH의 교선 CH 위의 점이다.

두 삼각형 ACH, FCI가 서로 닮은 도형이므로

$\overline{FI} : \overline{AH} = \overline{FC} : \overline{AC} = 2 : 3$

$\overline{FI} = \dfrac{2}{3}\overline{AH} = \dfrac{2\sqrt{21}}{3}a$

또 $\overline{AB} = 6a$, $\overline{AF} = 2a$, $\angle BAF = \dfrac{\pi}{3}$이므로 삼각형 ABF에서 코사인법칙에 의하여

$\overline{BF}^2 = \overline{AB}^2 + \overline{AF}^2 - 2 \times \overline{AB} \times \overline{AF} \times \cos(\angle BAF)$

$= (6a)^2 + (2a)^2 - 2 \times 6a \times 2a \times \dfrac{1}{2}$

$= 28a^2$

$\overline{BF} = 2\sqrt{7}a$

직선 BF와 평면 BCE가 이루는 예각의 크기 β는

$\beta = \angle FBI$

이므로

$\sin\beta = \sin(\angle FBI) = \dfrac{\overline{FI}}{\overline{BF}} = \dfrac{\dfrac{2\sqrt{21}}{3}a}{2\sqrt{7}a} = \dfrac{\sqrt{3}}{3}$

답 ①

7

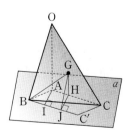

평면 α 위의 점 C′을 사각형 ABC′C가 평행사변형이 되도록 잡으면 두 직선 BG, AC가 이루는 예각의 크기 θ는 두 직선 BG, BC′이 이루는 예각의 크기와 같으므로

$\theta = \angle GBC'$

조건 (나)에서 $\overline{OA} \perp \alpha$이므로 평면 OAC는 평면 α에 수직이고, 점 G에서 평면 α에 내린 수선의 발을 H라 하면 점 H는 선분 AC 위의 점이다.

두 점 A, H에서 직선 BC′에 내린 수선의 발을 각각 I, J라 하자.

$\angle BAC = \dfrac{2}{3}\pi$이고 두 직선 AC, BC′이 서로 평행하므로

$\angle ABC' = \pi - \angle BAC = \dfrac{\pi}{3}$

$\overline{AI} = \overline{AB}\sin\dfrac{\pi}{3} = \dfrac{\sqrt{3}}{2}$

$\overline{HJ} = \overline{AI} = \dfrac{\sqrt{3}}{2}$

$\overline{GH} = \dfrac{1}{3}\overline{OA} = 1$

직각삼각형 GJH에서

$\overline{GJ} = \sqrt{\overline{GH}^2 + \overline{HJ}^2} = \sqrt{1^2 + \left(\dfrac{\sqrt{3}}{2}\right)^2} = \dfrac{\sqrt{7}}{2}$

또

$\overline{AH} = \dfrac{1}{3}\overline{AC} = \dfrac{2}{3}$

$\overline{BI} = \overline{AB}\cos\dfrac{\pi}{3} = \dfrac{1}{2}$

$\overline{IJ} = \overline{AH} = \dfrac{2}{3}$

$\overline{BJ} = \overline{BI} + \overline{IJ} = \dfrac{1}{2} + \dfrac{2}{3} = \dfrac{7}{6}$

삼수선의 정리에 의하여 $\angle BJG = \dfrac{\pi}{2}$이므로 직각삼각형 GBJ에서

$\overline{GB} = \sqrt{\overline{GJ}^2 + \overline{BJ}^2} = \sqrt{\left(\dfrac{\sqrt{7}}{2}\right)^2 + \left(\dfrac{7}{6}\right)^2} = \dfrac{2\sqrt{7}}{3}$

따라서 $\cos\theta = \cos(\angle GBJ) = \dfrac{\overline{BJ}}{\overline{GB}} = \dfrac{\dfrac{7}{6}}{\dfrac{2\sqrt{7}}{3}} = \dfrac{\sqrt{7}}{4}$

답 ③

8 두 점 E, M은 평면 EFGH 위의 점이므로 점 P에서 평면 EFGH에 내린 수선의 발을 P′이라 할 때, 삼각형 PEM의 평면 EFGH 위로의 정사영은 삼각형 P′EM이다.

이때 점 P′은 선분 EH 위의 점이고 $\overline{AP} = \overline{EP'}$이다.

정육면체의 한 모서리의 길이가 2이고 삼각형 P′EM의 넓이가 $\sqrt{2}$이므로

$$\frac{1}{2}\times\overline{EP'}\times\overline{EF}=\frac{1}{2}\times\overline{EP'}\times2=\overline{EP'}=\sqrt{2}$$

즉, $\overline{AP}=\sqrt{2}$

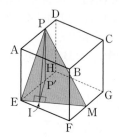

점 P에서 선분 EM에 내린 수선의 발을 I라 하면 삼수선의 정리에 의하여 $\overline{P'I}\perp\overline{EM}$

직각삼각형 EFM에서

$$\overline{EM}=\sqrt{\overline{EF}^2+\overline{FM}^2}=\sqrt{2^2+1^2}=\sqrt{5}$$

삼각형 P′EM의 넓이가 $\sqrt{2}$이므로

$$\frac{1}{2}\times\overline{EM}\times\overline{P'I}=\frac{1}{2}\times\sqrt{5}\times\overline{P'I}=\sqrt{2}$$

$$\overline{P'I}=\frac{2\sqrt{2}}{\sqrt{5}}=\frac{2\sqrt{10}}{5}$$

직각삼각형 PIP′에서

$$\overline{PI}=\sqrt{\overline{PP'}^2+\overline{P'I}^2}=\sqrt{2^2+\left(\frac{2\sqrt{10}}{5}\right)^2}=\frac{2\sqrt{35}}{5}$$

따라서 삼각형 PEM의 넓이를 S라 하면

$$S=\frac{1}{2}\times\overline{EM}\times\overline{PI}=\frac{1}{2}\times\sqrt{5}\times\frac{2\sqrt{35}}{5}=\sqrt{7}$$

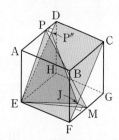

평면 CEF는 점 D를 지나므로 점 P에서 평면 CEF에 내린 수선의 발을 P″이라 하면 점 P″은 선분 DE 위의 점이고, 점 M에서 평면 CEF에 내린 수선의 발을 J라 하면 점 J는 선분 CF 위의 점이다.

$\overline{AD}=2$, $\overline{AP}=\sqrt{2}$에서

$$\overline{DP}=\overline{AD}-\overline{AP}=2-\sqrt{2}$$

$$\overline{DP''}=\frac{1}{\sqrt{2}}\overline{DP}=\frac{2-\sqrt{2}}{\sqrt{2}}=\sqrt{2}-1$$

$\overline{DE}=\sqrt{2}\,\overline{AD}=2\sqrt{2}$이므로

$$\overline{EP''}=\overline{DE}-\overline{DP''}=2\sqrt{2}-(\sqrt{2}-1)=\sqrt{2}+1$$

점 J와 직선 DE 사이의 거리는 정육면체의 모서리의 길이 2와 같으므로 삼각형 P″EJ의 넓이를 S'이라 하면

$$S'=\frac{1}{2}\times\overline{EP''}\times2=\sqrt{2}+1$$

따라서 두 평면 PEM, CEF가 이루는 예각의 크기 θ에 대하여

$$\cos^2\theta=\left(\frac{S'}{S}\right)^2=\left(\frac{\sqrt{2}+1}{\sqrt{7}}\right)^2=\frac{3+2\sqrt{2}}{7}$$

답 ⑤

Level 3 실력 완성

본문 86쪽

1	750	2	⑤	3	16

1 선분 CD의 중점을 N이라 하자.

마름모는 두 대각선이 서로를 수직이등분하므로 마름모 GPMQ에 대하여 두 대각선 MG, PQ의 대각선의 교점을 R이라 하면 점 R은 선분 MG의 중점이고

$\overline{PQ}\perp\overline{MG}$, $\overline{PR}=\overline{QR}$

이므로 직선 PQ는 점 R을 지나고 평면 OMN에 수직이다.

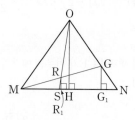

두 점 O, G에서 평면 ABCD에 내린 수선의 발을 각각 H, G_1이라 하면 두 삼각형 OHN, GG_1N이 서로 닮은 도형이고

$$\overline{OH}:\overline{GG_1}=\overline{ON}:\overline{GN}=3:1$$

이므로 $\overline{GG_1}=\dfrac{1}{3}\overline{OH}$ ...... ㉠

두 직선 OR, MN의 교점을 S라 하고 점 R에서 평면 ABCD에 내린 수선의 발을 R_1이라 하면 두 삼각형 MGG_1, MRR_1은 서로 닮은 도형이고

$$\overline{GG_1}:\overline{RR_1}=\overline{MG}:\overline{MR}=2:1$$

이므로 $\overline{RR_1}=\dfrac{1}{2}\overline{GG_1}$ ...... ㉡

㉠, ㉡에서

$\overline{RR_1}=\dfrac{1}{2}\overline{GG_1}=\dfrac{1}{2}\times\dfrac{1}{3}\overline{OH}=\dfrac{1}{6}\overline{OH}$

$\overline{OH}:\overline{RR_1}=6:1$

또 두 삼각형 SHO, SR_1R은 서로 닮은 도형이고

$\overline{SO}:\overline{SR}=\overline{OH}:\overline{RR_1}=6:1$

이므로 $\overline{OR}:\overline{OS}=5:6$ ······ ㉢

직선 PQ가 점 R을 지나고 평면 OMN에 수직, 즉 평면 ABCD에 평행하므로 직선 OP가 선분 AD와 만나는 점을 P_2, 직선 OQ가 선분 BC와 만나는 점을 Q_2라 하면 두 삼각형 OPQ, OP_2Q_2는 서로 닮은 도형이고 ㉢에서 두 삼각형 OPQ, OP_2Q_2의 닮음비는 $5:6$이다.

따라서 $\overline{PQ}=\dfrac{5}{6}\overline{P_2Q_2}=\dfrac{5}{6}\times6=5$

두 점 P, Q에서 평면 ABCD에 내린 수선의 발을 P_1, Q_1이라 하면

$\overline{P_1Q_1}=\overline{PQ}=5$

또 $\overline{NG_1}=\dfrac{1}{3}\overline{NH}=\dfrac{1}{3}\times3=1$이므로

$\overline{MG_1}=\overline{MN}-\overline{NG_1}=6-1=5$

사각형 GPMQ의 평면 ABCD 위로의 정사영은 사각형 $G_1P_1MQ_1$이고 $\overline{G_1M}\perp\overline{P_1Q_1}$이므로 사각형 $G_1P_1MQ_1$의 넓이 S는

$S=\dfrac{1}{2}\times5\times5=\dfrac{25}{2}$

따라서 $60\times S=60\times\dfrac{25}{2}=750$

답 750

다른 풀이 1

선분 CD의 중점을 N이라 하자.

$\overline{OM}=\overline{ON}=\dfrac{\sqrt{3}}{2}\times\overline{OA}=3\sqrt{3}$

점 O에서 평면 ABCD에 내린 수선의 발을 H라 하면 점 H는 정사각형 ABCD의 두 대각선 AC, BD의 교점과 같고

$\overline{HN}=\dfrac{1}{2}\overline{AB}=3$

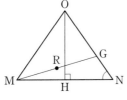

$\cos(\angle ONH)=\dfrac{\overline{HN}}{\overline{ON}}=\dfrac{3}{3\sqrt{3}}=\dfrac{1}{\sqrt{3}}$

점 G가 삼각형 OCD의 무게중심이므로

$\overline{NG}=\dfrac{1}{3}\overline{ON}=\sqrt{3}$

삼각형 GMN에서 코사인법칙에 의하여

$\overline{MG}^2=\overline{MN}^2+\overline{NG}^2-2\times\overline{MN}\times\overline{NG}\times\cos(\angle GNM)$

$\qquad=6^2+(\sqrt{3})^2-2\times6\times\sqrt{3}\times\dfrac{1}{\sqrt{3}}=27$

$\overline{MG}=3\sqrt{3}$

한편, 마름모는 두 대각선이 서로를 수직이등분하므로 마름모 GPMQ에 대하여 두 대각선 MG, PQ의 대각선의 교점을 R이라 하면 점 R은 선분 MG의 중점이고

$\overline{PQ}\perp\overline{MG},\ \overline{PR}=\overline{QR}$

이므로 직선 PQ는 점 R을 지나고 평면 OMN에 수직이다. 두 선분 AD, BC의 중점을 각각 X, Y라 하고, 네 점 G, R, P, Q에서 평면 OXY에 내린 수선의 발을 각각 G′, R′, P′, Q′이라 하자.

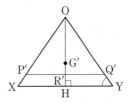

점 R이 선분 MG의 중점이므로

$\overline{R'H}=\dfrac{1}{2}\overline{G'H}=\dfrac{1}{2}\times\dfrac{1}{3}\overline{OH}=\dfrac{1}{6}\overline{OH}$

에서 $\overline{OR'}=\overline{OH}-\overline{R'H}=\dfrac{5}{6}\overline{OH}$

두 삼각형 OP′Q′, OXY가 서로 닮은 도형이므로

$\overline{P'Q'}=\dfrac{5}{6}\overline{XY}=5$

즉, $\overline{PQ}=\overline{P'Q'}=5$이므로 마름모 GPMQ의 넓이는

$\dfrac{1}{2}\times\overline{MG}\times\overline{PQ}=\dfrac{1}{2}\times3\sqrt{3}\times5=\dfrac{15\sqrt{3}}{2}$

한편, 삼각형 GMN에서 코사인법칙에 의하여

$\cos(\angle GMN)=\dfrac{\overline{MG}^2+\overline{MN}^2-\overline{NG}^2}{2\times\overline{MG}\times\overline{MN}}$

$\qquad\qquad\qquad=\dfrac{(3\sqrt{3})^2+6^2-(\sqrt{3})^2}{2\times3\sqrt{3}\times6}=\dfrac{5\sqrt{3}}{9}$

두 평면 GPMQ, ABCD가 이루는 예각의 크기가 $\angle GMN$과 같으므로 구하는 정사영의 넓이 S는

$S=\dfrac{15\sqrt{3}}{2}\times\dfrac{5\sqrt{3}}{9}=\dfrac{25}{2}$

따라서 $60\times S=60\times\dfrac{25}{2}=750$

다른 풀이 2

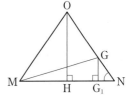

선분 CD의 중점을 N이라 하자. 두 점 O, G에서 평면

ABCD에 내린 수선의 발을 각각 H, G_1이라 하면 두 삼각형 OHN, GG_1N이 서로 닮은 도형이고

$\overline{HN} : \overline{G_1N} = \overline{ON} : \overline{GN} = 3 : 1$이므로

$$\overline{G_1N} = \frac{1}{3}\overline{HN} = 1$$

$$\overline{MG_1} = \overline{MN} - \overline{G_1N} = 6 - 1 = 5$$

두 선분 AD, BC의 중점을 각각 X, Y라 하자. 두 점 P, Q에서 평면 ABCD에 내린 수선의 발을 각각 P_1, Q_1이라 하고, 평면 OXY에 내린 수선의 발을 각각 P′, Q′이라 하면 직선 PQ는 두 평면 GPMQ, ABCD의 교선인 직선 AB에 평행하므로

$$\overline{P_1Q_1} = \overline{PQ} = \overline{P'Q'} = 5$$

따라서 사각형 GPMQ의 평면 ABCD 위로의 정사영인 도형 $G_1P_1MQ_1$의 넓이 S는

$$S = \frac{1}{2} \times \overline{MG_1} \times \overline{P_1Q_1} = \frac{1}{2} \times 5 \times 5 = \frac{25}{2}$$

따라서 $60 \times S = 60 \times \frac{25}{2} = 750$

2 $\overline{AB} = 4a \; (a > 0)$이라 하자.

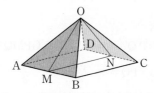

조건 (가)에서 두 삼각형 OAB, OCD가 정삼각형이므로 두 선분 AB, CD의 중점을 각각 M, N이라 하면

$$\overline{OM} = \overline{ON} = \frac{\sqrt{3}}{2}\overline{AB} = 2\sqrt{3}a$$

두 직선 AB, CD가 서로 평행하므로 두 평면 OAB, OCD의 교선을 l이라 하면 $l /\!/ \overline{AB}$, $l /\!/ \overline{CD}$

이때 $\overline{OM} \perp \overline{AB}$, $\overline{ON} \perp \overline{CD}$이므로 $\overline{OM} \perp l$, $\overline{ON} \perp l$

조건 (나)에서 두 평면 OAB, OCD가 서로 수직이므로 $\overline{OM} \perp \overline{ON}$

즉, $\angle MON = \frac{\pi}{2}$이고 $\overline{OM} = \overline{ON}$이므로

$$\overline{MN} = \sqrt{2}\,\overline{OM} = 2\sqrt{6}a$$

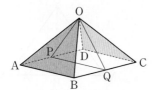

두 선분 AD, BC의 중점을 각각 P, Q라 하자.

$$\overline{AP} = \frac{1}{2}\overline{AD} = \frac{1}{2}\overline{MN} = \sqrt{6}a$$

$\overline{OA} = \overline{OD}$에서 $\overline{AD} \perp \overline{OP}$이므로 직각삼각형 OAP에서

$$\overline{OP} = \sqrt{\overline{OA}^2 - \overline{AP}^2} = \sqrt{(4a)^2 - (\sqrt{6}a)^2} = \sqrt{10}a$$

마찬가지로 $\overline{OQ} = \sqrt{10}a$이고 $\overline{PQ} = \overline{AB} = 4a$이므로 삼각형 OPQ에서 코사인법칙에 의하여

$$\cos(\angle POQ) = \frac{\overline{OP}^2 + \overline{OQ}^2 - \overline{PQ}^2}{2 \times \overline{OP} \times \overline{OQ}}$$

$$= \frac{(\sqrt{10}a)^2 + (\sqrt{10}a)^2 - (4a)^2}{2 \times \sqrt{10}a \times \sqrt{10}a} = \frac{1}{5}$$

$$\sin(\angle POQ) = \sqrt{1 - \cos^2(\angle POQ)} = \sqrt{1 - \left(\frac{1}{5}\right)^2} = \frac{2\sqrt{6}}{5}$$

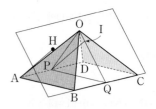

점 A에서 평면 OBC에 내린 수선의 발을 H, 점 P에서 평면 OBC에 내린 수선의 발을 I라 하면 사각형 AHIP는 직사각형이므로

$$\overline{AH} = \overline{PI} = \overline{OP}\sin(\angle POQ) = \sqrt{10}a \times \frac{2\sqrt{6}}{5} = \frac{4\sqrt{15}}{5}a$$

직선 OA와 평면 OBC가 이루는 예각의 크기 θ는 $\theta = \angle AOH$이므로

$$\sin\theta = \sin(\angle AOH) = \frac{\overline{AH}}{\overline{OA}} = \frac{\frac{4\sqrt{15}}{5}a}{4a} = \frac{\sqrt{15}}{5}$$

답 ⑤

3 서로 평행한 두 직선은 한 평면을 결정하므로 두 직선 AN, MP가 서로 평행하도록 하는 점 P를 P_1이라 하면 점 P_1은 직선 AN과 점 M을 포함하는 평면 위의 점이다.

이때 점 M이 선분 AB의 중점이므로 점 P가 선분 BN의 중점일 때, 두 직선 AN, MP는 서로 평행하다. 즉, 점 P_1은 선분 BN의 중점이다.

한편, $\overline{AN} \perp \overline{BC}$이고 점 M이 선분 AB의 중점이므로 점 P가 선분 AC의 중점일 때, 두 직선 AN, MP는 서로 수직이다. 이때의 점 P를 P_2라 하자.

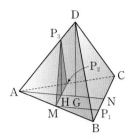

두 직선 AN, MP가 서로 수직이 되도록 하는 점 P 중에서 P_2가 아닌 점을 P_3이라 하면 평면 MP_2P_3은 직선 AN에 수직이다. 즉, 점 P_3은 직선 MP_2를 포함하고 직선 AN에 수직인 평면이 정사면체 ABCD의 모서리와 만나는 점 중 M, P_2가 아닌 점이고 이 점은 선분 AD 위의 점이다.

점 D에서 평면 ABC에 내린 수선의 발을 G라 하면 $\overline{AN} \perp \overline{DG}$이고 $\overline{AN} \perp$(평면 MP_2P_3)이므로 평면 MP_2P_3은 직선 DG에 평행하다. 이때 점 G는 삼각형 ABC의 무게중심과 일치하고, $\overline{AM} = \overline{AP_2}$에서 $\overline{P_3M} = \overline{P_3P_2}$이며 점 P_3에서 평면 ABC에 내린 수선의 발을 H라 하면 점 H는 선분 MP_2의 중점과 일치하므로 점 H는 선분 AN 위의 점이다.

이때 $\overline{AM} : \overline{AB} = \overline{AH} : \overline{AN}$에서 점 H는 선분 AN의 중점이고, 점 G는 선분 AN을 2 : 1로 내분하는 점이므로 $\overline{AH} : \overline{AG} = 3 : 4$

두 삼각형 AP_3H, ADG는 서로 닮은 도형이므로 $\overline{AP_3} : \overline{AD} = \overline{AH} : \overline{AG} = 3 : 4$

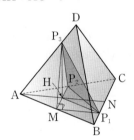

정사면체 ABCD의 한 모서리의 길이를 $4a \ (a>0)$이라 하면

$\overline{MP_2} = \dfrac{1}{2} \overline{BC} = 2a$

$\overline{MP_1} = \dfrac{1}{2} \overline{AN} = \dfrac{1}{2} \times \dfrac{\sqrt{3}}{2} \overline{AB} = \sqrt{3}a$

$\angle P_2MP_1 = \dfrac{\pi}{2}$이므로 직각삼각형 P_2MP_1에서

$\overline{P_1P_2} = \sqrt{\overline{MP_2}^2 + \overline{MP_1}^2} = \sqrt{(2a)^2 + (\sqrt{3}a)^2} = \sqrt{7}a$

두 삼각형 P_3AP_2, P_1CP_2는 합동이므로

$\overline{AP_2} = \overline{CP_2}$, $\overline{AP_3} = \overline{CP_1}$, $\angle P_3AP_2 = \angle P_1CP_2 = \dfrac{\pi}{3}$에서

$\overline{P_3P_2} = \overline{P_1P_2} = \sqrt{7}a$

또 $\overline{P_3M} = \overline{P_3P_2}$이고 $\angle P_3MP_1 = \dfrac{\pi}{2}$이므로 직각삼각형

P_3MP_1에서

$\overline{P_1P_3} = \sqrt{\overline{P_3M}^2 + \overline{MP_1}^2} = \sqrt{(\sqrt{7}a)^2 + (\sqrt{3}a)^2} = \sqrt{10}a$

삼각형 $P_3P_2P_1$이 $\overline{P_1P_2} = \overline{P_2P_3}$인 이등변삼각형이므로

$\cos (\angle P_2P_1P_3) = \dfrac{\dfrac{1}{2}\overline{P_1P_3}}{\overline{P_1P_2}} = \dfrac{\dfrac{1}{2} \times \sqrt{10}a}{\sqrt{7}a} = \dfrac{\sqrt{5}}{\sqrt{14}}$

$\sin (\angle P_2P_1P_3) = \sqrt{1 - \cos^2 (\angle P_2P_1P_3)}$

$\qquad\qquad\qquad = \sqrt{1 - \left(\dfrac{\sqrt{5}}{\sqrt{14}}\right)^2} = \dfrac{3}{\sqrt{14}}$

삼각형 $P_3P_2P_1$의 넓이를 S라 하면

$S = \dfrac{1}{2} \times \overline{P_1P_2} \times \overline{P_1P_3} \times \sin (\angle P_2P_1P_3)$

$\quad = \dfrac{1}{2} \times \sqrt{7}a \times \sqrt{10}a \times \dfrac{3}{\sqrt{14}} = \dfrac{3\sqrt{5}}{2}a^2$

한편, 삼각형 $P_3P_2P_1$의 평면 ABC 위로의 정사영은 삼각형 HP_2P_1이므로 삼각형 HP_2P_1의 넓이를 S'이라 하면

$\overline{HP_2} = \dfrac{1}{2}\overline{MP_2} = a$에서

$S' = \dfrac{1}{2} \times \overline{HP_2} \times \overline{MP_1} = \dfrac{1}{2} \times a \times \sqrt{3}a = \dfrac{\sqrt{3}}{2}a^2$

평면 $P_1P_2P_3$과 평면 ABC가 이루는 예각의 크기 θ에 대하여

$\cos^2\theta = \left(\dfrac{S'}{S}\right)^2 = \dfrac{\left(\dfrac{\sqrt{3}}{2}a^2\right)^2}{\left(\dfrac{3\sqrt{5}}{2}a^2\right)^2} = \dfrac{1}{15}$

따라서 $p = 15$, $q = 1$이므로 $p + q = 15 + 1 = 16$

🔲 16

정답과 풀이

07 공간좌표

유제

본문 89~97쪽

| 1 ④ | 2 ③ | 3 ④ | 4 4 | 5 ⑤ |
| 6 6 | 7 ③ | 8 47 | 9 3 | 10 ① |

1 점 P는 점 A$(3, a, 5)$에서 x축에 내린 수선의 발이므로 점 P의 좌표는 $(3, 0, 0)$

점 Q는 점 A에서 zx평면에 내린 수선의 발이므로 점 Q의 좌표는 $(3, 0, 5)$

원점 O의 좌표는 $(0, 0, 0)$이므로 세 점 O, P, Q의 y좌표는 모두 0이다. 즉, 세 점 O, P, Q는 모두 zx평면 위의 점이다.

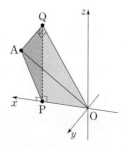

이때 $\angle OPQ = \dfrac{\pi}{2}$이므로 삼각형 OPQ의 넓이를 S라 하면

$$S = \frac{1}{2} \times \overline{OP} \times \overline{PQ} = \frac{1}{2} \times 3 \times 5 = \frac{15}{2}$$

점 A와 zx평면 사이의 거리가 a이므로 사면체 OAPQ의 부피는

$$\frac{1}{3} \times S \times a = \frac{1}{3} \times \frac{15}{2} \times a = \frac{5}{2}a$$

사면체 OAPQ의 부피가 10이므로

$$\frac{5}{2}a = 10, \ a = 4$$

답 ④

2 점 A$(\sqrt{3}, a, 3)$에서 xy평면에 내린 수선의 발을 H라 하면 점 H의 좌표는 $(\sqrt{3}, a, 0)$이고 $\overline{AH} = 3$

두 점 H$(\sqrt{3}, a, 0)$, O$(0, 0, 0)$은 xy평면 위의 점이므로

$$\overline{OH} = \sqrt{(\sqrt{3}-0)^2 + (a-0)^2} = \sqrt{a^2+3}$$

직선 OA와 xy평면이 이루는 예각의 크기는 $\angle AOH$와 같으므로

$$\tan(\angle AOH) = \frac{\overline{AH}}{\overline{OH}} = \frac{3}{\sqrt{a^2+3}}$$

직선 OA와 xy평면이 이루는 예각의 크기가 $\dfrac{\pi}{4}$이므로

$$\tan \frac{\pi}{4} = 1 = \frac{3}{\sqrt{a^2+3}}$$

에서 $\sqrt{a^2+3} = 3$, $a^2 = 6$

$a > 0$이므로 $a = \sqrt{6}$

답 ③

3 점 P가 x축 위의 점이므로 점 P의 좌표를 $(a, 0, 0)$으로 놓을 수 있다.

$\overline{PA} = \overline{PB}$에서

$$\sqrt{(3-a)^2 + (-1)^2 + 2^2} = \sqrt{(1-a)^2 + 3^2 + (-4)^2}$$

$a^2 - 6a + 14 = a^2 - 2a + 26$, $a = -3$

즉, 점 P의 좌표는 $(-3, 0, 0)$이고

$$\overline{PA} = \sqrt{\{3-(-3)\}^2 + (-1)^2 + 2^2} = \sqrt{41}$$

선분 AB의 중점을 M이라 하면

$$\overline{AM} = \frac{1}{2}\overline{AB} = \frac{1}{2}\sqrt{(1-3)^2 + \{3-(-1)\}^2 + (-4-2)^2}$$
$$= \sqrt{14}$$

직각삼각형 PAM에서

$$\overline{PM} = \sqrt{\overline{PA}^2 - \overline{AM}^2} = 3\sqrt{3}$$

따라서 삼각형 PAB의 넓이는

$$\frac{1}{2} \times \overline{AB} \times \overline{PM} = \frac{1}{2} \times 2\sqrt{14} \times 3\sqrt{3} = 3\sqrt{42}$$

답 ④

4 두 점 A$(2, 3, 1)$, C$(-2, 0, a)$에서 xy평면에 내린 수선의 발을 각각 A$'$, C$'$이라 하면 두 점 A$'$, C$'$의 좌표는 각각 $(2, 3, 0)$, $(-2, 0, 0)$이므로

$$\overline{AC} = \sqrt{(-2-2)^2 + (0-3)^2 + (a-1)^2}$$
$$= \sqrt{a^2 - 2a + 26}$$
$$\overline{A'C'} = \sqrt{(-2-2)^2 + (0-3)^2} = 5$$

직선 AC가 xy평면과 이루는 예각의 크기가 $\dfrac{\pi}{4}$이므로

$$\cos \frac{\pi}{4} = \frac{\overline{A'C'}}{\overline{AC}}, \ \frac{\sqrt{2}}{2} = \frac{5}{\sqrt{a^2-2a+26}}$$

$\sqrt{2a^2 - 4a + 52} = 10$, $a^2 - 2a - 24 = 0$

$(a-6)(a+4) = 0$

$a > 0$이므로 $a = 6$

즉, 점 C의 좌표가 $(-2, 0, 6)$이고

$$\overline{BC} = \sqrt{(-2-2)^2 + \{0-(-2)\}^2 + (6-1)^2} = 3\sqrt{5}$$

또 점 B에서 xy평면에 내린 수선의 발을 B$'$이라 하면 점 B$'$의 좌표가 $(2, -2, 0)$이므로

$$\overline{B'C'} = \sqrt{(-2-2)^2 + \{0-(-2)\}^2} = 2\sqrt{5}$$

62 EBS 수능특강 수학영역 | 기하

직선 BC가 xy평면과 이루는 예각의 크기 θ에 대하여

$$\cos\theta=\frac{\overline{B'C'}}{\overline{BC}}=\frac{2\sqrt{5}}{3\sqrt{5}}=\frac{2}{3}$$

따라서 $a\times\cos\theta=6\times\frac{2}{3}=4$

답 4

5 정육면체 ABCD−EFGH를 좌표공간에 점 E가 원점과 일치하고 세 반직선 EF, EH, EA가 각각 x축, y축, z축의 양의 방향과 일치하도록 놓으면 그림과 같다.

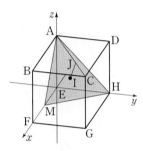

두 점 E, F의 좌표가 각각 $(0,0,0)$, $(6,0,0)$이므로 선분 EF의 중점 M의 좌표는 $(3,0,0)$

두 점 A, H의 좌표가 각각 $(0,0,6)$, $(0,6,0)$이므로 삼각형 AMH의 무게중심 I의 좌표는

$\left(\dfrac{0+3+0}{3},\dfrac{0+0+6}{3},\dfrac{6+0+0}{3}\right)$, 즉 $(1,2,2)$

또 점 C의 좌표가 $(6,6,6)$이므로 선분 AC를 $2:1$로 내분하는 점 J의 좌표는

$\left(\dfrac{2\times6+1\times0}{2+1},\dfrac{2\times6+1\times0}{2+1},\dfrac{2\times6+1\times6}{2+1}\right)$, 즉 $(4,4,6)$

따라서 $\overline{IJ}=\sqrt{(4-1)^2+(4-2)^2+(6-2)^2}=\sqrt{29}$

답 ⑤

6 세 점 $A(-4,3,1)$, $B(0,-1,5)$, $C(2,1,3)$에서 zx평면에 내린 수선의 발을 각각 A′, B′, C′이라 하면 세 점 A′, B′, C′의 좌표는 각각 $(-4,0,1)$, $(0,0,5)$, $(2,0,3)$이고 $\overline{AA'}=3$, $\overline{BB'}=1$, $\overline{CC'}=1$

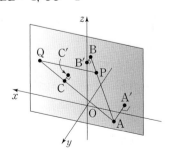

이때 점 P는 zx평면 위의 점이므로

$\overline{AP}:\overline{BP}=\overline{AA'}:\overline{BB'}=3:1$

두 점 A, B의 y좌표의 부호가 서로 반대이므로 점 P는 선분 AB를 $3:1$로 내분하는 점이다.

따라서 점 P의 좌표는

$\left(\dfrac{3\times0+1\times(-4)}{3+1},\dfrac{3\times(-1)+1\times3}{3+1},\dfrac{3\times5+1\times1}{3+1}\right)$,

즉 $(-1,0,4)$

한편, 점 Q는 zx평면 위의 점이므로

$\overline{AQ}:\overline{CQ}=\overline{AA'}:\overline{CC'}=3:1$

두 점 A, C의 y좌표의 부호가 서로 같으므로 점 Q는 선분 AC를 $3:1$로 외분하는 점이다.

따라서 점 Q의 좌표는

$\left(\dfrac{3\times2-1\times(-4)}{3-1},\dfrac{3\times1-1\times3}{3-1},\dfrac{3\times3-1\times1}{3-1}\right)$, 즉

$(5,0,4)$

그러므로 선분 PQ의 길이는

$\sqrt{\{5-(-1)\}^2+(0-0)^2+(4-4)^2}=6$

답 6

7 구의 중심을 C라 하면 점 C는 선분 AB의 중점이므로 점 C의 좌표는

$\left(\dfrac{-1+3}{2},\dfrac{2+0}{2},\dfrac{4+2}{2}\right)$, 즉 $(1,1,3)$

이때

$\overline{AC}=\sqrt{\{1-(-1)\}^2+(1-2)^2+(3-4)^2}=\sqrt{6}$

이므로 이 구의 방정식은

$(x-1)^2+(y-1)^2+(z-3)^2=6$ ······ ㉠

점 P는 z축 위의 점이므로 점 P의 좌표는 $(0,0,a)$로 놓을 수 있고, 점 P가 구 ㉠ 위의 점이므로

$(0-1)^2+(0-1)^2+(a-3)^2=6$

$(a-3)^2=4$, $a-3=\pm2$

$a=1$ 또는 $a=5$

즉, 점 P의 좌표를 $(0,0,1)$이라 하면 점 Q의 좌표는 $(0,0,5)$이므로

$\overline{OP}\times\overline{OQ}=1\times5=5$

답 ③

8 $x^2+y^2+z^2-12x+4y-8z+k=0$에서

$(x-6)^2+(y+2)^2+(z-4)^2=56-k$

이므로 이 구는 중심의 좌표가 $(6, -2, 4)$이고 반지름의 길이가 $\sqrt{56-k}$인 구이다. 이 구의 중심을 S라 하자.

두 점 P, Q 사이의 거리가 최대이려면 점 S는 선분 PQ 위에 있고, 이때 두 점 S, Q 사이의 거리가 최대이어야 한다.

또 점 S에서 xy평면에 내린 수선의 발을 H라 할 때, $\overline{SH}=4$ (일정)이므로 두 점 S, Q 사이의 거리가 최대이려면 두 점 H, Q 사이의 거리가 최대이어야 한다.

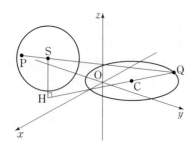

점 $S(6, -2, 4)$에서 xy평면에 내린 수선의 발 H의 좌표는 $(6, -2, 0)$

원 $(x+2)^2+(y-2)^2=20$의 중심을 C라 하면 점 C의 좌표는 $(-2, 2, 0)$이고 반지름의 길이는 $2\sqrt{5}$이며

$$\overline{CH}=\sqrt{\{6-(-2)\}^2+(-2-2)^2}=4\sqrt{5}$$

점 C가 선분 QH 위에 있을 때 두 점 H, Q 사이의 거리는 최대이고, 이때

$$\overline{HQ}=\overline{CH}+\overline{CQ}=4\sqrt{5}+2\sqrt{5}=6\sqrt{5}$$

한편, $\overline{SH}=4$이므로 이때 직각삼각형 SHQ에서

$$\overline{SQ}=\sqrt{\overline{SH}^2+\overline{HQ}^2}=\sqrt{4^2+(6\sqrt{5})^2}=14$$

즉, 두 점 P, Q 사이의 거리의 최댓값은

$$\overline{SP}+\overline{SQ}=\sqrt{56-k}+14$$

두 점 P, Q 사이의 거리의 최댓값이 17이므로

$\sqrt{56-k}+14=17$, $\sqrt{56-k}=3$

$k=47$

달 47

9

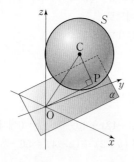

점 P는 구 S 위의 점이므로 $\overline{CP}=2$

직선 CP는 평면 α와 수직이므로 $\overline{OP}\perp\overline{CP}$

직각삼각형 COP에서

$$\overline{OC}^2=\overline{CP}^2+\overline{OP}^2=2^2+3^2=13$$

이때 $\overline{OC}=\sqrt{1^2+a^2+3^2}=\sqrt{a^2+10}$이므로

$a^2+10=13$, $a^2=3$

달 3

10

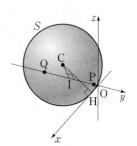

점 $C(2, -4, a)$에서 x축에 내린 수선의 발을 H라 할 때, 점 H의 좌표는 $(2, 0, 0)$

구 S가 x축과 한 점에서만 만나므로 이 구의 반지름의 길이는 선분 CH의 길이와 같다. 즉, $\overline{CH}=5$에서

$$\overline{CH}=\sqrt{(2-2)^2+\{0-(-4)\}^2+(0-a)^2}$$
$$=\sqrt{a^2+16}=5$$

$a>0$이므로 $a=3$

점 $C(2, -4, 3)$에서 y축에 내린 수선의 발을 I라 할 때, 점 I의 좌표는 $(0, -4, 0)$

$$\overline{CI}=\sqrt{(0-2)^2+\{-4-(-4)\}^2+(0-3)^2}=\sqrt{13}$$

구 S가 y축과 만나는 두 점을 각각 P, Q라 하면

$\overline{CP}=5$이므로 직각삼각형 CIP에서

$$\overline{PI}=\sqrt{\overline{CP}^2-\overline{CI}^2}=\sqrt{5^2-(\sqrt{13})^2}=2\sqrt{3}$$

점 I는 선분 PQ의 중점이므로 구 S가 y축과 만나는 두 점 P, Q 사이의 거리는

$$\overline{PQ}=2\overline{PI}=4\sqrt{3}$$

달 ①

다른 풀이

좌표공간의 점 $C(2, -4, a)$를 중심으로 하고 반지름의 길이가 5인 구 S의 방정식은

$$(x-2)^2+(y+4)^2+(z-a)^2=25$$

구 S가 x축과 만나는 점의 좌표를 $(x_1, 0, 0)$이라 하면

$$(x_1-2)^2+(0+4)^2+(0-a)^2=25$$
$$x_1^2-4x_1+a^2-5=0 \qquad \cdots\cdots \ \unicode{x1D4F1}$$

구 S가 x축과 한 점에서만 만나므로 x_1에 대한 이차방정식 ㉠의 서로 다른 실근의 개수는 1이다. ㉠의 판별식을 D라 하면

$$\frac{D}{4}=(-2)^2-(a^2-5)=-a^2+9=0$$

$a>0$이므로 $a=3$

즉, 구 S의 방정식은

$$(x-2)^2+(y+4)^2+(z-3)^2=25$$

구 S가 y축과 만나는 점의 좌표를 $(0, y_1, 0)$이라 하면

$$(0-2)^2+(y_1+4)^2+(0-3)^2=25$$

$$(y_1+4)^2=12$$

$$y_1=-4-2\sqrt{3} \text{ 또는 } y_1=-4+2\sqrt{3}$$

따라서 구 S가 y축과 만나는 두 점의 좌표는 각각

$(0, -4-2\sqrt{3}, 0)$, $(0, -4+2\sqrt{3}, 0)$

이므로 두 점 사이의 거리는

$$|-4+2\sqrt{3}-(-4-2\sqrt{3})|=4\sqrt{3}$$

1	①	2	⑤	3	②	4	⑤	5	④
6	③	7	19	8	③				

1 점 P는 점 $A(4, -2, 1)$에서 yz평면에 내린 수선의 발이므로 점 P의 좌표는 $(0, -2, 1)$

점 Q는 점 A를 원점에 대하여 대칭이동시킨 점이므로 점 Q의 좌표는 $(-4, 2, -1)$

따라서 선분 PQ의 길이는

$$\overline{PQ}=\sqrt{(-4-0)^2+\{2-(-2)\}^2+(-1-1)^2}=6$$

답 ①

2 점 P는 점 $A(\sqrt{2}, a, 3)$을 x축에 대하여 대칭이동한 점이므로 점 P의 좌표는 $(\sqrt{2}, -a, -3)$

점 Q는 점 P를 yz평면에 대하여 대칭이동한 점이므로 점 Q의 좌표는 $(-\sqrt{2}, -a, -3)$

$\overline{AQ}=8$이므로

$$\overline{AQ}=\sqrt{(-\sqrt{2}-\sqrt{2})^2+(-a-a)^2+(-3-3)^2}$$

$$=2\sqrt{a^2+11}=8$$

$$a^2+11=16, \quad a^2=5$$

$a>0$이므로 $a=\sqrt{5}$

답 ⑤

3 점 $B(0, 0, 2)$를 xy평면에 대하여 대칭이동한 점을 B$'$이라 하면 점 B$'$의 좌표는 $(0, 0, -2)$

점 P가 선분 AB$'$과 xy평면의 교점일 때 $\overline{AP}+\overline{BP}$의 값이 최소이다. 즉, xy평면 위의 점 P_1은 선분 AB$'$ 위의 점이다.

두 점 A, B$'$에서 xy평면에 내린 수선의 발을 각각 H, I라 하면

$$\overline{AP_1}:\overline{B'P_1}=\overline{AH}:\overline{B'I}=1:2$$

즉, 점 P_1은 선분 AB$'$을 $1:2$로 내분하는 점이므로 점 P_1의 좌표는

$$\left(\frac{1\times0+2\times4}{1+2}, \frac{1\times0+2\times(-3)}{1+2}, \frac{1\times(-2)+2\times1}{1+2}\right),$$

즉 $\left(\dfrac{8}{3}, -2, 0\right)$

따라서 $a=\dfrac{8}{3}$, $b=-2$, $c=0$이므로

$$a+b+c=\frac{8}{3}+(-2)+0=\frac{2}{3}$$

답 ②

참고

점 I는 원점이다.

4 좌표공간의 세 점 $A(4, 0, -1)$, $B(0, 0, 3)$, $C(2, a, b)$에 대하여 삼각형 ABC의 무게중심 G의 좌표는

$$\left(\frac{4+0+2}{3}, \frac{0+0+a}{3}, \frac{-1+3+b}{3}\right), \text{ 즉}$$

$$\left(2, \frac{a}{3}, \frac{b+2}{3}\right)$$

이 점이 xy평면 위의 점이므로 $\dfrac{b+2}{3}=0$, $b=-2$

즉, 점 G의 좌표는 $\left(2, \dfrac{a}{3}, 0\right)$이다. 이때 $\overline{AG}=\sqrt{6}$이므로

$$\overline{AG}=\sqrt{(2-4)^2+\left(\frac{a}{3}-0\right)^2+\{0-(-1)\}^2}$$

$$=\sqrt{\frac{a^2}{9}+5}=\sqrt{6}$$

$$\frac{a^2}{9}=1, \quad a^2=9$$

따라서

$$\overline{BC}=\sqrt{(2-0)^2+(a-0)^2+(-2-3)^2}$$

$$=\sqrt{a^2+29}=\sqrt{38}$$

답 ⑤

5

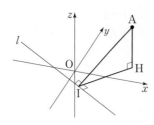

점 $A(4, 2, a)$에서 xy평면에 내린 수선의 발을 H라 하면 점 H의 좌표는 $(4, 2, 0)$이고 $a>0$이므로 $\overline{AH}=a$

점 H에서 직선 l에 내린 수선의 발을 I라 하자. 선분 HI의 길이는 xy평면 위의 점 $H(4, 2)$와 직선

$l : 3x+4y+5=0$ 사이의 거리와 같으므로

$$\overline{HI}=\frac{|3\times4+4\times2+5|}{\sqrt{3^2+4^2}}=5$$

삼수선의 정리에 의하여 $\overline{AI}\perp l$이므로 점 A와 직선 l 사이의 거리는 선분 AI의 길이와 같고 $\overline{AI}=6$이다.

이때 직각삼각형 AHI에서

$$\overline{AI}=\sqrt{\overline{AH}^2+\overline{HI}^2}=\sqrt{a^2+5^2}=\sqrt{a^2+25}=6$$
$$a^2=11$$
$$a>0$$이므로 $$a=\sqrt{11}$$

달 ④

6

$\angle BAC=\dfrac{\pi}{2}$, $\overline{AD}\perp\alpha$이므로 사면체 ABCD를 좌표공간에 점 A가 원점과 일치하고 세 반직선 AB, AC, AD가 각각 x축, y축, z축의 양의 방향과 일치하도록 놓으면 그림과 같다.

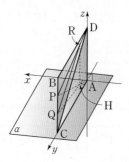

이때 $\overline{AB}=6$, $\overline{AC}=12$이므로 세 점 A, B, C의 좌표는 각각 $(0, 0, 0)$, $(6, 0, 0)$, $(0, 12, 0)$이고, 양수 a에 대하여 점 D의 좌표를 $(0, 0, a)$로 놓을 수 있다.

점 P는 선분 BC를 $1:2$로 내분하는 점이므로 점 P의 좌표는

$$\left(\frac{1\times0+2\times6}{1+2}, \frac{1\times12+2\times0}{1+2}, \frac{1\times0+2\times0}{1+2}\right), 즉$$
$(4, 4, 0)$

$$\overline{AP}=\sqrt{4^2+4^2}=4\sqrt{2}$$

이므로 직선 PD와 평면 α가 이루는 각의 크기 θ_1에 대하여

$$\tan\theta_1=\frac{\overline{AD}}{\overline{AP}}=\frac{a}{4\sqrt{2}}$$

또 점 Q는 선분 BC를 $2:1$로 내분하는 점이므로 점 Q의 좌표는

$$\left(\frac{2\times0+1\times6}{2+1}, \frac{2\times12+1\times0}{2+1}, \frac{2\times0+1\times0}{2+1}\right), 즉$$
$(2, 8, 0)$

점 R은 선분 PD를 $3:1$로 내분하는 점이므로 점 R의 좌표는

$$\left(\frac{3\times0+1\times4}{3+1}, \frac{3\times0+1\times4}{3+1}, \frac{3\times a+1\times0}{3+1}\right), 즉$$
$$\left(1, 1, \frac{3}{4}a\right)$$

점 R에서 xy평면에 내린 수선의 발을 H라 하면 점 H의 좌표는 $(1, 1, 0)$

$$\overline{QH}=\sqrt{(1-2)^2+(1-8)^2}=5\sqrt{2}$$
$$\overline{RH}=\frac{3}{4}a$$

이므로 직선 QR과 평면 α가 이루는 각의 크기 θ_2에 대하여

$$\tan\theta_2=\frac{\overline{RH}}{\overline{QH}}=\frac{\frac{3}{4}a}{5\sqrt{2}}=\frac{3a}{20\sqrt{2}}$$

$$\tan\theta_1\times\tan\theta_2=\frac{9}{10}$$이므로

$$\tan\theta_1\times\tan\theta_2=\frac{a}{4\sqrt{2}}\times\frac{3a}{20\sqrt{2}}=\frac{3a^2}{160}=\frac{9}{10}$$

$$a^2=\frac{9}{10}\times\frac{160}{3}=16\times3, a=4\sqrt{3}$$

따라서 선분 AD의 길이는 $4\sqrt{3}$이다.

달 ③

7

선분 AB가 지름의 양 끝점이므로 이 구의 반지름의 길이 r에 대하여

$$2r=\overline{AB}$$
$$=\sqrt{\{-1-(-5)\}^2+\{k-(-1)\}^2+(2-0)^2}$$
$$=\sqrt{k^2+2k+21} \qquad \cdots\cdots \, \bigcirc$$

선분 AB의 중점을 C라 하면 점 C의 좌표는

$$\left(\frac{-5-1}{2}, \frac{-1+k}{2}, \frac{0+2}{2}\right), 즉 \left(-3, \frac{k-1}{2}, 1\right)$$

이 구가 원점을 지나므로 $r=\overline{CO}$이다. 즉,

$$r=\overline{CO}=\sqrt{(-3)^2+\left(\frac{k-1}{2}\right)^2+1^2}=\sqrt{\frac{k^2}{4}-\frac{k}{2}+\frac{41}{4}}$$

$2r=2\sqrt{\dfrac{k^2}{4}-\dfrac{k}{2}+\dfrac{41}{4}}=\sqrt{k^2-2k+41}$ ...... ⓛ

ㄱ, ⓛ에서

$\sqrt{k^2+2k+21}=\sqrt{k^2-2k+41}$

$4k=20,\ k=5$

ㄱ에 대입하여 정리하면

$2r=\sqrt{5^2+2\times5+21}=2\sqrt{14}$

$r=\sqrt{14}$

따라서 $k+r^2=5+14=19$

답 19

다른 풀이

선분 AB를 지름으로 하는 원이 원점을 지나므로 원점 O에 대하여 $\angle AOB=\dfrac{\pi}{2}$

즉, $\overline{AB}^2=\overline{AO}^2+\overline{BO}^2$

이때

$\overline{AB}^2=\{-1-(-5)\}^2+\{k-(-1)\}^2+(2-0)^2$
$\qquad=k^2+2k+21$

$\overline{AO}^2=(-5)^2+(-1)^2+0^2=26$

$\overline{BO}^2=(-1)^2+k^2+2^2=k^2+5$

이므로

$k^2+2k+21=26+k^2+5$

$2k=10,\ k=5$

한편,

$r=\dfrac{1}{2}\overline{AB}=\dfrac{1}{2}\sqrt{k^2+2k+21}=\dfrac{1}{2}\sqrt{5^2+2\times5+21}=\sqrt{14}$

따라서 $k+r^2=5+14=19$

8 $x^2+y^2+z^2-2ax+2ay-2az=0$에서

$(x-a)^2+(y+a)^2+(z-a)^2=3a^2$

이므로 이 구는 중심의 좌표가 $(a,\ -a,\ a)$이고 반지름의 길이가 $\sqrt{3}a$인 구이다.

구의 중심 $(a,\ -a,\ a)$로부터 xy평면, yz평면, zx평면까지의 거리가 모두 a로 같으므로 이 구가 xy평면, yz평면, zx평면과 만나서 생기는 세 원의 넓이는 모두 같다.

이 세 원의 넓이의 합이 π이므로 이 구와 xy평면이 만나서 생기는 원의 넓이는 $\dfrac{\pi}{3}$이고 이 원의 반지름의 길이는 $\sqrt{\dfrac{1}{3}}$이다.

구의 중심을 C라 하고 점 C에서 xy평면에 내린 수선의 발을 H라 하자. 이 구가 원점 O를 지나므로

$\overline{CO}=\sqrt{3}a,\ \overline{CH}=a,\ \overline{OH}=\sqrt{\dfrac{1}{3}}$

이고 직각삼각형 COH에서

$\overline{CO}^2=\overline{CH}^2+\overline{OH}^2$

$3a^2=a^2+\dfrac{1}{3},\ a^2=\dfrac{1}{6},\ a=\dfrac{\sqrt{6}}{6}$

답 ③

Level ② 기본 연습 본문 100~101쪽

| 1 ③ | 2 ⑤ | 3 ② | 4 36 | 5 ② |
| 6 ④ | 7 27 | 8 37 | | |

1 점 P는 점 $A(a,\ -\sqrt{15},\ a)$를 x축에 대하여 대칭이동시킨 점이므로 점 P의 좌표는 $(a,\ \sqrt{15},\ -a)$이고 직선 AP는 x축에 수직이다.

점 Q는 점 A를 yz평면에 대하여 대칭이동시킨 점이므로 점 Q의 좌표는 $(-a,\ -\sqrt{15},\ a)$이고 직선 AQ는 yz평면에 수직이다.

이때 x축이 yz평면에 수직이므로 두 직선 AP, AQ는 수직이다. 즉, $\angle PAQ=\dfrac{\pi}{2}$

$\cos(\angle AQP)=\dfrac{\sqrt{5}}{5}$에서

$\sin(\angle AQP)=\sqrt{1-\cos^2(\angle AQP)}=\dfrac{2\sqrt{5}}{5}$이므로

$\tan(\angle AQP)=\dfrac{\sin(\angle AQP)}{\cos(\angle AQP)}=\dfrac{\frac{2\sqrt{5}}{5}}{\frac{\sqrt{5}}{5}}=2$ ...... ㄱ

이때

$\overline{AP}=\sqrt{(a-a)^2+\{\sqrt{15}-(-\sqrt{15})\}^2+(-a-a)^2}$
$\qquad=2\sqrt{a^2+15}$

$\overline{AQ}=\sqrt{(-a-a)^2+\{-\sqrt{15}-(-\sqrt{15})\}^2+(a-a)^2}=2a$

이므로 ㄱ에서

$\tan(\angle AQP)=\dfrac{\overline{AP}}{\overline{AQ}}=\dfrac{\sqrt{a^2+15}}{a}=2$

$\sqrt{a^2+15}=2a,\ 3a^2=15,\ a=\sqrt{5}$

즉, $\overline{AP}=2\sqrt{a^2+15}=4\sqrt{5},\ \overline{AQ}=2a=2\sqrt{5}$이므로 삼각형 APQ의 넓이는

$\dfrac{1}{2}\times\overline{AP}\times\overline{AQ}=\dfrac{1}{2}\times4\sqrt{5}\times2\sqrt{5}=20$

답 ③

2 조건 (가)에서 점 P가 xy평면 위의 점이므로 점 P의 좌표를 $(a, b, 0)$으로 놓을 수 있다. 이때

$$\overline{AP}^2=\{a-(-2)\}^2+(b-4)^2+\{0-(-8)\}^2$$
$$=a^2+b^2+4a-8b+84$$
$$\overline{BP}^2=(a-4)^2+\{b-(-2)\}^2+(0-4)^2$$
$$=a^2+b^2-8a+4b+36$$

조건 (나)에서 $\overline{AP}=\overline{BP}$이므로 $\overline{AP}^2=\overline{BP}^2$에서

$$a^2+b^2+4a-8b+84=a^2+b^2-8a+4b+36$$
$$a-b+4=0 \quad \cdots\cdots \text{㉠}$$

즉, 점 P는 xy평면의 직선 $x-y+4=0$ 위의 점이다. 이 직선을 l이라 하자.

한편, 점 A에서 xy평면에 내린 수선의 발을 H라 하면 점 H의 좌표는 $(-2, 4, 0)$

$\overline{AP}$의 값이 최소가 되도록 하는 점 P가 Q이므로

$$\overline{AQ}\perp l$$

이때 $\overline{AH}\perp(xy$평면$)$이므로 삼수선의 정리에 의하여

$$\overline{HQ}\perp l$$

xy평면 위의 점 H$(-2, 4)$를 지나고 직선 l과 수직으로 만나는 직선의 방정식은

$$y=-(x+2)+4, \text{즉} \ x+y-2=0$$

위의 직선의 방정식과 직선 l의 방정식 $x-y+4=0$을 연립하여 풀면 $x=-1$, $y=3$

따라서 점 Q의 좌표는 $(-1, 3, 0)$이므로

$$\overline{OQ}=\sqrt{(-1)^2+3^2}=\sqrt{10}$$

답 ⑤

다른 풀이

조건 (가)에서 점 P가 xy평면 위의 점이므로 점 P의 좌표를 $(a, b, 0)$으로 놓을 수 있다. 이때

$$\overline{AP}^2=\{a-(-2)\}^2+(b-4)^2+\{0-(-8)\}^2$$
$$=a^2+b^2+4a-8b+84$$
$$\overline{BP}^2=(a-4)^2+\{b-(-2)\}^2+(0-4)^2$$
$$=a^2+b^2-8a+4b+36$$

조건 (나)에서 $\overline{AP}=\overline{BP}$이므로 $\overline{AP}^2=\overline{BP}^2$에서

$$a^2+b^2+4a-8b+84=a^2+b^2-8a+4b+36$$
$$a-b+4=0 \quad \cdots\cdots \text{㉠}$$

㉠에서 $b=a+4$이므로

$$\overline{AP}^2=a^2+b^2+4a-8b+84$$
$$=a^2+(a+4)^2+4a-8(a+4)+84$$
$$=2a^2+4a+68=2(a+1)^2+66$$

따라서 $\overline{AP}^2$의 값이 최소가 되도록 하는 실수 a의 값은 -1이다. $a=-1$을 ㉠에 대입하면

$$b=a+4=-1+4=3$$

따라서 점 Q의 좌표는 $(-1, 3, 0)$이므로

$$\overline{OQ}=\sqrt{(-1)^2+3^2}=\sqrt{10}$$

3 네 점 A, B, C, D를 xy평면 위의 점 $(0, 0, 0)$, $(4, 0, 0)$, $(4, 4, 0)$, $(0, 4, 0)$으로 놓으면 선분 AC를 $1:3$으로 내분하는 점의 좌표는

$$\left(\frac{1\times4+3\times0}{1+3}, \frac{1\times4+3\times0}{1+3}, \frac{1\times0+3\times0}{1+3}\right), \text{즉}$$

$$(1, 1, 0)$$

이 점을 H라 하자.

이때 사각뿔 P$-$ABCD의 높이가 4이고 점 P에서 평면 ABCD에 내린 수선의 발이 점 H와 같으므로 점 P의 좌표는 $(1, 1, 4)$로 놓을 수 있다.

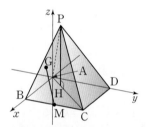

이때 삼각형 PAB의 무게중심 G의 좌표는

$$\left(\frac{1+0+4}{3}, \frac{1+0+0}{3}, \frac{4+0+0}{3}\right), \text{즉} \left(\frac{5}{3}, \frac{1}{3}, \frac{4}{3}\right)$$

이고, 선분 BC의 중점 M의 좌표는

$$\left(\frac{4+4}{2}, \frac{0+4}{2}, \frac{0+0}{2}\right), \text{즉} (4, 2, 0)$$

따라서 선분 GM의 길이는

$$\overline{GM}=\sqrt{\left(4-\frac{5}{3}\right)^2+\left(2-\frac{1}{3}\right)^2+\left(0-\frac{4}{3}\right)^2}$$
$$=\frac{1}{3}\sqrt{7^2+5^2+(-4)^2}=\sqrt{10}$$

답 ②

4

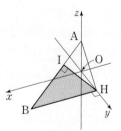

원점 O에 대하여 $\overline{AO}\perp(xy$평면$)$이고 $\overline{OH}\perp\overline{BH}$이므로 삼수선의 정리에 의하여

$\overline{AH}\perp\overline{BH}$

즉, 삼각형 ABH는 $\angle AHB=\dfrac{\pi}{2}$인 직각삼각형이다.

이때 $\overline{HI}\perp\overline{AB}$이므로 두 직각삼각형 AIH, HIB는 서로 닮음이다. 즉, $\overline{AI}:\overline{IH}=\overline{HI}:\overline{IB}$이므로

$\overline{HI}^2=\overline{AI}\times\overline{BI}$

조건 (가)에서 점 I가 선분 AB를 $1:2$로 내분하므로 $\overline{AI}=k\ (k>0)$으로 놓으면 $\overline{BI}=2k$이고

$\overline{HI}^2=\overline{AI}\times\overline{BI}=k\times2k=2k^2$, $\overline{HI}=\sqrt{2}k$

이므로 삼각형 BHI의 넓이를 S라 하면

$S=\dfrac{1}{2}\times\overline{BI}\times\overline{HI}=\dfrac{1}{2}\times2k\times\sqrt{2}k=\sqrt{2}k^2$

한편, $\overline{AH}\perp\overline{BH}$이므로 평면 BHI와 xy평면이 이루는 각의 크기는 $\angle AHO$와 같다.

직각삼각형 AIH에서

$\overline{AH}=\sqrt{\overline{AI}^2+\overline{HI}^2}=\sqrt{k^2+(\sqrt{2}k)^2}=\sqrt{3}k$

이고 $\overline{OA}=3$이므로 직각삼각형 AOH에서

$\overline{OH}=\sqrt{\overline{AH}^2-\overline{OA}^2}=\sqrt{(\sqrt{3}k)^2-3^2}=\sqrt{3k^2-9}$

따라서 $\cos(\angle AHO)=\dfrac{\overline{OH}}{\overline{AH}}=\dfrac{\sqrt{3k^2-9}}{\sqrt{3}k}=\dfrac{\sqrt{k^2-3}}{k}$

조건 (나)에서 삼각형 BHI의 xy평면 위로의 정사영의 넓이가 $2\sqrt{5}$이므로

$S\times\cos(\angle AHO)=\sqrt{2}k^2\times\dfrac{\sqrt{k^2-3}}{k}$

$\qquad\qquad\qquad\qquad=\sqrt{2}\times k\sqrt{k^2-3}=2\sqrt{5}$

$k\sqrt{k^2-3}=\sqrt{10}$

양변을 제곱하여 정리하면

$k^4-3k^2-10=0$, $(k^2+2)(k^2-5)=0$

$k>0$이므로 $k=\sqrt{5}$

즉, $\overline{OH}=\sqrt{3k^2-9}=\sqrt{6}$

한편, 두 삼각형 AIH, HIB의 닮음비는

$\overline{AI}:\overline{HI}=k:\sqrt{2}k=1:\sqrt{2}$이므로

$\overline{AH}:\overline{BH}=1:\sqrt{2}$에서

$\overline{BH}=\sqrt{2}\times\overline{AH}=\sqrt{2}\times\sqrt{3}k=\sqrt{30}$

따라서 점 B의 좌표가 $(\sqrt{30},\ \sqrt{6},\ 0)$이므로

$a=\sqrt{30}$, $b=\sqrt{6}$이고

$a^2+b^2=(\sqrt{30})^2+(\sqrt{6})^2=36$

답 36

5 방정식 $x^2+y^2+z^2-4x+2y-2z=0$에 $x=y=z=0$을 대입하면 성립하므로 구 S는 원점 O를 지난다.

또 $(x-2)^2+(y+1)^2+(z-1)^2=6$이므로 구 S의 중심을 C라 하면 점 C의 좌표는 $(2,\ -1,\ 1)$이고 반지름의 길이는 $\sqrt{6}$이다.

평면 α가 구 S 위의 두 점 O, A를 지나므로 평면 α가 구 S와 만나서 생기는 원을 C라 하면 선분 OA는 원 C의 현이다. 이 현이 원 C의 지름일 때, 원 C의 넓이는 최소이다.

$\overline{OA}=\sqrt{1^2+1^2+2^2}=\sqrt{6}$이므로 선분 OA가 지름인 원의 넓이는

$\left(\dfrac{\overline{OA}}{2}\right)^2\pi=\left(\dfrac{\sqrt{6}}{2}\right)^2\pi=\dfrac{3}{2}\pi$

따라서 $m=\dfrac{3}{2}\pi$

한편, 평면 α가 구 S의 중심 C를 지날 때, 원 C의 넓이가 최대이고 이 원의 반지름의 길이는 구 S의 반지름의 길이와 같으므로

$M=(\sqrt{6})^2\pi=6\pi$

따라서 $M+m=6\pi+\dfrac{3}{2}\pi=\dfrac{15}{2}\pi$

답 ②

6 조건에서 직선 OP는 구 S와 점 P에서만 만나므로 직선 OP는 구 S 위의 점 P에서 접한다. 즉, $\overline{OP}\perp\overline{CP}$

이때 $\overline{OC}=\sqrt{(-2)^2+3^2+(\sqrt{5})^2}=3\sqrt{2}$

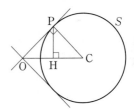

점 P에서 선분 OC에 내린 수선의 발을 H라 하면 점 P가 나타내는 도형은 점 H를 중심으로 하고 반지름의 길이가 $\overline{PH}$인 원이다. 이 원의 둘레의 길이가 $3\sqrt{2}\pi$이므로 원의 반지름의 길이는 $\dfrac{3\sqrt{2}}{2}$이다. 즉, $\overline{PH}=\dfrac{3\sqrt{2}}{2}$

구 S의 반지름의 길이를 r이라 하면 $\overline{CP}=r$이고 직각삼각형 POC에서

$\overline{OP}=\sqrt{\overline{OC}^2-\overline{CP}^2}=\sqrt{18-r^2}$

$\overline{OP}\times\overline{CP}=\overline{OC}\times\overline{PH}$이므로

$r\sqrt{18-r^2}=3\sqrt{2}\times\dfrac{3\sqrt{2}}{2}=9$

양변을 제곱하여 정리하면

$r^2(18-r^2)=81$, $r^4-18r^2+81=0$

$(r^2-9)^2=0$, $r^2=9$

$r>0$이므로 $r=3$

구의 중심 C에서 xy평면에 내린 수선의 발을 I라 하면
$\overline{\text{CI}}=\sqrt{5}$

구 S가 xy평면과 만나서 생기는 원의 반지름의 길이를 R이라 하면

$R=\sqrt{r^2-\overline{\text{CI}}^2}=\sqrt{3^2-(\sqrt{5})^2}=2$

따라서 구 S가 xy평면과 만나서 생기는 원의 넓이는
$2^2\pi=4\pi$

답 ④

7 조건 (가)에서 평면 PAO가 xy평면에 수직이고 두 점 A, O는 x축 위의 점이므로 점 P는 zx평면 위의 점이다. 즉, 점 P의 y좌표는 0이다.

조건 (나)에서 삼각형 PAO가 정삼각형이므로 삼각형 PAO의 무게중심을 G라 하면 점 G는 삼각형 PAO의 외접원의 중심이다.

선분 OA의 중점을 M이라 하면 $\overline{\text{OA}}\perp\overline{\text{CM}}$이므로 두 점 C, M의 x좌표는 서로 같다. 즉, 점 M의 좌표는 $(a, 0, 0)$

이때 $a>0$이고 $\overline{\text{OA}}=2\overline{\text{OM}}=2a$이며 조건 (나)에서 정삼각형 PAO의 넓이가 $9\sqrt{3}$이므로

$\dfrac{\sqrt{3}}{4}\times\overline{\text{OA}}^2=\dfrac{\sqrt{3}}{4}\times(2a)^2=9\sqrt{3}$

$a^2=9\sqrt{3}\times\dfrac{1}{\sqrt{3}}=9$, $a=3$

한편, 점 G는 구의 중심 C에서 평면 PAO에 내린 수선의 발과 일치하고 평면 PAO는 zx평면이므로 점 G는 점 C에서 zx평면에 내린 수선의 발과 같다.

즉, 점 G의 좌표는 $(3, 0, b)$, 이때 점 M의 좌표는 $(3, 0, 0)$이고

$\overline{\text{PM}}=\dfrac{\sqrt{3}}{2}\overline{\text{OA}}=3\sqrt{3}$, $\overline{\text{GM}}=\dfrac{1}{3}\overline{\text{PM}}=\sqrt{3}$

$b>0$이므로 $b=\sqrt{3}$

따라서 $a^2\times b^2=3^2\times(\sqrt{3})^2=27$

답 27

8 구 S의 중심을 C라 하면 점 C의 좌표는 $(1, 2, -3)$

점 C에서 xy평면에 내린 수선의 발을 H라 하면 점 H의 좌표는 $(1, 2, 0)$

구 S의 반지름의 길이가 4이므로 원 C 위의 점 P에 대하여 $\overline{\text{CP}}=4$이고 $\overline{\text{CH}}=3$이므로 직각삼각형 CHP에서

$\overline{\text{HP}}=\sqrt{\overline{\text{CP}}^2-\overline{\text{CH}}^2}=\sqrt{4^2-3^2}=\sqrt{7}$

즉, 원 C의 반지름의 길이가 $\sqrt{7}$이므로 원 C의 넓이는
$(\sqrt{7})^2\pi=7\pi$

한편, 평면 CHP는 y축에 수직이므로 평면 CHP에 의해 잘린 단면은 그림과 같다.

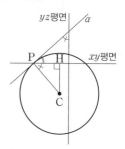

$\angle\text{CPH}=\theta$라 하면 $\sin\theta=\dfrac{\overline{\text{CH}}}{\overline{\text{CP}}}=\dfrac{3}{4}$이고 $\overline{\text{CP}}\perp\alpha$이므로

평면 α와 xy평면이 이루는 각의 크기는 $\dfrac{\pi}{2}-\theta$이다. 따라서 원 C의 평면 α 위로의 정사영 C_1의 넓이는

$7\pi\times\cos\left(\dfrac{\pi}{2}-\theta\right)=7\pi\times\sin\theta=7\pi\times\dfrac{3}{4}=\dfrac{21}{4}\pi$

또 xy평면과 yz평면이 서로 수직이므로 평면 α와 yz평면이 이루는 각의 크기는 θ이다.

이때 $\cos\theta=\dfrac{\overline{\text{HP}}}{\overline{\text{CP}}}=\dfrac{\sqrt{7}}{4}$이므로 도형 C_1의 yz평면 위로의 정사영의 넓이는

$\dfrac{21}{4}\pi\times\cos\theta=\dfrac{21}{4}\pi\times\dfrac{\sqrt{7}}{4}=\dfrac{21\sqrt{7}}{16}\pi$

따라서 $p=16$, $q=21$이므로
$p+q=16+21=37$

답 37

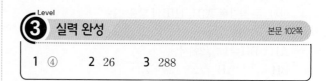

③ 실력 완성 Level 본문 102쪽

1 ④　**2** 26　**3** 288

1

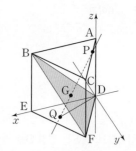

그림과 같이 세 점 D, A, E가 각각 좌표공간의 점
$(0, 0, 0)$, $(0, 0, 6)$, $(6, 0, 0)$
과 일치하도록 삼각기둥 ABC-DEF를 좌표공간에 놓으면 세 점 B, C, F의 좌표는 각각
$(6, 0, 6)$, $(3, 3\sqrt{3}, 6)$, $(3, 3\sqrt{3}, 0)$
삼각형 BFD의 무게중심 G의 좌표는
$\left(\dfrac{6+3+0}{3}, \dfrac{0+3\sqrt{3}+0}{3}, \dfrac{6+0+0}{3}\right)$, 즉 $(3, \sqrt{3}, 2)$
선분 AC를 $1:2$로 내분하는 점 P의 좌표는
$\left(\dfrac{1\times3+2\times0}{1+2}, \dfrac{1\times3\sqrt{3}+2\times0}{1+2}, \dfrac{1\times6+2\times6}{1+2}\right)$, 즉
$(1, \sqrt{3}, 6)$
점 Q는 직선 PG가 평면 DEF와 만나는 점이므로 이 점의 z좌표는 0이고, 점 Q는 선분 PG의 연장선 위의 점이다.
이때 두 점 P, G에서 xy평면에 내린 수선의 발을 각각 P′, G′이라 하면 $\overline{PP'}=6$, $\overline{GG'}=2$이고
$\overline{PQ}:\overline{GQ}=\overline{PP'}:\overline{GG'}=6:2=3:1$
이므로 점 Q는 선분 PG를 $3:1$로 외분하는 점이다. 즉, 점 Q의 좌표는
$\left(\dfrac{3\times3-1\times1}{3-1}, \dfrac{3\times\sqrt{3}-1\times\sqrt{3}}{3-1}, \dfrac{3\times2-1\times6}{3-1}\right)$, 즉
$(4, \sqrt{3}, 0)$
따라서 $\overline{QD}=\sqrt{4^2+(\sqrt{3})^2}=\sqrt{19}$

답 ④

2 점 A는 z축 위의 점이므로 점 A에서 xy평면에 내린 수선의 발을 A′이라 하면 점 A′은 원점이다. 또 점 C에서 xy평면에 내린 수선의 발을 C′이라 하면 점 C′의 좌표는 $(0, 4, 0)$이다.
점 P에서 xy평면에 내린 수선의 발을 P′이라 하자. 조건 (가)에서 삼각형 APC의 xy평면 위로의 정사영이 정삼각형이고 $\overline{A'C'}=4$이므로 삼각형 A′P′C′은 한 변의 길이가 4인 정삼각형이다. 따라서 점 P의 x좌표가 양수라고 가정하면 점 P′의 좌표는 $(2\sqrt{3}, 2, 0)$이고 실수 p에 대하여 점 P의 좌표를 $(2\sqrt{3}, 2, p)$로 놓을 수 있다.
한편, 점 P에서 구 S에 접하는 평면을 α라 하면 $\alpha\perp\overline{PC}$이고 두 점 A, P가 평면 α 위의 점이므로 $\overline{AP}\perp\overline{PC}$
따라서 삼각형 APC는 $\angle APC=\dfrac{\pi}{2}$인 직각삼각형이다.
이때 조건 (가)에서 삼각형 APC가 이등변삼각형이므로 삼각형 APC는 $\overline{AP}=\overline{PC}$이고 $\angle APC=\dfrac{\pi}{2}$인 직각이등변삼각형이다.

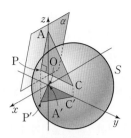

점 P를 지나고 z축에 수직인 평면이 z축과 만나는 점을 A_1, 직선 CC′과 만나는 점을 C_1이라 하면
$\overline{PA_1}=\overline{P'A'}=4$, $\overline{PC_1}=\overline{P'C'}=4$
에서 $\overline{PA_1}=\overline{PC_1}$이고 $\angle AA_1P=\dfrac{\pi}{2}$, $\angle CC_1P=\dfrac{\pi}{2}$이다.
이때 $\overline{AP}=\overline{PC}$이므로 두 직각삼각형 APA_1, CPC_1에서
$\overline{AA_1}=\sqrt{\overline{AP}^2-\overline{PA_1}^2}=\sqrt{\overline{PC}^2-\overline{PC_1}^2}=\overline{CC_1}$
즉, 점 P에서 yz평면에 내린 수선의 발을 H라 하면 점 H는 선분 AC의 중점이다.
삼각형 APC가 $\angle APC=\dfrac{\pi}{2}$인 직각이등변삼각형이므로
$\overline{PH}=\overline{AH}=\dfrac{1}{2}\overline{AC}$
이때 $\overline{PH}=|2\sqrt{3}-0|=2\sqrt{3}$이므로
$\overline{AC}=2\overline{PH}=4\sqrt{3}$ …… ㉠
조건 (나)에서 점 A의 z좌표가 $5\sqrt{2}$이므로 점 A의 좌표는 $(0, 0, 5\sqrt{2})$
점 C의 좌표가 $(0, 4, k)$이므로 ㉠에서
$\overline{AC}=\sqrt{(0-0)^2+(4-0)^2+(k-5\sqrt{2})^2}$
$\quad=\sqrt{(k-5\sqrt{2})^2+16}=4\sqrt{3}$
$(k-5\sqrt{2})^2=32$
$k<5\sqrt{2}$이므로 $k-5\sqrt{2}=-4\sqrt{2}$, $k=\sqrt{2}$
한편, $\overline{PC}=r$이므로 $r=\overline{PC}=\dfrac{\sqrt{2}}{2}\overline{AC}=\dfrac{\sqrt{2}}{2}\times4\sqrt{3}=2\sqrt{6}$
따라서 $k^2+r^2=(\sqrt{2})^2+(2\sqrt{6})^2=26$

답 26

3

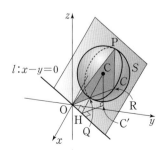

구 S의 중심을 C라 하고 점 C에서 xy평면에 내린 수선의 발을 C'이라 하면 두 점 C, C'의 좌표는 각각
$(-1, 5, 4\sqrt{2})$, $(-1, 5, 0)$
xy평면 위의 직선 $x-y=0$을 l이라 하자. 점 C에서 직선 l에 내린 수선의 발을 H라 하면 삼수선의 정리에 의하여
$\overline{C'H} \perp l$
xy평면에서 직선 l의 기울기가 1이므로 직선 C'H는 점 $(-1, 5)$를 지나고 기울기가 -1인 직선이다. 이 직선의 방정식을 구하면
$x+y=4$ ...... ㉠
직선 l이 직선 ㉠과 만나는 점이 H이므로 연립하여 점 H의 좌표를 구하면 $(2, 2, 0)$이고
$\overline{CH} = \sqrt{\{2-(-1)\}^2 + (2-5)^2 + (0-4\sqrt{2})^2} = 5\sqrt{2}$
직선 l을 포함하고 구의 중심 C를 지나는 평면을 α라 하자. 평면 α가 구 S와 만나서 생기는 원 C 위의 점 중에서 z좌표가 최소인 점은 원 C 위의 점과 직선 $x-y=0$ 사이의 거리가 최소인 점이므로 점 Q는 선분 CH와 원 C의 교점이다. 마찬가지로 점 P는 직선 CH와 원 C의 교점 중에서 Q가 아닌 점이다.
이때 선분 CQ의 길이는 구 S의 반지름의 길이와 같으므로
$\overline{CQ} = 3\sqrt{2}$
즉, 점 Q는 선분 CH를 3 : 2로 내분하는 점과 같으므로 점 Q의 좌표는
$\left(\dfrac{3\times 2 + 2\times(-1)}{3+2}, \dfrac{3\times 2 + 2\times 5}{3+2}, \dfrac{3\times 0 + 2\times 4\sqrt{2}}{3+2} \right)$,
즉 $\left(\dfrac{4}{5}, \dfrac{16}{5}, \dfrac{8\sqrt{2}}{5} \right)$

한편, 점 O가 평면 α 위의 점이므로 직선 OQ는 평면 α 위의 직선이고, 직선 OQ가 구 S와 만나는 점 중 Q가 아닌 점 R은 원 C 위의 점이다.
$\overline{CQ} = 3\sqrt{2}$이고
$\overline{OH} = \sqrt{2^2 + 2^2} = 2\sqrt{2}$, $\overline{HQ} = \overline{CH} - \overline{CQ} = 2\sqrt{2}$
에서 $\angle OHQ = \dfrac{\pi}{2}$이므로 삼각형 QOH는 $\overline{OH} = \overline{QH}$인 직각이등변삼각형이다.
즉, $\angle OQH = \dfrac{\pi}{4}$이므로 $\angle CQR = \dfrac{\pi}{4}$ (맞꼭지각)이다.
$\overline{QR} = 2 \times \overline{CQ} \times \cos\dfrac{\pi}{4} = 6$
삼각형 COR의 넓이는 삼각형 COQ의 넓이의 $\dfrac{5}{2}$배이고,
삼각형 POR의 넓이는 삼각형 COR의 넓이의 2배이므로 삼각형 POR의 넓이는 삼각형 COQ의 넓이의 5배이다.
한편, 네 점 C, P, Q, R의 yz평면 위로의 정사영을 각각

C_1, P_1, Q_1, R_1이라 하면 삼각형 POR의 yz평면 위로의 정사영은 삼각형 P_1OR_1이고,
$\overline{OQ} : \overline{OR} = \overline{OQ_1} : \overline{OR_1}$, $\overline{CQ} : \overline{CP} = \overline{C_1Q_1} : \overline{C_1P_1}$
이므로 삼각형 P_1OR_1의 넓이는 삼각형 C_1OQ_1의 넓이의 5배이다.

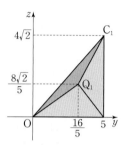

두 점 C_1, Q_1의 좌표가 각각 $(0, 5, 4\sqrt{2})$, $\left(0, \dfrac{16}{5}, \dfrac{8\sqrt{2}}{5} \right)$이므로 삼각형 C_1OQ_1의 넓이를 k_1이라 하면
$k_1 = \dfrac{1}{2} \times 5 \times 4\sqrt{2} - \dfrac{1}{2} \times 5 \times \dfrac{8\sqrt{2}}{5} - \dfrac{1}{2} \times 4\sqrt{2} \times \left(5 - \dfrac{16}{5} \right)$
$= 10\sqrt{2} - 4\sqrt{2} - \dfrac{18\sqrt{2}}{5} = \dfrac{12\sqrt{2}}{5}$
따라서 $k = 5k_1 = 12\sqrt{2}$이므로
$k^2 = (12\sqrt{2})^2 = 288$

답 288

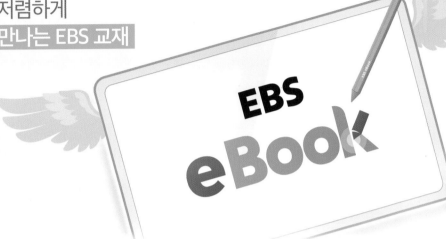

광주과학기술원
Gwangju Institute of Science and Technology

정해진 길이 없는 시대,
대학의 새로운 역할에 관하여

국가과학기술 베이스캠프
GIST

| 누적 기술이전 계약액 621억 원

| 교원창업기업

애니젠(주) | 김재일 생명과학부 교수
국내 최고 펩타이드 기술 보유, 코스닥 상장 (2016년)

(주)지놈앤컴퍼니 | 박한수 의생명공학과 교수
마이크로바이옴 기반 신약개발, 코스닥 상장 (2020년)

(주)제이디바이오사이언스 | 안진희 화학과 교수
GIST 공동연구 개발 혁신신약 후보물질 글로벌 임상시험 진행

(주)리셀 | 이광희 신소재공학부 교수 · 연구부총장
중기부 딥테크 팁스 선정…15억 원 규모 투자 유치

| 학생창업기업

(주)에스오에스랩 | 정지성 대표 · **장준환** CTO (기계공학부)
특허기술 최고 영예 특허청 '세종대왕상' 수상

뉴로핏(주) | 빈준길 대표 · **김동현** CTO (전기전자컴퓨터공학부)
바이오산업 유공 과기부장관 표창 수상

(주)클라우드스톤 | 김민준 대표 (화학과) · **송대욱** CSO (기계공학부)
대학교 특화 배달앱 '배달긱' 24.5억 원 규모 투자 유치

S2

YONSEI MIRAE

연세대학교 미래캠퍼스

연세대학교
미래캠퍼스

새로운 내일을
선도하다

- 하나의 연세! 신촌-미래 학사교류 프로그램
- 학생중심의 2개전공 선택 제도
- 첨단분야학부(과) 신설
  - AI반도체학부 - AI보건정보관리학과

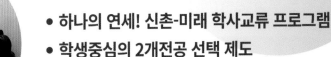

입학홍보처 T : 033-760-2828   http://admission.yonsei.ac.kr/mirae   E-mail : ysmirae@yonsei.ac.kr